新能源开发与利用丛书

可再生电力均衡化——多学科视野的储能、需求侧管理和网络扩展

伯特·德罗斯特－弗兰克（Bert Droste－Franke）
鲍里斯·P. 帕尔（Boris P. Paal）
克里斯蒂安·雷坦兹（Christian Rehtanz）
［德］ 德克·乌韦·萨奥尔（Dirk Uwe Sauer） 著
詹斯－彼得·施耐德（Jens－Peter Schneider）
米兰达·施鲁尔（Miranda Schreurs）
托马斯·齐塞默（Thomas Ziesemer）
陈锋军 高 林 张俊梅 等译

机 械 工 业 出 版 社

本书以德国可再生能源的发展为线索，从欧盟的角度系统阐述可再生能源发展的目标、战略和技术现状以及电网扩展的需求和实现技术，并且在经济、政策和法律方面分析可再生能源的发展，总结可再生能源发展面临的挑战和应对措施。

书中融合能源工程、电力工程、技术评估、政治学、经济学和法学等相关学科的观点，适合可再生能源相关专业的高年级本科生和研究生作为参考书籍，还可供可再生能源发电技术开发、工程规划管理和建设的相关人员参考阅读，对可再生能源发展布局中涉及的政策影响、经济学和法学观点感兴趣的读者也可以在书中找到相关跨学科角度的说明。

译者序

能源是社会发展必不可少的物质基础，全球能源消费总量持续增长。传统的煤炭、石油和天然气等能源储量有限，并且随之而来愈加严重的环境污染已经成为人类社会发展亟待解决的问题。风能和太阳能等可再生能源清洁环保、总量丰富、可以再生并且开发潜力巨大。进入21世纪，风能和太阳能等清洁的可再生能源进入快速发展的进程。2004年在德国波恩举办了世界上第一个由政府主办的国际可再生能源大会，154个国家参会，同时成立首个可再生能源发展的国际组织。到现在可再生能源在全球范围获得广泛的认可：可再生能源装机、发电量、投资、政策支持等方面的发展速度都比预期快。其中德国仍是可再生能源累计装机容量最大的国家之一，在德国局部地区已经实现100%可再生能源利用，欧盟可再生能源也连续6年在新增电力装机中占主导地位。

我国风能和太阳能资源丰富。风能资源主要分布在东南沿海、西北、华北和东北地区；从太阳年辐射总量的分布看，太阳能主要集中在西藏、青海、新疆、内蒙古南部、山西、陕西北部、河北、山东、辽宁、吉林西部、云南中部和西南部、广东和福建东南部、海南东部和西部以及台湾西南部。从2006年实施《中华人民共和国可再生能源法》，到目前“十三五”规划中，发展可再生能源将成为促进能源生产消费革命的主要力量。为解决能源危机和环境问题需要在我国建立节能优先、结构优化、环境友好的能源系统，需要进一步发展可再生能源。在调整能源消费结构、实现可持续发展战略、大力发展可再生能源的同时也面临许多问题，需要进一步提高自主创新能力，增大技术研发投入，克服并网难的问题；进一步完善政策体系，使之与产业发展配套；进一步评估可再生能源资源并从经济发展、法律法规和政策配套等角度提供相应支持，对可再生能源发展的战略达成普遍共识等。为了更好地解决问题，可以借鉴国外的经验和方法。本书从欧盟的角度出发，以德国可再生能源的发展为例，系统阐明了可再生能源发展的目标、战略、技术现状和需求以及网络扩展的技术，并从经济、政策和法律方面分析可再生能源的发展，最后总结可再生能源发展的挑战和对策。目前德国不再发展核电，同时由于风力发电对环境的影响，德国国内正在逐步拆除风力发电设备。本书的翻译和出版以期对国内可再生能源发电的相关问题提供借鉴。

本书共9章，第1章导论简要介绍本书的研究背景、欧洲可再生能源发展现状和研究目标；第2章分析未来电力供应的远景；第3章综述目前电力系统的发展现状；第4章阐明平衡电能和电力供应的需求；第5章介绍平衡电能和电力供应所涉及的技术问题；第6章说明利用可再生能源所需的电网扩展技术和经济方面的影响；第7章对可再生能源发电进行经济和政策的分析；第8章对可再生能源发电平衡的策略进行法律方面的分析；第9章总结平衡可再生能源发电所面临的挑战和相应的对策。

本书文前部分和第1章、第9章由陈锋军翻译，第2章由高林翻译，第3章、第4章由张超一翻译，第5章由文剑翻译，第6章、第7章由张俊梅翻译，第8章和附录由林剑辉翻译。全书由陈锋军统稿。参加翻译的人员还有：肖江、刘文定、王东林、王海兰、李宁、吕斯俊。由于译者水平有限，书中不当之处恳请读者提出宝贵的建议和意见。

译者

原书序

在工业化社会中，电力供应对于经济发展来说是一个非常重要的因素。受到环境影响的限制特别是温室气体排放和资源储量相关问题，社会要求通过技术革新以一种比现有系统更环保的方式发电，同时保障供电充足的安全性和经济效益。

本书讨论了能源领域创新面临的挑战。当前研究都是利用具体的技术解决普遍存在的问题，为适应新情况需要制定低碳策略，为平衡天气原因导致的电力供应波动；将来可再生能源在电力生产中占很大份额，尤其是风能和太阳能成为主导能源时，电力系统供应与用户需求之间会出现差距。一些国家特别是欧盟在未来能源系统中从政策引导的角度已经构想出大份额的风能和太阳能供电的蓝图，从政策上减少温室气体排放意义重大。

由德国航空航天中心（DLR）资助，由 Europäische Akademie 公司执行的项目“储能和集成可再生能源发电的虚拟发电厂：潜力、创新壁垒和实现策略”，研究展示了跨学科工作的成果。其中必要的学科广度由 Europäische Akademie 公司通过的“跨学科项目工作组”的条例确保。

本人在此要感谢从事这项研究的项目组成员，特别感谢他们做出的不懈努力。

此外还要感谢德国航空航天中心对项目的资金支持。

本书的研究成果可以为在电力生产中利用可再生能源技术相关的政策研讨提供科学基础并指明存在的创新壁垒。此外，这项研究展示了丰富的低碳战略实施方法，在未来电力系统中选择低碳必须与这些技术互相渗透。希望本书在科学、政策以及相关领域获得关注。

Carl Friedrich Gethmann

原书前言

对抗人为因素导致的气候变化是目前正在进行电力供应大规模重组的主要原因。在此背景下达到普遍共识的措施是利用可再生能源代替化石能源以减少温室气体排放，电力系统中相应可再生能源的份额不断持续增加。在许多国家风能和太阳能成为前景大好主力开发的能源，但其可用性随着天气的变化而剧烈变化。为了避免由于短期波动和长期电力供应不足导致的需求方电力短缺，必须发展低碳技术平衡电力供需问题。

在这样的背景下出现了如下问题：在电网中平衡传统能源和可再生能源主导发电的电力面临的主要挑战是什么？有哪些已经存在的技术方案前景大好、低碳并长期可行或者哪些技术方案前瞻性地能在未来几年内开发？现在预测在哪些方面进行充分革新会存在什么障碍？采取什么措施可以消除或避免这些障碍？

为了回答这些问题，Europäische Akademie 公司成立跨学科项目工作组执行项目“储能和集成可再生能源发电的虚拟发电厂：潜力、创新壁垒和实现策略”。项目组包括技术工程、环境科学、经济学、政治学和法理相关专业领域的专家，先从各个独立的学科研讨开始，进一步讨论其研讨结果然后对工作进行全面的综合形成持续性的研究组织。大部分跨学科的讨论在大概每 2 个月一次的项目组会议中进行，主要的成果最终提炼成为政策建议。

在举办的两次研讨会和一次会议中获得了本项目组之外专家们的更多意见。第一次研讨会集中讨论在此领域中的其他研究结果。项目组要感谢在第一次研讨会中做出巨大贡献的外部专家：Frieder Borggrefe（科隆大学）、Lueder von Bremen 博士（奥尔登堡大学）、Clemens Hoffmann 博士（西门子公司）、Cornelius Pieper 博士（波士顿咨询公司）和 Detlef F. Sprinz 博士（波茨坦气候影响研究学院）。此外，项目组还要感谢 Clemens Hoffmann 博士和西门子公司提供的数据。正是在第一次研讨会中产生灵感，在亚琛工业大学这个项目中建立利用风能和太阳能发电，存储电能和以并联的方式接入电网的泛欧洲优化模型的第 1 版。为了全面检查项目中期业绩并且为学科进一步的工作提出宝贵建议，项目组还要感谢参加第二次研讨会的人员：Erik Hauptmeier 博士（RWE 公司，埃森）、Wolfgang Woyke 博士（E. ON 公司，慕尼黑）、Michael Ritzau 博士［能源工业和技术规划办公公司（BET），亚琛］、Gerrit Volk 博士（联邦网络局，波恩）、Ulla Böde（联邦网络局，波恩）、Thomas Klaus（联邦环境局，德绍）、Uwe Leprich 教授（萨尔应用科学大学，萨尔布吕肯）和 Joh. -Christian Pielow 教授（波鸿鲁尔大学）。特别感谢非项目组成员做出的贡献，特别是2010年3月在欧洲科学院举办的春季会议中进行大会发言的专家，他们建议进一步深入理解可再生能源的概念并对其研究进行整合，他们是Kornelis Blok教授（乌得勒支大学）、Andreas Brabeck（RWE公司，埃森）、Vera Brenzel（E. ON，杜塞尔多夫）、Jörg - Werner Haug（citiworks公司，慕尼黑）、Wolfram Krause博士（EWE公司，奥尔登堡）、Hans Müller - Steinhagen教授［德国航空航天中心（DLR），德国斯图加特大学］和Joachim Nitsch博士（德国航空航天中心，斯图加特）。

另外还要感谢获得特许任教资格的Dietmar Lindenberger博士（科隆大学）在项目组会议讨论中的贡献。此外要感谢Frieder Borggrefe和Matthias Leuthold博士的深入探讨，特别感谢他们在能源系统建模方面的意见。还要感谢Stephan Lingner博士（Europäische Akademie公司）领导第一次研讨会并给予的宝贵意见和贡献。最后感谢Friederike Wütscher（Europäische Akademie公司）对于出版的支持和Wortschleife Augsburg高效的文本校对。

Bert Droste - Franke

作者简介

Bert Droste - Franke，工学博士，物理学学士，在哥廷根大学和海德堡大学主修物理学，辅修经济学第二学位。1996 年在海德堡的马克思普朗克核物理研究所以“上层对流层中基于航天器的微量气体测量”为题完成学士论文，2004 年在斯图加特大学以“环境计量贡献中的环境破坏质量评估”为题完成工学博士论文。1996 ~ 2006 年在斯图加特大学能源产业与应用研究所（IER）担任助理研究员。参加并主持项目及研讨会，其中包括欧盟、国家研究所、世界银行项目，主要研究内容为研究世界经济活动对环境造成的冲击与破坏，并开发广泛适用的集成软件工具“EcoSense”，进行模型整合。2006 年起，作为欧洲科学院的合作者与研究者参与多学科研究，内容为能源技术在未来能源系统中的应用，其中就包括电力供应问题。研究领域为基于能源系统的技术评估、环境物理学、环境经济学。

Boris P. Paal，教授，博士，弗莱堡大学媒体与信息法研究所主任，民法、经济法、媒体与信息法首席科学家。在康斯坦茨大学 1999 年获私法学士学位，2001 年获法学博士学位。同年起在牛津大学莫德林学院进行欧洲法学和比较法学的博士后研究，并于当年获得牛津大学法律硕士学位。在杜塞尔多夫高级地区法院担任法律书记员职位时，主要服务于一些大公司，例如 Hoelters&Elsing、Hengeler Mueller 等公司。2003 年他完成了第二法学国家考试。之后，他作为资深研究助理工作于康斯坦茨大学（2004 年）和海德堡大学（2004 ~ 2008 年），并准备他的比较法和媒体法教师资格论文。2009 年他获得了海德堡大学的“民法、商法、经济法、国际私法和媒体法”特许任教资格。同年被邀请担任弗莱堡大学的民法、经济法、媒体法和信息法的全职法学教授。他的主要研究领域为民法、经济法、媒体法和国际私法。

Christian Rehtanz，工学博士，教授，1994 年在德国多特蒙德科技大学获电气工程学士学位，1997 年获博士学位，2003 年于瑞士苏黎世联邦理工学院获大学教师资格证书，从 2000 年开始工作于瑞士 ABB 联合研究所，2003 年成为 ABB 全球电力系统商业领域的技术领导者并于 2005 年成为 ABB 中国联合研究所主任。从 2007 年开始担任多特蒙德科技大学电力系统与电力经济研究所主任。此外，自 2007 年起，他还担任 ef. Ruhr 公司的技术顾问，这是一家由 3 所大学（波鸿大学、多特蒙德大学、杜伊思堡 - 埃森大学）联合成立的研究型公司。他同时还是位于中国长沙的湖南大学客座教授。Rehtanz 的主要研究领域为电力系统及电力经济，包括电网强化及拥护减轻等技术，比如稳定性评估、宽领域监测、保护和电网联合控制以及分布式产能和储能的整合与控制技术等。他于2003年获得麻省理工学院（MIT）世界青年发明家百强奖。他发表了150篇学术论文，出版了3本专著，拥有17项发明专利。

Dirk Uwe Sauer，博士，教授，1969年出生于曼海姆，1989～1994于达姆施塔特大学学习物理学，1992～1994年于弗莱堡布列斯高的弗劳恩霍夫太阳能系统研究所（ISE）以“独立光伏供电系统的组件与整体系统的建模与仿真”为学位论文获得其学士学位。之后以研究员和资深科学家的身份工作于弗劳恩霍夫太阳能系统研究所直到2003年，其中在2000～2003年担任“储能系统”小组负责人。同期，在2001～2003年，他还担任跨学科工作组“离网和农村电力化”的负责人和“农村电力化”管理主任之职。2003年他于乌拉姆大学获得博士学位，学位论文题目为“基于光伏系统强化电池老化的铅酸蓄电池优化使用研究”。2003年10月，Sauer获得教师资格并于2009年在亚琛工业大学“电化学能源转换和储能系统”课题组获得大学教授职位（属于电力系统和信息技术学院职员）。他的研究领域主要为电化学储能（电池）和独立能源供应系统。

Jens－Peter Schneider，博士，教授，弗莱堡大学公法、欧洲信息与基础建设法主席，弗莱堡大学媒体与信息法研究所联合主任。至2010年止，就任德国奥森纳布吕克大学德国与欧洲行政法教授，同时担任该校欧洲法律研究所联合主任。1993～2003年，他为汉堡大学环境法研究中心和法律研究与创新中心研究员。此外，他还分别获得了比勒菲尔德大学（1999年）、爱尔福特大学（1999年）和斯派尔大学（2009年）的教授职位。他于德国马尔堡大学和弗莱堡大学研究学习法律（和经济学），并于弗莱堡大学获得法学博士学位。他曾于美国旧金山州和联邦政府部门任职初级律师，类似于律师代理人，并获得汉堡大学资格证。

Miranda Schreurs，博士，教授，2007年起担任德国柏林自由大学环境政策研究中主任和比较政治学教授，之前担任马里兰大学帕克分校比较政治学副教授。她于1996年于密歇根大学获得博士学位。2008年她担任环境咨询委员会委员，这是德国联邦政府的咨询委员会。2011年，她担任欧洲环境与可持续发展咨询委员会主席，该委员会包括欧洲各地近25名委员。同年，她接受德国总理默克尔的邀请进入安全能源供应道德委员会，负责给德国政府提供福岛事件后能源问题的建议。她是2009～2010年富布赖特新世纪学者计划的杰出领导者，并担任“大学在知识中心与创新驱动中的作用”项目的执行者。

Thomas Ziesemer博士，教授，1996年12月起担任经济学副教授，他分别于1974～1975年在基尔大学、1975～1978年在雷根斯堡大学学习经济学，1982～1989年就职于雷根斯堡大学，并在此于1985年完成了他的经济学博士论文。1989年12月后，他在马斯特里赫特大学先后担任国际经济学副教授、微观经济学副教授（1994～1997年），目前在该校担任商学院与经济学院的经济学副教授。1996年他获得了柏林自由大学的教授资格。他的研究领域包括发展学、国际和环境经济学、经济增长、技术变革等。

目 录

缩略语

2040 年 +	Possible situation in 2040, 2050 or later	在 2040 年、2050 年或者以后可能出现的情况
AA - CAES	Adiabatic - Compressed Air Energy Storage	绝热压缩空气储能
ACER	European Agency for the Cooperation of the Energy Regulators	欧洲能源监管机构合作组织
AEUV	Vertrag über die Arbeitsweise der Europäischen Union (see also *TFEU*)	欧盟运作条约
ARegV	Anreizregulierungsverordnung (Incentive Regulation Ordinance)	激励性规例条例
BEWAG	Berliner Städtische Elektrizitätswerke Aktien - Gesellschaft	（德国柏林一家供电公司）
BDEW	Bundesverband der Energie - und Wasserwirtschaft (Federal Association of Energy and Water Industry)	联邦能源和水工业协会（德国）
BDSG	Bundesdatenschutzgesetz (Federal Data Privacy Law)	联邦数据保护法（德国）
BGB	Bürgerliches Gesetzbuch (Civil Law Code)	民法典
BMU	Bundesministerium für Umwelt, Naturschutz und Reaktorsicherheit (Federal Ministry for the Environment, Nature Conservation and Nuclear Safety)	联邦环境、自然保护和核安全部（德国）
BMWi	Bundesministerium für Wirtschaft und Technologie (Federal Ministry of Economics and Technology)	联邦经济技术部（德国）
BNetzA	Bundesnetzagentur (Federal Network Agency)	联邦网络管理局（德国）
BRIC	Group of the four (big emerging) nations Brazil, Russia, India and China	金砖四国，包括巴西、俄罗斯、印度和中国四个国家

Br	Bromium	溴
BVerfGE	Bundesverfassungsgericht (Federal Constitutional Court)	联邦宪法法院（德国）
CAES	Compressed Air Energy Storage	压缩空气储能
CC	Combined Cycle	联合循环
CCS	Carbon Capture and Storage	碳捕获和存储
CH_4	Methane	甲烷
CHP	Combined Heat and Power	热电联产
CL	Controllable Loads	可控负载
CO_2	Carbon Dioxide	二氧化碳
CSP	Concentrated Solar Power	聚光太阳能发电
ct/kWh	Cent per kilowatt hour	欧分/千瓦时
DECP	Decentralised Energy Conversion Plants	分散能源转换区域
DENA	Deutsche Energie – Agentur GmbH (German Energy Agency)	德国能源署
DIN	Deutsches Institut für Normung e. V. (German Institute for Standardisation)	德国标准化协会
DLR	Deutsches Zentrum für Luft – und Raumfahrt e. V. (German Aerospace Center)	德国航空航天中心
DOD	Depth of Discharge	放电深度
DR	Demand Response	需求响应
DSM	Demand Side Management	需求侧管理
E – DeMa	Project on "Development and demonstration of locally networked energy systems to the E – Energy marketplace of the future"	"本地网络化能源系统到未来电子能源市场的开发和示范"计划
E2P	Energy to power ratio – installed capacity in kWh divided by the peak power in kW	能量功率转换比率——装机容量（kWh）/峰值功率(kW)
EC	European Commission	欧洲共同体
EDLC	Electrochemical Double – Layer Capacitors	超级电容器
EEC	European Energy Council	欧洲能源理事会
EEFA	Energy Environment Forecast Analysis (EEFA GmbH &Co. KG)	能源环境预测分析

EEG	Gesetz für den Vorrang Erneuerbarer Energien (Erneuerbare Energien Gesetz) (Renewable Energy Law)	《德国可再生能源法》
EMEP	European Monitoring Evaluation Programme	欧洲监测和评价方案
EnLAG	Gesetz zum Ausbau von Energieleitungen (Power Lines Expansion Law)	《电网拓展法》
ENTSO – E	European Network of Transmission System Operators for Energy	欧洲电网输电系统
EnWG	Gesetz über die Elektrizitäts – und Gasversorgung (Energie – wirtschaftsgesetz) (German Energy Act)	《能源法案》(德国)
EU	European Union	欧盟
EU – 15	European Union (member states before eastward enlargement)	欧盟（东扩前的 15 国）
EU – 27	European Union (all current members)	欧盟（当前所有成员国）㊀
EUCO	European Council	欧洲理事会
Eurostat	Statistical Office of the European Union	欧盟统计办公室
ETG	Energietechnische Gesellschaft im VDE (Society for Energy Technics)	能源技术学会
ETS	Emission Trading Scheme	排放交易体系
EWI	Energiewirtschaftliches Institut an der Universität zu Köln (Energy Economic Institute at the University of Cologne)	科隆大学能源经济研究所
Fe	Iron	铁
FPC	Final Power Consumption	最终功耗
GasNZV	Verordnung über den Zugang zu Gasversorgungsnetzen (Gas Network Access Ordinance)	燃气管网接入条例
GDP	Gross Domestic Product	国内生产总值
GIC	Gas – Insulated Conductors	气体绝缘导线
GIL	Gas – Insulated Lines	气体绝缘输电线路

㊀ 目前欧盟拥有 28 个成员国。——译者注

GKSS	Helmholtz – Zentrum Geesthacht Zentrum für Material – und Küstenforschung GmbH (Centre for Materials and Coastal Research)	材料与海岸研究中心
GPP	Gross Power Production	总发电量
GS	Gas and Steam Power Station	燃气和蒸汽发电站
GT	Gas Turbine Power Station	燃气轮机
GW	Gigawatt	吉瓦
GWh	Gigawatt hour	吉瓦时
GWB	Gesetz gegen Wettbewerbsbeschränkung (Act Against Restraints of Competition)	《反垄断法》
GWP	Global warming potential (assessed for a specific time horizon)	全球变暖趋势（特定时间范围内的评估）
GWS	Gesellschaft für wirtschaftliche Strukturforschung (Institute of Economic Structures Research)	经济结构研究所
HCB	House Connection Boxes	用户分线箱
HU	Housing Units	住宅
HV	High – Voltage	高压
HVDC	High – Voltage Direct Current	高压直流
IAEA	International Atomic Energy Agency	国际原子能机构
ICCG	International Centre for Climate Governance	全球气候治理国际研究中心
ICE	Internal Combustion Engine	内燃机
ICT	Information and Communication Technology	信息与通信技术
IEA	International Energy Agency	国际能源署
IER	Institut für Energiewirtschaft und Rationelle Energieanwen – dung (Institute for Energy Economics and the Rational Use of Energy), Universität Stuttgart	能源经济和能源合理利用研究所
IfnE	Ingenieurbüro für neue Energien	新能源工程办公室
IGCC	Integrated Gasification Combined Cycle	整体煤气化联合循环
IPCC	Intergovernmental Panel on Climate Change	政府间气候变化专门委员会
ISO	Independent System Operator	独立系统运营商

ITO	Independent Transmission Operator	独立输电运营商
kV	Kilovolt	千伏
kVA	Kilovolt – Ampere	千伏安
kW	Kilowatt	千瓦
kWh	Kilowatt hour	千瓦时
kWh/a	Kilowatt hour per year	千瓦时/年
KWKG	Gesetz für die Erhaltung, die Modernisierung und den Ausbau der Kraft – Wärme – Kopplung (Kraft – Wärme – Kopplungsgesetz)	Kraft – Wärme 电力法案
LCC	Life Cycle Costs	生命周期成本
LNG	Liquefied Natural Gas	液化天然气
LNS	Local Network Station	当地电网站
LV	Low – Voltage	低压
MV	Medium – Voltage	中压
MVA	Megavolt – Ampere	兆伏安
MW	Megawatt	兆瓦
MWh	Megawatt hour	兆瓦时
NaBr	Sodium Bromide	溴化钠
$NaBr_3$	Sodium Tribromide	三溴化钠
$NaNiCl_2$ Battery	Sodium – Nickel – Chloride Battery, also ZEBRA battery	钠氯化镍电池（也可缩写为 ZEBRA 电池）
NaS Battery	Sodium – Sulphur Battery	钠硫电池
Na_2S_2	Disodium Disulphide	二硫化钠
Na_2S_4	Sodium Tetrasulfide	四硫化钠
NAV	Verordnung über Allgemeine Bedingungen für den Netzan – schluss und dessen Nutzung für die Elektrizitätsversorgung in Niederspannung (Netzanschlussverordnung) (Ordinance for Regulating Grid Connection)	《电网连接调控条例》
NCC	Network Connection Capacity	电网连接能力
NEEDS	New Energy Externalities Development for Sustainability (integrated project)	新能源外部可持续发展（综合项目）
NH_3	Ammonia	氨

NiCd Battery	Nickel – Cadmium Battery	镍镉电池
NiMH Battery	Nickel – Metal – Hybride Battery	镍氢电池
NMVOC	Non – Methane Volatile Organic Compounds	非甲烷挥发性有机物
NO_x	Nitrogen Oxides (reactive oxides of nitrogen, nitrogen dioxide (NO_2) and nitrogen monoxide (NO))	氮氧化物［活性氮的氧化物、二氧化氮（NO_2）和一氧化氮（NO）］
ODP	Ozone Layer Depletion	臭氧层耗竭
OECD	Organisation for Economic Co – operation and Development	经济合作与发展组织
PDA	Personal Digital Assistant	个人数字助理
PHEV	Plug – in Hybrid Electric Vehicles	插电式混合动力电动汽车
PIA	Privacy Impact Assessment	隐私影响评估
PLC	Power Supply Infrastructure	供电设施
ppb	Parts per billion	十亿分之一（1×10^{-9}）
PSS	Pump Storage Station	抽水蓄能发电站
pu	Per unit system	标幺值
PV	Photovoltaics	光伏
R&D	Research and Development	研究与开发
RD&D	Research, Development and Demonstration	研发和示范
RE	Renewable Energies	可再生能源
RES	Renewable Energy Sources	可再生能源
ROV	Raumordungsverordnung (Regional Planning Procedure)	区域规划过程
r. p. m.	Revolutions Per Minute	转/分钟（r/min）
SO_2	Sulphur Dioxide	二氧化硫
SRU	Sachverständigenrat für Umweltfragen (German Advisory Council for Environmental Issues)	德国环境问题咨询理事会
SVC	Static Var Compensator	静态无功补偿
TEN	Transeuropean Networks	欧洲输电网
TEN – E	Transeuropean Energy Networks	欧洲能源网络
TFEU	Treaty on the Function of the European Union	《欧盟运作条约》

TREC	Trans – Mediterreanean Renewable Energy Corporation	跨地中海可再生能源公司
TSO	Transmission System Operator	输电网运营商
TWh	Terawatt hour	太瓦时
UCTE	Union for the Co – Ordination of Transmission of Electricity	欧洲输电协调联盟
UK	United Kingdom	英国
UPS	Uninterruptible Power Supply	不间断供电设备
USA	United States of America	美国
USGS	United States Geological Survey	美国地质调查局
VDE	Verband der Elektrotechnik Elektronik Informationstechnik (Association for Electrical, Electronic & Information Tech – nologies)	电气、电子和信息技术协会
V^{2+}、V^{3+}、V^{4+}、V^{5+}	Vanadium in various oxidation states	各种氧化态的钒
VRLA	Valve – Regulated Lead – Acid	阀控铅酸
Wh	Watt hour	瓦时
Wh/kg	Watt hour per kilogram	瓦时/千克
WTO	World Trade Organisation	世界贸易组织
YOLL	Years of Life Lost	生命损失的年数
ZEBRA	s. $NaNiCl_2$ Battery	钠氯化镍电池

绪　　论

研究的背景和目的

重构德国和欧洲电力系统的一个重要目标是减轻环境负担，特别是减少温室气体排放。同时为了与减轻环境负担的目标相一致，温室气体排放量必须下降到长期可持续发展的水平。这个目标的实现需要一个能够同时满足经济效益、环境可持续发展和供应安全基本要求的电力系统。本研究利用现有技术勾勒出未来这样一个系统的蓝图，这个未来系统蓝图中尤其侧重电力生产的辅助系统，如储能方法和网络扩展等。

本研究中的各项技术可以在能源系统中合理化布局电力的比重，也可以作为能源供应系统中整合大量可再生能源的实现技术。本书首先讨论未来电力系统中的规范化目标，综述相关现有能源系统的研究，继续介绍当前相关政策和政策的发展情况，这些章节作为后面内容的背景。随后讨论并分析电力系统中可再生能源占很大份额的远景、采用储能相关的多种技术的可行性、可再生能源主导发电对电网的要求、对经济的影响和相关重要的法律问题以及在这种条件下急需找到平衡电力波动的方法。最后对可再生能源发电主导的电力系统总结实现均衡化发展的技术和工艺，并提出相应建议。考虑到法律法规方面的因素，研究假定为2011年4月的状况。

欧洲电力系统的当前状况和未来目标

本研究中未来可再生能源发电主导的系统基本规范化目标与有效配置和公平分配的基本经济原理紧密相连。这些原理是描述和评价未来电力系统的政策和方案的关键。不同经济方面的讨论最后都聚焦于权衡技术效率、低价和环境约束的因素，最终可以通过操作规程来解决各种权衡，操作规程有4个重点（见2.1节）：

1）保护环境，否则会对社会产生不能承受的影响。

2）保全生产资本和自然资本的总价值。

3）在第1条和第2条重点的限制下，最大化当前和未来几代人的福利。

4）满足当前需求的基本公平分配。

应用评估技术、政策、环境和社会问题的发展等指标补充操作规程。被选定评价能源系统的分类方法会根据环境保护、资源利用和可用性、关于社会的系统特性方面进行细分（见2.2节）。

过去大约20年政治进程的分析说明了能源政策的发展和潜在缺陷（见2.3节）。专家们担心气候变化对环境和社会造成潜在的人类不能承受的损害，不得不限制温室气体排放，而这些限制已经得到国际社会的普遍认可。专家们的担心也成为政策上制定可再生能源技术发电配额的基础。近年来欧洲电力生产中可再生能源的份额在大幅增长，预计将一直保持这种增长，但眼前在治理方面仍存在许多挑战。例如，非常有必要鼓励国际能源市场，特别是欧洲国家加强技术方面的基础设施建设，尤其是电网的建设。评估欧洲在能源问题方面不断提升的能力可以进一步扩展到什么程度也是至关重要的。此外，一些从长远角度看对环境和社会规范性有益的大型项目仍然可能遭到各种各样的反对，必须找到处理这种情况的方法。这种情况同样会发生在需要扩大可再生能源利用相关技术系统的大型项目上。所以在决策过程中为确保利益相关方的权益，经过适当的程序是至关重要的。

对于储能作为一种存储经济价值（见 2.4 节）手段的理论研究发现，3 种方案可以在由风能和太阳能占主导的电力系统中平衡电力的供求：第一是扩大电网接入，尤其是跨越国境的输电，调整好风能和太阳能在区域性短缺时能及时保证良好电力交换潜能的设施装置；第二是使常规电厂拥有过装机容量，例如加装天然气发电机来弥补供电不足；第三是选择储能的方案并采用可能影响电力需求的措施。

现有能源系统分析

对于区域范围内能平衡电力供需的电力系统，欧洲大陆是在技术和经济两方面分析相应潜力最合适的规模。现在欧洲能源政策仍然很大程度上被视为国家主权和国家实力的象征，这意味着跨学科的研究分析应主要针对国家能源发展方案和目标来进行。作为欧洲大国的德国对于可再生能源发展是一个具有强大经济实力和宏伟目标的国家。

研究综述（见 3.1 节）分析了德国以政策为导向的电力系统遵循的两个主要体系方法，详细说明未来 10~20 年这些暂时探索性的经济优化体制方面的方案。从现在到大约 2050 年的方案先定义一个有代表性的目标系统，然后分析其实现的途径。比较德国为适应国情而制定的这些主要方案发现，弄清楚正在应用的假设条件，采用前后一致的参数和进一步敏感度分析都是非常重要的。同时研究发现，制定政策和阐释政策从而争取支持基本上是相辅相成的，这一点至关重要。

在本研究中选择使用系统分析的方法如下：第一，调查如何实现一个长期可行的能源系统。可以通过分析未来可能的方案来解决，即采用可再生能源在电力系统中占很大份额并且采用低碳平衡策略实现。第二，为了实现长期可行的能源系统必须创新，找到那些能够或者可能适合实现创新的方法，充分考虑相应的框架条件以及所需要的各种因素。

开发一个全新的包含能量转换系统的方案已经超出本研究的范围。相反，本研究将集中精力研究可再生能源占大份额的电力系统中的平衡技术，选定两个现有的方案作为分析的起点（见 3.2 节）："2009 领先方案"和随后的路线图（Nitsch 和 Wenzel 2009），还有一个拥有宏伟环保目标的探索性政策方案（方案"III"，Lindenberger 等人 2008）。为了满足 2030 年和"2040 年 +"[⊖]平衡电力供需所有的要求，需要再次审核这些方案。基于"2009 领先方案"的目标，为了"2040 年 +"实现正常电力系统稳定运行，分析之后发现需要采用储能、峰值负荷控制或保障可再生能源进口等其他措施。

可再生能源占很大份额的电力系统中均衡电能与电力的需求

在选出的两个方案中更多关注技术的细节特点来确定德国关于剩余负载（见 4.1.1.1 节）

⊖ "2040 年 +"表示 2040 年或者以后的情况。

有代表性的日子（“典型日”），即系统中剩余可控发电机组不能覆盖的负载，研究揭示领先方案中在2030年将有7GW和“2040年+”将有18GW的最大暂态电力短缺。2030年最大暂态电力盈余结果将为13.7GW，到2040年则将为24GW。2030年有4TWh的电力（年度可再生能源总馈入的1.4%），“2040年+”则有21TWh的电力（年度可再生能源总馈入的4.7%）在电力系统中不能被利用。这些数据表明利用储能技术大有潜力。

储能容量主要是由多余电能的数量和静风时所需电能的数量决定的（见4.1.1.2节和4.1.1.3节）。分析静风时的强度和持续时长表明，如果仅由存储电能弥补电力短缺，存储的电能将在2030年需要18GW，到了“2040年+”就得达到35GW。为应对最大能源的需求，储能容量要达到2030年的600GW和“2040年+”的1700GW。“2030”方案中在87h静风条件下，储能设施的容量不应该超过5%的装机容量（换句话说就是至少减少95%的装机容量），在“2040年+”方案中长期静风条件下（218h）至少减少80%的装机容量。这一要求应该低于保障电力进口安全的要求。

计算成本时假定为压缩空气储能（CAES）条件，并且忽略峰值缩减，利用储能设施可以计算净效益（见4.1.2节）。计算结果表明，若存储15GW额外电能，发电成本将缩减超过“2040年+”的投资年金。这意味着即使不考虑峰值电价，在假定的条件下利用CAES是很合算的。

除了分析德国的情况，本研究中也开发和实现了一个泛欧洲的建模方法（见4.2节）。模型基于7年来每小时的气象数据和2040年及以后的技术和成本估算，模型对利用风能和太阳能的发电系统、电网和储能都持有乐观态度。在没有天气条件、特殊成本和可利用的技术这些限制条件下得到优化后的电力系统，本研究忽略了历史上被称为“包袱”的现存电厂。第一个模型利用遗传算法优化电力系统各种各样以成本值表示出来的参数特征值的“个体”，连续运行情况良好。

均衡电能和电力的技术

仔细研究均衡电能和电力各种技术的特点就会发现，技术的性能在很大程度上取决于使用的具体情况。考虑到相应的储能技术、需求侧管理和常规电厂的因素，选择技术方案可以归为以下特点（见5.1节~5.5节）：

1）电力系统的类型和位置。

2）电力供应的持续时间和频率。

3）输入和输出能量的类型。

对不同典型案例应用仿真可以预测得到未来几年的成本估计（见5.6节）。下面根据这个分析结果列出了各种不同的分析任务，括号内列出了假定的技术要求。

— 长期储能（功率㊀：500MW，有效电能：100GWh，每月循环1.5次）：

在此任务中选择氢储能可以控制成本到10欧分/kWh，远低于CAES的估计成本（约为23欧分/kWh），仅这一项在德国的潜力就很大。相比之下，虽然抽水蓄能方案的

㊀ 此处定义的充电功率等于放电功率。

实现成本更便宜，不到 5 欧分/kWh，但在德国开展此项技术的潜力很小。因为若从德国境外例如北欧斯堪的纳维亚进口电力，那就必须前瞻性地扩展输电线路，但扩展的线路只能用于输电，还需要建造特殊的用于储能的线路，这样通过计算抽水蓄能的总成本与氢储能方案的成本基本相同。

— 输电网中的负荷平衡（功率：1GW，有效电能：8GWh，每天循环 1 次）：

在此任务中出于长期储能成本的考虑，抽水蓄能电厂也非常有竞争力。此外由于绝热变种技术实现成本低于 5 欧分/kWh，压缩空气储能技术也可以成为令人关注的替代技术。此外尽管电池比其他两种选择的成本高，但是电池能够很好地平衡负荷，因为电池的优势是不仅能传输电能还能存储电能。

— 配电网的调峰能力（功率：100kW，有效电能：250kWh，每天循环 2 次）：

在这一领域很多电池系统都非常有竞争力，包括锌溴电池、全钒氧化还原液流电池、锂离子电池、镍镉电池、铅酸蓄电池和钠硫电池或氯化钠电池。以如今的眼光预测实现电池系统的成本，钠电池系统的成本最低，其次是目前最便宜的铅酸系列的技术。

除了选择成本低经济型的电池系统之外，还需要考虑储能技术可以两方面利用的因素，例如未来的电池可能实现既可用于电动汽车的输电又可以用于房屋小型光伏发电系统的储能。需求侧管理包括对电动汽车、热电联产电厂、工业负荷控制、热泵和大型家电产品这些方面的管理，现在从理论上估计总的潜力为 16 ~ 23GW，考虑消费者的接受程度，总的潜力则估计约为 10GW。

除了确定储能的设备，在超高峰值供电的偶发事件中，从技术上、经济上和法律上看关闭风能和太阳能电厂仍然是非常必要的。

关于未来储能系统的可行性，由于生产电池的过程中会排放 CO_2，研究相关技术的生命周期表明，能源系统中大量减少 CO_2 排放的技术将会受到更多的关注（见 5.7.2 节）。同时由于在一些重要生产过程要排放大量 SO_2，对生态系统的影响也可能会受到关注。

随着未来化石能源资源的使用大量减少，矿产资源的利用和可用性变得越来越重要，尤其是生产和应用例如平衡技术等的新能源技术。对矿产资源可用性的分析包括储量 - 产量比率，储量呈现高度区域集中以及价格和价格的变化（见 5.7.3 节），分析表明在众多矿物里只有钛不存在这些问题，锂、钒、砷、镍和氧化锆在可用性方面只存在一点问题。关于电池生产中需要用到的矿产资源，锂电池、铅酸蓄电池、钒电池的生产中需要大量用到的矿物质都需要高效回收并且从长远角度来看都需要研发可替代物质。

从相关出版物中搜集到的一系列观点可以发现，对于小型模块化电力系统中对平衡技术的系统特点分析都是正向和乐观的（见 5.7.4 节）。相比之下，大型的集中型电力系统可能存在依赖电力进口的问题，可能更多地需要注意达到足够冗余度以及获得当地人认可的问题。这表明了参与决策过程的重要性，此外必须准备足够的措施应对突发失控电能释出事故的发生。可再生能源占大份额的电力系统中为均衡电力供需所选择的各种技术方案，为了不阻碍这些被选技术的发展必须设计实施资助计划以确保技术中立性。

电网方面

扩展电力生产中可再生能源的利用与前面所讨论过的均衡电网和电力的方案之外还需要考虑到电网的扩展，这既涉及输电网又涉及配电网，既涉及国家电网又涉及国际电网。

对于配电网技术限制的调查（见 6.1.1 节和 6.2.1 节）表明，在有效的需求侧管理条件下，由于负载同时增加，配电网很快就能达到其容量。通过协调配电网中的负载和电量可避免违反电网的运行边界条件。为了最大限度管理需求侧，也为了最大程度被认可，需要开发自动程序对电网进行管理。若从 2020 年开始估算，分散管理可控载荷必需的电网增强的总成本约为每户 1000 欧元。相比来说，电网增强总成本非常贵，因为估计每年发电可节约成本约为每户 18 欧元。

基于输电网典型的日子（“典型日”）的计算（见 6.1.2 节和 6.2.2 节），从长远看需要扩展约 3000km 或更多来应付从馈入到大量离岸扩展依赖进口引起的区域转移，即使这样也只能处理 70% 左右的最大风力发电装机容量。若出现极端的情况，即风力发电超过最大容量的 70%，将不得不限制发电以防止损坏电网基础设施。此外本研究中评估电网扩展没有涉及与邻国电力交换的极端情况。其他研究中考虑到，极端的离岸和馈入情况后电网到 2020 年需要扩展约为 3500km。

考虑到技术的现状和可预期的进一步发展，最合理的方案是结合传统的架空线路和高压直流（HVDC）输电线路的优势。通过计算典型日的基础上估计出长期（2040 年 +）的投资金额为 60 亿 ~ 80 亿欧元，或风电场馈入电量的成本约为 0.2 ~ 0.35 欧分/kWh。

应用储能系统的经济政策方案

在市场经济中，由于电力供应依赖天气和文化习惯造成的需求波动（见 7.1 节）会引起一些潜在的问题。对这些问题进行分析发现，在电力系统中应用均衡方案有很多优势。跨境基础设施的改善有助于缓解由高供应/需求比地区向低供应/需求比地区输电所引起的电力波动。供应方和代理商应该会对储能系统的运营感兴趣。供应方倾向于在可再生能源的源头建立储能系统，代理商更倾向于靠近用户建立，电网运营商则认为理想位置是在电网中最不稳定的地方附近。然而，目前欧盟分类计价的政策不允许电网运营商对储能系统做任何重大的决定。

储能设备给市场和社会带来的效益表明政策干预是很有道理的（见 7.2 节）。随着储能系统的使用，电力供应的稳定性将增强，经济活动对环境的影响尤其是对气候变化的影响将减少。电力供应短缺时通过分散的可再生能源系统可以减少电力的垄断，同时也可以减少对那种不确定、不保险的发电技术（核电）的依赖，或者像德国一样淘汰这种技术。然而出于历史原因，政府也资助其他发电技术的研发。考虑到现实情况，财政支持非常重要，这个支持不是目前用于研究、发展和示范项目的经费。

对框架条件的法律分析

本研究中的法律分析主要阐述了几个主要的与均衡电力供需、安装储能设备相关政策的法律问题，可分为中央储能系统（见 8.2 节）和分散储能系统，包括需求侧管理、智能电网（见 8.3 节）和输电网扩展的方案（见 8.4 节）。

考虑到当前和未来的法律，关于中央储能系统必须要说清楚的就是储能技术是否适用于供电层或电网层。法律的划分直接影响到如何将民法应用于可再生能源电力非歧视地利用和接入电网以及分类计价问题上。在现行法规中指出了投资储能技术的几个不利于经济发展的因素和障碍。最受影响的是可再生能源发电的生产商和输电系统运营商，他们购买和销售可再生能源必须遵守《德国可再生能源法》（Erneuerbare Energien Gesetz，EEG）。另外利用地下资源的专项规划制度有助于减轻用户之间以及与各自土地所有人的潜在冲突。为了让法律法规能够配合储能技术的发展，法律法规中应该取消各种起抑制作用的因素。

对于分散储能系统，尤其是对电动车、智能电网和需求侧管理，可再生能源发电商、输电系统运营商和电网这些新出现的角色需要尽快在合同及相关问题中明确其各自具体的定义，需要阐述清楚各自的责任、合作细节和信息共享规则以及应用中会出现的各种条件和情况。这种技术系统的发展建立可能影响深远，同时能得到极为详细的个人使用电动车和能源使用概况的信息数据，这种可能性的出现需要考虑现行法规对于数据保护能够达到什么程度，尤其需要考虑这些收集到的数据的数量和质量以及可能出现的评估、处理和利用这些数据的方法。必须建立新的法规方案应对这些问题，新的法规方案可能在现有的数据保护法律框架之内，也可能在框架之外，无论如何，实施之前都需要通过评估。

涵盖扩展输电网程序的现行法规有很多种，但在某些领域已经功能失调。多数问题是现有的法规在走民事法庭程序时只考虑电网运营商必须遵守不误期限的投资责任，没有充分考虑到宏观经济方面的问题（例如，EEG 的第 9 条），解决这种现状必须建立一个更全面、更系统化的法律规范。从国家的层面来看，为输电战略投资项目而建立的根本改革模式可以改善目前的状况。需要完善现有法规和标准化办事流程，如改善市民听证程序的实践指南有可能帮助解决影响当地居民生活的各种冲突。虽然在欧盟这个层面上改革的可能性很小，但是若能在这个层面上更好地协调将是非常有益的。

挑战与建议

随着可再生能源电力所占份额越来越大，电力系统中对电能平衡的要求也随之增加。总结本研究中的分析发现，很多挑战与低碳排放方案紧密相关，包括能在欧洲不同地方稳定运行的储能系统、需求侧管理、电力生产中过装机容量和电网扩展。若能很好地解决这些问题，电力系统可以每秒、每天、每周、每年一直稳定运行。

总之，本研究中指出的 13 个挑战（见 9.2 节）和相应的建议如下所示：

挑战 1：为德国提供充足的储能容量

— 建立混合储能方案协调电网节流，就是为在供电高峰期限制关停设备并利用燃气作为补充的低碳方案。

— 为了进一步开发利用部分欧洲国家的大型储能潜力应建立国际电网。

— 风能和太阳能发电厂过装机容量和足够的输电能力也是可以考虑的一种方案。

— 应进一步寻找替代技术方案，例如利用燃气管网储能。

— 未来应该从法规中删除并避免各种不利于经济发展的因素。

— 为了降低储能技术的实现成本，应加强对技术的研发和示范。

挑战 2：发掘分散供电方案的技术潜力

— 为了防止降低用户舒适度，应开发自动技术解决方案来控制载荷。

— 应引入灵活电价用以提高公众对电能稀缺性和发电成本短期变化的认可。

— 最小化所需控制程序的数据需求，建立充分的数据保护制度。

— 应进一步推进自动化载荷管理标准化的研发和示范。

挑战 3：环境管理和资源利用

— 技术的适当设计应包括初期评估大规模推广应用时潜在的障碍，可能是因为所需资源供应限制或是对环境的影响。

— 应持续监控特定资源的应用和市场开发的全过程。

— 应建立矿产资源回收和替代产品的研发和示范，必要时应实施各自的监管程序。

挑战 4：为输电提供足够的电网容量

— 应通过建立更加结构化的机制加速规划评审程序的建设。

— 应通过改革各自的监管体制加强德国和欧洲电网扩展相关的地方利益。

— 监管机构应通过各种经费的资助促进相关技术的研发。

挑战 5：在监管中充分实施均衡技术

— 在相关规定中阐述清楚均衡技术的定义和属性。

— 立法者根据储能设施的属性决定其归属于电网层还是发电层。

挑战 6：设计欧洲能源市场

— 进一步建设输电网实现电力交换。

— 2020 年以后在欧洲完成全面的、长期导向的、意义深远的并具有挑战性的低碳电力能源框架。

— 进一步整合欧洲发电市场。

挑战 7：取消历史遗留的补贴和税收

— 通过取消过时的补贴和税收，采取连贯的措施，如建立示范项目，逐步启动暂时有限的补贴制度建立理想的经济框架条件。

— 暂时性的补贴和税收政策可以取缔历史遗留框架条件中的弊端。

挑战 8：转化市场外部效应为成本和收益

— 通过建立相应的市场和补偿机制内化社会经济效益。

— 通过建立包括维护电网设备稳定运行、发电机系统服务的安装机制内化系统服务的成本。

— 进一步分析协调可再生能源发电、电网管理和应用储能技术的优势。

— 详细分析有商业潜力的案例。

— 对利用均衡技术的优势进行详细的系统分析作为决策的基础。

挑战 9：掌控新型复杂的市场结构

— 详细分析在新型市场中的与合同纠纷相关的各种挑战。

— 制定针对新型市场的一般法律措施。

挑战10：加强均衡化发展方案的科学指导

— 通过全尺度模型的深入研究扩展电力系统分析，其中全尺度模型包括相关体系协调合作的互补模型。

— 对大型项目的电力系统进行模型化研究，将电力系统模型化、制度化后分析其优势，允许电力系统发展中定期升级和监控。

— 虽然不同国家有不同的能源政策，但是从欧洲视角来看应强制性扩展电力系统分析。

— 未来研究中应主要着眼详细分析所需的装机容量和储能容量。

挑战11：充分支持新技术的应用

— 为了充分推广应用前景大好的技术，实施基于市场机制的启动阶段补贴制度，制度中自动逐步停止外部补贴。

— 增加储能系统研发和示范的投资。

挑战12：充分支持长期投资

— 在国家和国际层面上，在与欧洲竞争政策的基本原则相一致的条件下，长期来看应从政策上规定电网运行的边界条件。

— 扩展电力系统分析能够为生成边界条件决策打下良好的基础。

挑战13：处理好对大型项目的反对意见

— 对受到影响的政党和参与决策的广大公众实施恰当的决策参与机制。

— 为了减轻相关利益群体之间的冲突，应讨论设置地下资源的专项规划制度。

— 进一步讨论分析解决冲突的办法，如制定适当赔偿的措施以及如何适当地实施这些措施。

第1章 导论

1.1 背景

工业革命导致欧洲技术和能源的转型。从19世纪末以来经济主要由煤炭和使能源结构多样化的小规模可再生能源驱动，随着经济发展，也越来越依赖于石油、天然气、中型和大型水力发电、核能发电。从20世纪70年代开始人们就越来越清楚地认识到如果没有有效的管理，资源和环境的约束会显著影响经济活动并限制经济的增长。罗马俱乐部发表了名为《Limits to Growth》（增长的极限，Meadows 等人 1972）的报告，其中提到将经济理论和模型化注入自然资源利用的讨论里。报告中同样也提到欧洲未来的电力发展必须采取低碳的策略。

欧洲需要建立一种新的能源结构使其支撑经济的增长和发展。在过去的一个世纪中实现技术革新的能源绝大部分都是不可再生的。煤炭目前在欧洲是仅有的储量丰富的化石燃料，但会造成严重的污染。正在开发的新资源天然气需要探明储量和开采方法，未来或者到21世纪的某个时候也会非常容易出现供不应求的情况。总之，长期来看必然会有相同的结果：化石燃料资源有限并且不可再生，必须进一步开展能源革命。欧盟对进口能源的依赖在过去几年中大幅增加。随着全球对能源需求的不断增长和欧盟内能源储量的减少，争抢容易得到的仅存资源也日益激烈。欧洲的能源价格可能继续上涨，石油储量丰富的地区，例如阿拉伯国家，其政治不稳定因素可能加速这个进程。

以大量的化石燃料为基础的欧洲和全球其他地区的资源限制相比，环境限制更为迫切。人为排放的温室气体所导致的气候变化被视为使用化石燃料对环境造成的最严重影响。政府间气候变化专门委员会（IPCC）和许多其他机构发出警告：化石燃料燃烧的排放是造成全球平均气温上升和地球具有极端恶劣天气的主要原因。地球的气候变化可能会影响季节性温度和降雨格局，会把欧洲部分地区变成如沙漠一样的区域。极地冰层和冰川的消融可能导致海平面上升。IPCC在2007年预测未来会出现更多的暴风和飓风、极度高温和干旱，这些极端天气现象已经在世界上许多地方出现过。由于对自然过程的认知不足和对未来发展的不确定，现在不能非常准确地预报这些现象。虽然不能从理论上严格证明气候变化是由人类活动引起的，但是也有明显的迹象表明人为排放正在影响着气候。鉴于气候变化可能会造成非常严重的潜在影响，在联合国人类环境会议上，国际社会决定必须开始采取措施来减少温室气体排放，并且把气候变化所造成潜在的社会经济影响限制到能接受的程度。这一进程的第一步是制定《京都议定书》。基于预警原则，《京都议定书》制定出具体的温室气体减排目标，协议直到2012年都有效。后续协议的谈判仍在继续，但阻力很大。

CO_2已被确定是人为排放温室气体的主要元凶。它是含碳燃料燃烧最终产物的主要成分。因而控制化石燃料的能量转换过程是一个减轻人为因素引起气候变化程度的主要措施焦点。其中一种减少CO_2排放量的方法是建立能源转换的工厂，利用可持续的自然能源代替地下存储的化石能源，能源转换后不会排放污染物。可以直接通过太阳辐射的能量产生电能和热量，或者间接利用风能和波浪能或生物质能来产生电能和热量。通过广泛利用这样的可再生能源无疑是一种前景光明、切实可行的建立新型能源系统的途径。因此许多政府大力提倡利用可再生能源作为遏制气候变化的重大举措。利用可再生能源有助于解决气候变化和资源枯竭问题，并减少对国际能源资源的依赖。

对比世界其他地区，欧洲在利用可再生能源方面尤其是利用风能和太阳能方面处于领先地位。经济和技术方面的潜力和方案分析指出了利用可再生能源的重要性。整个欧洲在欧盟层面设立了政策方面的目标，以促进并加快利用动能发电尤其是利用风能和太阳能。

然而这些能源的可用性非常依赖天气条件，利用它们必须面对很多挑战。天气原因造成的波动会严重影响电力的供应。为了确保稳定的电力供应，电网通过配电要求任何时候甚至每秒钟总输入都等于总输出。为了保证这一点，目前的能源系统使用一个复杂的系统来平衡能源和电力。但是现有的电网结构面临着日益增加的压力，因为设计时没有考虑大规模利用可再生能源的情况。两种不同类型的问题会因此出现：一方面可能因为长时间多云或见不到太阳，或者风力不足引起的可再生能源发电供应不足。当发生这种情况时备用系统（目前备用系统是利用煤炭或天然气发电的典型高碳系统）填补供应缺口。另一方面在其他天气条件下，可再生能源发电能够超过对电力的需求。这种情况发生时，在现行的管理条例和市场条件下，市面上可能会出现负电价。这种低效率的备用系统和负电价的结果显示出欧洲现有电力基础设施存在问题。在电网中可再生能源发电占很大份额的条件下，扩大电力储能能力和电网结构会是更好的解决问题的方式。目前只是简单地关掉风力机或在电网中切断风能或光伏发电系统。

大多数对未来能源系统的研究都集中于解决能量转化的问题，没有足够的关注解决现存高碳辅助备用系统其他替代方案和均衡化发展的战略思路。几乎没有人关注新技术发展的需求，也没有人关注电力现代化相关的规划和审批过程以及电网扩展的问题。本研究旨在迎接这个重要的挑战，即通过探索和分析找到对应的策略和技术来平衡由不理想天气条件造成的电力供求差异。作者承认这一挑战需要花费数年时间，但是对欧洲低碳供电的发展策略却是至关重要。

1.2 欧洲能源结构中的可再生能源

目前欧盟的能源结构中可再生能源（风能、太阳能、生物质能、水力）的份额基本比21世纪的头10年翻了一番，从2000年的大约5%到2008年的大于10%。欧盟最近努力强化可再生能源的政策，一方面是因为担心欧盟过度依赖能源进口；另一方面是考虑气候变化的因素。近年来在欧盟范围内大力促进利用可再生能源，是因为可再生能源可以在欧盟范围内开发利用，而且还是相对无争议的环境气候友好型能源。欧盟可再生能源政策可以让成员国获得更好的能源独立、资源有效利用和技术进步。正在和已经制定出各种各样的计划帮助欧盟从现在极大依赖化石燃料的电力结构向低碳供电的方式转变。

欧洲能源消费在2003年以前持续稳定增长，到现在能源消费已经基本稳定。在欧洲，化石燃料依然是主要能源，但是随着时间的推移可以明显看到能源结构的转变。据欧盟统计局的数据，1998年原油、石油制品和固体燃料加在一起占能源消费总量的59%，可再生能源只占到2%。10年后，2008年，原油、石油制品和固体燃料加在一起在能源消费结构中占到了54%，可再生能源的比重增加到最终能源消耗总量的10%（Eurostat 2011a）。

欧盟是一个能源净进口地区，它对化石燃料能源进口的依赖从1998年的46%增至2009年的54%（见图1.1）。随着新兴经济体（如印度、南非和巴西）日益增长的能源和矿物资源的需求，预计能源价格上升将会直接损害欧洲经济。鼓励能源供应多样化和加强欧盟地区内部能源自足的呼声越来越高。欧盟27国（EU－27）2008年电力生产情况如图1.2所示。可再生能源共占18.3%，比硬煤、褐煤和原油各自所占份额都多（Eurostat 2011c）。由此可见，欧盟想要实现能源自足，可再生能源必须占到主导位置，并且可再生能源在欧洲也是最容易扩展的能源资源之一。

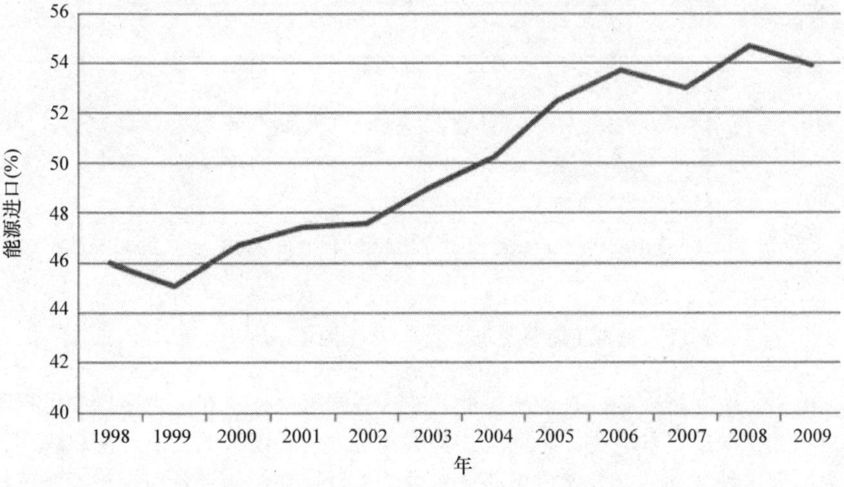

图1.1 欧洲能源依赖进口（总百分比）（来源：Eurostat 2011e）

此外，可再生能源特别是生物质能和垃圾焚烧已经成为新型产能发展的主要增长点。2002～2007年，可再生能源的产能增加了38.4%，同时在已有架构中其他能源资源的产能下跌：原油（-28.7%）、天然气（-18.1%）以及固体燃料（-11.1%）。

能源行业的发展表明电力行业结构已经随着可再生能源的份额持续增加而发生变化（见图1.3）。另外欧盟已经制定发展目标：到2020年，可再生能源提供20%的能源消费。这意味着在未来10年里包括热力生产在内的欧洲可再生能源电力生产的份额将显著增加。欧盟的一些国家也已经建立更加宏伟的目标，例如德国“能源概念：环保、可靠且经济适用的能源供应”设定的目标：到2050年在能源消费总量中，可再生能源的份额提高至60%，在总耗电量中的份额提升至80%。在一些研究中甚至讨论到2050年在德国（例如Umweltbundesamt 2010；SRU 2011）或欧洲（例如PwC等 2010）建立100%的可再生能源电力供应的可能性。

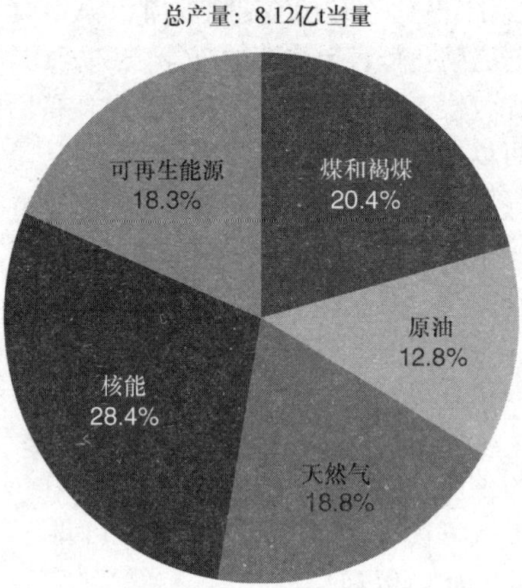

图1.2 欧盟27国一次能源生产总量（来源：Eurostat 2011c）

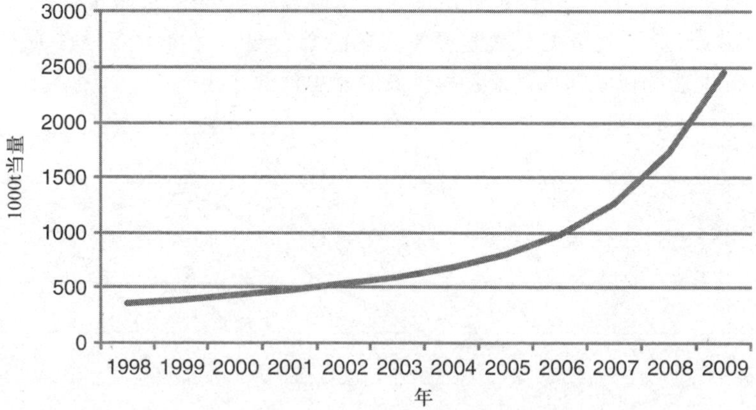

图1.3 可再生能源（一次生产）（来源：Eurostat 2011f）

欧洲电力行业即将面临的挑战很可能就如这些国家一样：在电力生产中可再生能源所占相对较大份额造成的电力波动问题。德国或丹麦这些国家的发电和配电表明，利用风能和太阳能这种波动的能源发电可能造成供电大量短缺。如果备用系统不能填补短缺就会导致停电。备用系统可以是其他能量来源的装机容量，也可以是储能容量。图1.4所示为德国瓦腾福（Vattenfall）电网在几天静风期间的发电功率，展示的是德国东部控制区域的情况，从图1.4中可见共有约540GWh的电力短缺。若以未来的观点观察时间曲线的细节可以发现，为了弥补能源气象预测和实际电力生产之间的差异，在更短的时间尺度内，从几分钟到几小时，都需要有均衡能源和电力的措施。这些来源于德国东部控制区域的数据强有力地说明了可再生能源占很大份额的电力系统中所必须面对的主要挑战：如何均衡能源和电力。

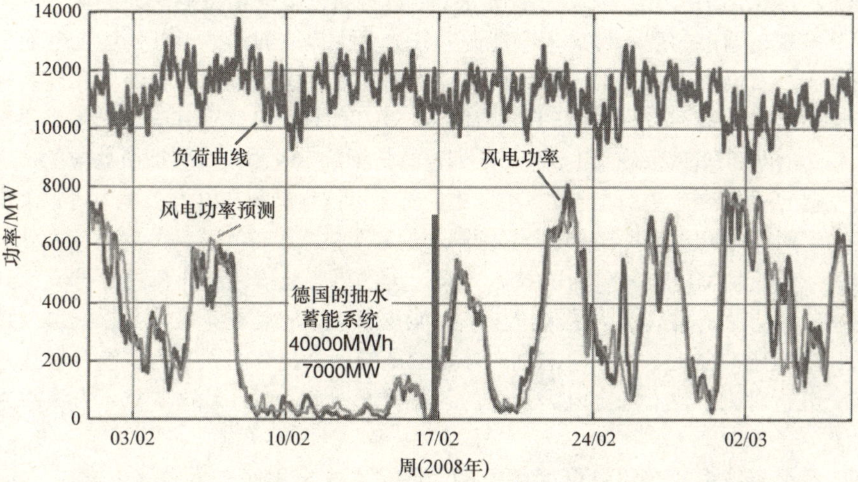

图 1.4 德国高压电网（东部控制区）负荷和风电功率的预测值和产量值（01/02/2008—06/03/2008）［来源：IfR/TU Braunschweig，（Bunger 等人 2009：13）］

抽水蓄能水力发电厂的总装机储能容量世界范围内为 90GWh，而德国是 40GWh，这个数字表明了目前最高的储能能力。很明显，目前只有常规电厂可以弥补可再生能源发电和电力需求之间的差距。同样很重要的是，必须认识到备用电厂如果一年内只短暂运行一段时间，那么电力生产成本相对较高，尤其在必须新建电厂时需特别认识到这一点。另外限制 CO_2 的排放，以及自然资源未来的价格和投资资金的变动可能会导致成本进一步增加，甚至会导致逐步淘汰这种备用电厂。

未来电价和政策的结果可能是输电网扩展到跨越国境。目前欧洲国际电力贸易有限，在欧洲范围内扩展输电网可以改善供电条件和增加总福利。

1.3 研究的目的和结构

目前这项研究针对风能和太阳能在能源系统占很大份额的情况下，平衡电力供需所进行的跨学科战略性分析。为了提高研究的实用性，不但在技术和经济方面进行调研，而且对于政策和法律框架条件也做了深入研究。对于不同方面的分析最后都提出了各种可行的建议，对于电力供需均衡策略，未来的方案应该广开思路，寻找各种机会。本项研究中法律规章状况假设为 2011 年 4 月。

第 2 章规范化地从经济、政策和技术的角度展望未来的电力系统。首先讨论能源系统长期可持续发展的总体目标，并且论证提出均衡策略的特征和评价指标。当前和未来国家和国际与气候变化相关的能源政策对电力系统的发展意义重大。本章的分析对于风能和太阳能占很大份额的电力系统为均衡电力供需提供了可执行的方案。

第 3 章分析现存未来能源方案的特征并评估在本项研究中的适用性。最后基于选出能源方案所派生出的参数可以作为本研究中后续分析能源均衡策略研究的输入。

第 4 章根据选出的现有解决未来能源系统方案中提取的参数，评估均衡电能和电力需求的前景。有两种方案：第一种是假设在当前配电系统的条件下，评估实现某种供需均衡所必需的类似潜在目标方案的结构体系；第二种是作为优化基础设施的结果，建立一个全新的电网和储能系统，包括基于欧洲连续 7 年每小时的天气数据所对应的风力发电和光伏发电的配电系统。这两种方案中考虑的都是可再生能源在电力系统中占很大份额的情况，为了调查均衡电力供需战略所必须解决的诸多挑战，首先要做的就是深入分析。

第 5 章讨论均衡电能和电力的技术方案。为了更好地描述和分析这些方案，开发了对比这些技术方案的系统。为了讨论未来储能技术应用的潜在竞争力，根据这一特定任务进行相应的成本分析。另外考虑到对环境的影响、资源利用和电力系统特性这些方面的因素，分析对比了建立稳定电力系统的各种技术方案，对评估这些技术方案在未来的可行性奠定了基础。

第 6 章分析技术的变化对电网的影响。除了审查电网必需的技术和经济方面的制约，还提出了每日和季节性尺度均衡电力供需所需的电网扩展成本。

第 7 章讨论储能系统潜在的优势以及实现中存在的问题。此外对变化中的经济框架条件分析其原因和选项，为未来能源政策经济方面提出了建议。

第 8 章关注应用智能电表、智能电网及输电线路区域扩展等区域相关技术的过程中可能阻碍集中化和地方化储能系统的问题，以及必需的电网扩展涉及的重要法律问题。分析确认大型电网的规划和许可获批、监管激励措施、电网接入、分类计价和合同关系以及数据保护等重要的法律问题。

第 9 章归纳总结未来能源系统发展的障碍，包括前述内容确认的电力系统所必需的储能和电网容量的问题。基于前述的分析，本研究的主要成果对于未来的电力系统给出了一系列的建议。

对于可再生能源占很大份额的电力系统，许多概念只在欧洲这个范围内才有意义，因为只有在整个欧洲范围内才有可能根据地理位置的变化而高效地利用各种可再生能源，例如欧洲南部丰富的太阳能和沿海及高海拔地区的风能。从欧洲地理尺度上分析电力系统最有意思的结果就是能够均衡电力的供需矛盾。理论上通过进口和出口电力以及在局部区域储能的方式，可再生能源在欧洲范围内能够得到最有效的分配。然而现实表明当涉及能源相关问题时，欧洲的各个国家仍然坚持国家的独立主权。因此至今仍然没有实现真正的欧洲能源系统或能源市场。这意味着有些问题必须在国家层面上进行分析，而其他方面则需要在欧洲尺度上进行考虑。但是分析欧洲所有国家的所有方面已经远远超出本项研究的范围。取而代之的做法是聚焦德国，作为一个欧洲国家的范例，德国雄心勃勃要整合国家可再生能源，当然对德国具体情况的分析充分考虑到了欧洲背景及其影响。

第2章

未来电力供应的远景分析

为了描述未来主要的可再生电力供应系统的前景，必须建立起长期稳定的期望目标（见2.1节）。2.2节讨论了为实现这些目标要进行的评估和决定性的技术指标。2.3节对可再生能源目标和指标的理论基础进行了补充分析，分析了当前和未来的有关电力系统环境和能源政策目标，本节指出了一些需要解决的政治挑战。最后，对储能系统的经济价值进行了探讨，揭示了储能在经济上的动机（见2.4节）。

2.1 可再生电力系统长期可行的发展目标

能源经济发展的共同目标通常表现为效率、供应安全与环境兼容性的一个三角关系，当前电力系统与要求环境保护之间的矛盾已经越来越明显了。在电力系统重建时，三角关系中的供应安全与环境兼容性也必须得到充分考虑。开发这样的系统可以从社会整体的效率和可持续性[㊀]的经济分析入手，这里给出了对电力系统中各项技术以及系统本身未来的可行性评价基础。该评价基础是基于Droste - Franke等人（2009）和Droste - Franke（2005）所做的工作给出的，在其中对他们的个人观点有较详细讨论。

2.1.1 有效配置和公平分配

经济行为的基本要素，可以简化为现有方法的应用（配置）和个人（分配）。在整体经济的背景下，各自的经济目标表现为能对生活在当代的人，以及生活在未来不同时代的人进行有效配置和公平分配，这些概念被称为代内和代际公平分配。

从宏观经济的角度来看，一个经济体的效率与社会福利的优化是联系在一起的（Schumann 1992），衍生出的最佳状态即所谓的帕累托最优状态，在这种状态中如果没有一些人的福利变差就没有某些人的福利被改善。假设一个理想市场的条件和关于个人偏好的基本假设，可以从理论上证明，市场中的供需平衡会导致这样一个帕累托最优（Malinvaud 1972）。因此，经济学家的目的是实现市场行情接近完美，这样的交易在市场导致帕累托最优。对这样的预想会导致市场失灵，这可能是由于市场支配力、所有

㊀ 这里使用可持续性作为特定的概念，即维护社会资产确保在一种公平的代际分配的范围内（Haan等人 2008）。

权的管理不善或可避免的不完善的市场结构造成的。此外，要想平衡重要的是稳定，否则将达不到平衡。

为了实现代内和代际间分配公平，可持续发展的理念已经应用到经济分析中。引用在所谓的 Brundtland 报告中最常被引用的定义，可持续发展是指实现一个“发展以满足目前的需要又不损害子孙后代去满足他们的需要”（WCED 1987，第 43 页）。由于没有子孙后代的生存需求信息，为了运作这一概念，假设人们的子孙后代和当代人有同样的需求。本书的目标是确定一种经济发展模式，以确保未来的人的需求与现在生活的人一样，他们的需要可以不断得到满足。可持续发展需要不断监测并足够灵活地适应不断变化的人们的偏好。此外，如果人们的后代不能够满足他们的需求（即假定等于当代人的需要），这个定义就意味着不能被接受。因此，实行预防原则，以避免不能接受的风险是隐含在 Brundtland 定义中的。

资本㊀和资产的概念是进行讨论的关键，资本必须保存到这样的程度，可以满足子孙后代的需要。进一步的目标是维持可用资本的总价值，等效的说法就是从自然资源的使用中获取的资金，必须重新投入到再生资本中去（Nutzinger 和 Radke 1995，第 32 页）。这个概念被称为“Solow - Hartwick”可持续性或“弱”可持续性。

继 Brundtland 报告的定义，经济的可持续发展意味着必须采取行动，否则存在资本流失的风险，并且也危及后代们需要满足的需求。这需要以一种对未来仍然有效的方式使用自然资本。为了保证这一点，不能够完全遵循弱可持续性的概念，因为某些类型的自然资本是不可替代的。对自然资本充分保护要经常进行讨论，即自然资本的功能必须要保留，这可以通过生产功能等效的资本来确保，但这部分资本功能在某种程度会向其他方面退化或自己耗尽，保护其功能可以作为一个原则直接应用于对不可再生资源的保护。

具有重要功能的资本或叫“关键自然资本”（Neumayer 1999，第 27 页），它是不可替代的，它减少到一个临界水平以下可能导致其基本生命支持功能缺失或意味着不可逆转的破坏，造成不可接受的环境状况。这一概念可以被解释为通过定义一个界限，即使存在潜在的高风险影响、因为不确定性而导致的评估不足以及缺乏对影响的认识，都能确保避免那些不可接受的风险出现。在环境领域中，这个临界的情况可能发生的原因包括：气候变化、臭氧层损耗、有毒物质的扩散和生态系统的污染。这个概念的另一种说法是“临界可持续性”。

2.1.2 一个有效的操作规则

经济效率与公平分配在不同方面有不同的目的，都可以结合以下操作规则，制定为 4 个重点（Droste - Franke 2005；Droste - Franke 等人 2009）：

重点 1：通过遵守不超过临界负荷极限值，防止造成不可接受的损害

各相关社会资产达到临界库存量㊁就不能再使用。

㊀ 这里资本作为一个通用术语被使用，指可用于生产的经济收入，包括其他生产资本和自然资本。

㊁ 除此之外，这些还包括自然资产，如生态系统。这些存量大部分可以通过任意单位来测算。

重点2：保全生产资本和自然资本的总价值

倘若重点1满足了，充分评估所有相关社会资产构成的变化量合计必须至少为0。在这种情况下，重点1只能达到一个负平衡，这一定是最小值[㊀]。

重点3：最大化跨时期福利

跨时期福利的现值[㊁]必须满足最大化，从而满足重点1和重点2。

重点4：现阶段基本需求公平分配

在重点1～3成立后，对要满足的基本需求，必须根据社会自身定义的规则在社会与几代人之间公平分配。

设定的临界负荷是为了保护关键资产，关于这点可以被看成是个社会过程，在这个过程中所讨论的各个对环境造成的潜在影响是可以接受的。关于这些值的确定是围绕相关环境领域，建立在科学调查的基础上得到的。如果新情况出现影响临界值、达到界限的成本或是超过界限产生的影响，那么设定的临界值就应该做相应调整。

制定操作规则有一个标准框架，再填充相应的内容。在很多领域，临界值不是固定的或者仍然在讨论中的。此外，关于保护什么和以什么程度去保护的话题成为了一些模式，例如，以不同假设形式来贴现未来的影响和效益。在社会认可存在必须要满足的临界值的区域，所提出的现行规则具有参考的可能性。这实际上是通过如以福利最优化为目的的限制条件制定的。如果不是全部相关方面都能以货币价值来充分估算，或者如果在优化过程中不能充分考虑相关非线性效应，这样以重点1和重点2为基础的限制就是特别重要的。

2.2　平衡策略的评估指标

为了描述能源系统长期可行性发展的相关目标，Steger等人（2005，第54页）制定了分类方案，主要可以被分成以下3类：

1）环境保护。

2）资源利用。

3）社会能源系统设计。

而资源利用涉及生产的有效投入问题，环境保护的目的是保证环境的同化能力以及维持生命的功能。能源供给系统的组织方式是通过其在社会的直接影响力构成的。

2.2.1　环境影响指标

在评估能源体系对环境影响方面，化学物质的排放量影响很大，直接噪声和辐射影响小一些，但也有一定的关系。

㊀ 本书所介绍的合计属于这种情况，努力保证避免不可接受的损害增大，总资产的减少是必要的。一个等价的表述是，在这种情况下，如果没有一个负平衡，重点1不能实现。若把社会资产的最大作为必须达到的目标，结果可以达到零平衡。

㊁ 通过使用收益的现值作为一个统一值，现在使用的价格和未来的利益表示为他们获得现值的贴现。

根据环境的扩散特性，对于相关物质的分类，来探讨化学转换和相关的环境影响情况。根据这一观点产生的第一类影响物是化学污染，通过化学反应和机械冲击直接影响生物体和材料。这种影响会导致对生态系统、农作物、材料与人体健康造成有害影响。这类造成有害影响的污染物（即使很低的浓度）被称为有毒物质。尤其重要的是这类物质长久存在，就可能会在环境中积累。典型的是，重金属、持久性有机污染物和放射性元素。此外，对大气层的视觉影响，如透明度是能观察到的，具体是由于微细颗粒和形成颗粒物质的排放引起的。目前主要讨论的对环境的另一个相关影响是气体的排放，其增加了大气中的所谓的温室效应。它们影响到地球辐射的收支情况，地面吸收辐射的红外线频率只有部分重新反射出去。这种效应导致了一个长辐射波积累，引起地面温度比没有这些气体时更高。增加温室气体的自然浓度，并进一步排放气体，显示出类似辐射平衡的作用，导致更高的平均气温和对气候变化更大的影响。尤其重要的是，目前吸收气体在红外区的空缺的频率段，气体全部的影响效果通常会在若干年后显现出来。这个研究的重要性也是相关性是，这些气体会耗尽臭氧层的平流层。

正如2.1节已经提到的电力系统设计问题，遵循4个重要的操作规则，两种类型的风险必须加以区分：第一，对人类健康、生产或自然资本的损害风险是有限的；第二，这种风险会导致不可接受的损害。

在对环境损害小于等于临界值的情况下，对环境和人类健康造成的影响要通过量化的实际损耗进行合理的评估。对实际损耗和电力系统的外部成本的评估，在“能源外部成本”系列项目中已经进行了影响途径分析，该项目开始于20世纪90年代初期（European Commission 1995，1999，2005a）。从物质的排放出发，利用扩散和化学转化模型估算对环境和人类健康的影响。基于这些估算，相关的实际损耗尽可能地以货币的形式量化。随着影响途径的进一步增加，估算的不确定性随之增加。如果由于影响途径存在很高的不确定性，像一些中间指标，例如排放量、浓度的增加或额外的物理影响，可以另外咨询或者另外对电力系统所产生的风险进行货币化成本评估。对这类地区将要分析的影响如下：

— 由于环境污染造成的对人体健康、材料破坏、农作物损失和生物多样性的丧失的影响。

— 由于气候变化引起的各种相关边缘影响。

在存在有潜在的、不能接受风险的影响地区，应满足约定的临界极限值。这方面在电力系统设计评估中已经讨论。根据各自的影响途径，临界限值被定义为很多指标，这些可以是排放量、浓度水平或环境流量，如物质的沉积速率。比如，在温室气体排放的情况下，为避免潜在的不可接受的损害，要约定好减排量目标，例如那些要求满足的二级目标，可以看作临界限值。对于来自不同排放影响的聚集效应，具有相同影响的物质能够正确估算出每种物质的影响相对总的影响的份额。例如，在温室气体的情况下，以CO_2作为一个参考量，所有气体的排放量通常以CO_2当量来表示，首先，对于酸化、富营养化问题，浓度水平和沉积值已被视为在环境影响的政策上不变的限定基础。这些已经被转化成减排量，形成国际协议的基础，例如哥德堡协议和相关的声明。探讨有关临界限值的影响如下：

— 由于环境污染造成的富营养化和酸化。

— 土地使用。

— 臭氧层的损耗。

— 温室效应。

对于环境方面提到两个区域：小型和大型潜在损害区。然而，在这两种类型的风险之间具有不同的分析议题。

2.2.2　资源可用性指标

对资源的利用的评价，必须了解资源是否会使用枯竭，或者它们是否在使用过程中能恢复到一种充足的程度。资源的可用性重要的是在不同的使用中的竞争。这意味着有这种可能的情况，同一资源只能由一方使用，而封锁其他方使用。

使用不枯竭的相关资源（具有竞争使用的特点）要具有可用面积和空间。以在一个地区建立一个新的发电厂为例，工厂使用期间需占用土地。又如能源的开发与食物种植之间的竞争。事实上，土地性质可能因特定用途而改变。在这种情况下，在初始状态下重建首先要考虑的是成本和价值的损失的问题，而不是临界载荷。在很大程度上，土地使用的变化会对环境产生很大的影响，特别是对整个生态系统。所以，这种使用可以被解释为是非常紧要的。对土地用途的变化进行评估，要尽可能与土地利用之前进行比较。如果土地利用之前的状态不能恢复，除了回收成本、效用的损失以及其他（非使用）价值（例如期权的价值、原始损失），对土地用途变化的评估就尤为重要。

一种特殊情况是资源的恢复速度大于消耗速度，如可再生的生物量、资源不能随使用时间和使用方式的不同而被耗尽，像持续不断的阳光和风一样。只要再生的能力能够保证，使用资源就没有暂时资源问题。

在能源系统领域，一部分相关资源是从地下得到原材料。这方面的能量资源如天然气、石油和煤以及其他的为能源生产所需要的矿物质。这些材料也称为不可再生资源，因为它们的再生率远低于消耗速度。在这种情况下，也必须涉及不可再生的土地使用。对于这些类型的资源，可能发生的危急情况是具有日益短缺的特征，因此要提高价格和供应成本。在这种方式中，已知资源的经济可开发量，也被称为“储备”，可能随时间下降。对可用性资源的一个重要指标是储备量与当前生产量的比值（储量 - 产量比率）。这表明目前的生产速度保持恒定的情况下，储备量可维持开采多长时间，Steger 等人（2005，第 54 页）也称这个指标为“安全操作周期”。接下来 Steger 等人（2005）认为，为了对不可再生资源的可持续管理，“安全操作周期”不应该随着时间而减少少于 60 年，对重建能源系统，这个时间段的估算是必要的。所谓的储量 - 产量比率不应减少的提法并不意味着各个不可再生资源不能被使用，但在经济上对可开发的资源存储量的减少必须通过减少产量的办法使之达到平衡，例如通过使用替代品。另外，不可再生资源的稀缺还受到供给方的垄断结构的影响，从而自然确定为热点资源。但这只适用于少数几个国家，并且需要大型基础设施（如管道和炼油厂）提供给一些资源需求方。

因此，一些国家或公司对储备和输送与供应链的关注度也是一个感兴趣的指标。

2.2.3 能源供应系统的设计指标

Steger 等人（2002，2005）提出，关于能源系统的设计可以分 3 个相关方面：供应可靠性、规避风险和开放性选择。此外，投资和可变的经济成本的选择、固定的货币资金的数额，都至关重要。在这方面，许多指标已经讨论过了。这些指标主要的目的是对完整的能源系统的评估（例如 Kopfmüller et al. 2000；IAEA 2005；IEA 2007；RNE 2007）。然而，这项研究调查对象仅是能源系统的一部分，因此只有部分讨论的指标是适用于此分析的。

关于供应的可靠性，重要的是具有高份额的可再生能源的供电质量，如太阳辐射能和风能，能够通过电力和能源的平衡得到充分的保证。为了这个目的适用的技术和策略是本研究的焦点。当然如果当前的能源系统能够提供高质量能源，高供电质量就一定能达到。此外，不得不探讨一下系统中需求方面的灵活性有多大，这也是为了使用需求侧管理和在不增加预期设备和人员的损失时出价可以高于允许的范围。进一步讲，供应的可靠性与对购买资源的第三方的依赖程度有关，这个问题在之前已经讨论过了。

关于规避风险的目的，对社会不可接受的风险应该避免，并且高风险应尽可能地降到最低。除了技术上的风险，这里要考虑对环境带来负担的相关风险，这包含了大量的与小的潜在个体影响相关的风险，包括对人体健康的影响，应尽量减少到最小。此外，也与大规模的风险有关，例如大范围的环境损害。避免这种风险，需要建立由社会定义的临界极限值。

为了实现拥有一个最佳的能源系统，在研究和开发中得到新的发现，保持一个开放性的选择是非常重要的。在这个方面，不同的能源技术显示不同程度的潜力。这些技术令人关注的特点是替代燃料的适用性、它们的寿命和所需的投资的长期性。

投资成本和不同的技术选项的可变成本是在未来的能源系统设计中的主要变量。一旦对一个特定的选项做出了决定，成本就会产生，将原本可以投资到其他社会目标中的资本绑定。因此，重要的是密切关注成本。然而为了获得整体情况，除了微观经济成分之外，还必须考虑社会经济成本。此外，必须要有长远的考虑，因为目前的低成本可能在未来就是高成本。这项研究遵循的方法是，能源系统设置要在某些时间点进行优化，同时将考虑影响实施策略的框架条件和政治决策。框架条件规划的出发点是在其他研究中得到的未来情景设想（见 3.1 节）。除了已经存在的研究，本研究将比现在更详细地分析用于平衡电力供应中的能源和电力供应的战略，并且也将考虑经济、政治和法律方面的问题。

2.3 欧洲可再生能源电力系统的政策性治理

上面在理论上讨论了一些可行的目的和目标，这些可作为未来的低碳能源供应的重要背景资料。然而必须决定投资开发必要的新的能源系统（或者电力系统），该系统的发展方向以及在过渡期应采取措施的程度是一个社会性问题。关于新的电力系统建设，一个实际发展规划图、对当前形势的详细分析、有计划的政府管理程序和政策都是必不可缺的。

首先，要分析系统的类型和当前的趋势，这要体现出现存政策的影响；其次，是针对重建电力系统的具体政策的制定；最后，要讨论对能源政策的重要挑战。

2.3.1 欧洲能源系统的历史背景、现状及发展

多种因素驱使着欧洲能源一般以一种缓慢速度在过渡，尤其是电力，并存在有以下担忧：欧洲严重依赖于国外进口能源、矿物燃料能源的价格上涨、生态环境的限制。这些担忧在2007年1月欧盟委员会欧盟能源政策交流会上进行了总结："欧洲廉价能源的日子看来要结束了。气候变化的挑战、越来越多依赖于进口、更高的能源价格这些是所有欧盟成员要面对的"（European Commission 2007a）。欧洲面临的挑战是要向更大的可再生能源提供正确的鼓励机制和进行能源转型，特别可能的是在电力部门。转型不仅需要技术创新和工程解决方案，也要有适当的政策框架与公众的理解和接受。

2.3.1.1 欧洲增长的能源依赖性

2009年，欧洲能源消费总量的近2/3是矿物燃料（36.6%的石油、15.7%的煤、24.5%的天然气）。核能占13.6%，可再生能源组合占8.9%（Eurostat 2011d）。然而，欧洲矿物燃料供应受到了限制。欧盟是一个纯能源进口方。其对能源进口的依赖已经从1997年的45%上升到2008年的53.8%。欧盟能源依赖程度较高的是石油（2009年83.5%）、煤炭（62.2%）和天然气（64.2%）（Eurostat 2011d）。随着越来越多的来自新兴经济体（如印度、南非、巴西）的能源资源和矿产的需求，预期能源价格会上升，将损害欧洲经济体利益。

2.3.1.2 气候变化的限制

比这些资源受到限制更紧迫的是环境的限制，这与欧洲国家和全球其他地区以大量矿物燃料作为基础经济有关。政府间气候变化专门委员会（IPCC）和许多其他机构警告说，矿物燃料燃烧排放造成气候变暖，使得全球平均气温升高，地球面临着严重极端天气的风险。全球变暖会影响季节性温度和降雨模式，将使得地球的部分地区变成沙漠而另一些地区会洪水泛滥。极地冰和冰川的融化将会导致海平面上升，影响海岸线和低洼国家。预测会有更严重的风暴、飓风、过度炎热和干旱。地球的生存和动物物种也将面临风险（IPCC 2007）。

2.3.1.3 以气候变化作为动力探索低碳电力系统

气候变化的政策是最近欧洲能源政策变化的关键。减少温室气体的排放，将要求欧洲摆脱其对矿物能源的严重依赖。气候变化的特权，明确了要预防不可接受的气候变化的影响，一直促使着人们提高能源效率、减少温室气体排放和使用可再生能源。

2.3.1.4 能源供应多样化发展

促使能源供应多样化和增加国内资源生产的呼声越来越强，欧盟国内能源产量在2009年达到核能占28.4%、煤占20.4%、天然气占18.8%、原油占12.8%和可再生能

源占18.3%。令人吃惊的是，迄今为止增长最快的能源是可再生能源，在1999年只占国内能源产量的9.7%，但是如上所述，10年后是这一数字的两倍。根据欧盟统计局公布的数据可以计算出，在同一时间内其他能源生产下跌：原油（-33%）、天然气（-14.5%）和固体燃料（-14%）（Eurostat 2011d）。因此，促使能源供应多样化和增加国内生产，特别是可再生能源的呼声日益增强。可再生能源发电量正在扩大。

欧盟已经开始考虑如何把更多的战略从仍然以大量矿物燃料为基础的能源结构转移到一个更加低碳的能源供应上。虽然欧洲仍然严重依赖矿物燃料，随着时间的推移，在能源构成中的一个明显的转变正展现出来。在电力行业，1990年欧盟（当时所有成员国）的可再生能源占总耗电量的11.9%，2000年占13.8%，在2008年占16.7%。由于可再生能源能够在国内开发并且也是气候友好型的，是相对无争议的，近年来在这个方向上已经取得了很大的进展。在未来几十年将面临的挑战是创建一个基础设施，包括电网结构和储能系统，从而使得可再生能源的进一步快速发展成为可能。

2.3.1.5 欧洲可再生能源生产的发展趋势

在欧盟内部，2002~2007年可再生能源产量增长了38.4%。在同一时间内，其他能源生产下降：原油下降28.7%，天然气下降18.1%，固体燃料下降11.1%。在发电方面，可再生能源（相关的有光伏发电和风力发电）有了特别强劲的增长（见图2.1）。

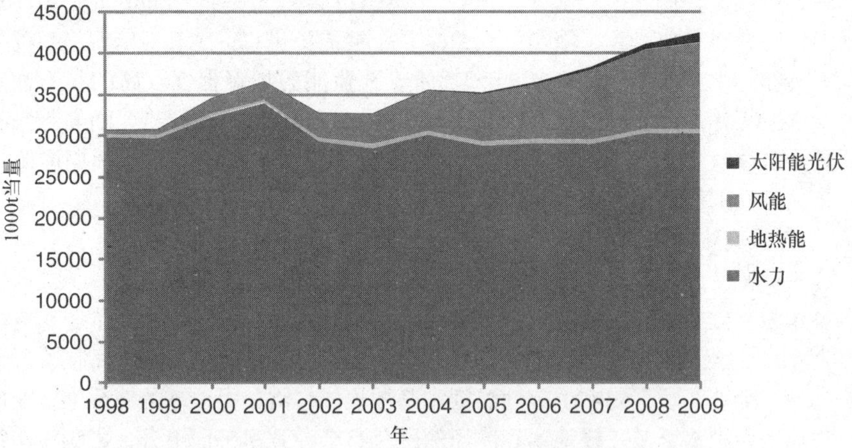

图2.1 可再生能源发电量（数据来源：Eurostat 2011g）

2.3.2 管理未来能源系统的政策性治理行动

2.3.2.1 区域合作发展可再生能源

几个有雄心致力于可再生能源发展的区域正在形成，其中之一是在北海地区，这里有挪威、瑞典、德国、法国、荷兰、丹麦和英国，它们正在合作发展一个区域电网结构和海上风电场。对于北欧，在未来的几年近海风力发电可以提供大量的电力份额，但是这将需要发展一个输电网结构，完成将风电从海上风电场输送到需求中心。德国环境问题咨询理事会（SRU）已经把注意力集中在北海地区近海风能重要的潜力和在斯堪的纳维亚半岛抽水蓄能容量上，以期满足可再生能源供应的宏伟目标（SRU　2011）。

在欧洲、地中海和北非地区，大型太阳储能电站也在迅速建设。德国航空航天中心（DLR）进行基于卫星的探测研究，提出只要在地中海和北非 0.3% 的沙漠地区生产出的电力和淡化海水即可满足非洲和欧洲增长的对能源和水的需求。

必须完成互连的电网建设，使得太阳能可以从该地区运送到欧洲。一般来说，对能源市场的整合仍处于起步阶段，但动作迅速。在双边方面，欧盟委员会与摩洛哥（2007 年 7 月）、与约旦（2007 年 10 月）能源合作联合声明已签署，并且欧盟与埃及关于能源的谅解备忘录在 2008 年 12 月已达成（European Commission　2008a）。

从多方面看，欧洲 - 地中海伙伴关系计划正在形成（又称巴塞罗那进程）。这个想法提供电力输电网在地中海沿岸国家之间的互连互通。预期电力电网的连接，从西班牙到摩洛哥，再到马格里布（北非和阿拉伯西部），通过埃及和马什拉克（阿拉伯东部），再到土耳其，然后到希腊。该电网可能通过希腊连接到欧洲电网。目前，电力市场的整合仍然有限，欧盟委员会正在协助投资相关的项目，如马格里布电力分区域项目，它旨在摩洛哥、突尼斯和阿尔及利亚之间创建一个电力市场。摩洛哥和阿尔及利亚正在合作，连接阿尔及利亚电网，通过摩洛哥接到欧盟。

地中海太阳能计划的初始目标是，到 2020 年为该地区可再生能源的容量增值 20GW。预计 3 ~ 4GW 将来自太阳能光伏发电，5 ~ 6GW 来自风能，10 ~ 12GW 来自聚光太阳能发电（CSP）。CSP 使用镜子反射和聚集阳光到一个装满水的中央圆柱上，不断将水变成蒸汽，可以用来驱动涡轮。这个计划的作用是将突尼斯、意大利、土耳其和希腊真正地连接起来，这是非常必要的（EPIA　2008）。

跨地中海可再生能源公司（TREC）国际网络的科学家和工程师（现在称为沙漠科技基金会）联合罗马俱乐部提出了一个想法，在非洲北部沙漠进行太阳能开发：沙漠科技，为欧洲提供清洁能源。沙漠科技设想未来在非洲北部沙漠中大规模通过 CSP 发电，将补充欧洲可再生能源和帮助欧洲减少 CO_2 排放并满足其电力需求。

由 20 个德国公司，包括西门子公司、德意志银行、德国莱茵集团和德国意昂集团计划组建一个财团投资大约 4000 亿欧元在非洲北部发展 CSP。目标是在 10 年内，实现欧洲 15% 的电力需求（Connolly　2009）。

2.3.2.2　欧盟内关于气候变化和可再生能源的国家行动

无论是在可再生能源供应还是可再生能源政策上，欧盟成员国之间都有相当大的差异。冰岛和挪威已经实现了 100% 的可再生能源电力消费（挪威有时生产的可再生能源甚至比其消费的更多）。由于早期采用税费优惠方案，丹麦扩大可再生能源占其电力消费总值的比例，已经从 1990 年的 2.6% 升到 2008 年的 28.7%。在同一时期，德国也采用了税费优惠方案，扩大可再生能源的比例从 3.8% 升至 15.4%，爱尔兰基本上增加了 1 倍以上的比例，从 4.8% 升至 11.7%，荷兰从 1.4% 上升至 8.9%，西班牙从 17.2% 增长到 20.6% 的份额。

然而，可以看到一些国家可再生能源占其总电力消费的比例变化不大（如意大利)，甚至出现下跌，奥地利已从65.4%下降到62%，法国从14.8%降至14.4%（见表2.1）。

表2.1 1990~2008年可再生能源占总用电量的比例（%）（资料来源：Eurostat 2011b）

	1990年	1995年	2000年	2005年	2008年
欧盟27国	11.9	13	13.8	14	16.7
比利时	1.1	1.2	1.5	2.8	5.3
保加利亚	4.1	4.2	7.4	11.8	7.4
捷克	1.9	3.9	3.6	4.5	5.2
丹麦	2.6	5.9	16.7	28.3	28.7
德国	3.8	5.0	6.5	10.5	15.4
爱沙尼亚	0	0.1	0.3	1.1	2.0
爱尔兰	4.8	4.1	4.9	6.7	11.7
希腊	5.0	8.4	7.7	10.0	8.3
西班牙	17.2	14.3	15.7	15.0	20.6
法国	14.8	17.8	15.1	11.3	14.4
意大利	13.9	14.9	16.0	14.1	16.6
塞浦路斯	0	0	0	0	0.3
拉脱维亚	43.9	47.1	47.7	48.4	41.2
立陶宛	2.5	3.3	3.4	3.9	4.6
卢森堡	2.0	2.3	2.9	3.3	4.1
匈牙利	0.5	0.7	0.7	4.6	5.6
马耳他	0	0	0	0	0
荷兰	1.4	2.1	3.9	7.5	8.9
奥地利	65.4	70.6	72.4	58.4	62.0
波兰	1.4	1.6	1.7	2.9	4.2
葡萄牙	34.5	27.5	29.4	16.0	26.9
罗马尼亚	23.0	28	28.8	35.8	28.4
斯洛文尼亚	25.8	29.5	31.7	24.2	29.1
斯洛伐克	6.4	17.9	16.9	16.7	15.5
芬兰	24.4	27	28.5	26.9	31.0
瑞典	51.4	48.2	55.4	54.3	55.5
英国	1.7	2.0	2.7	4.3	5.6
冰岛	99.9	99.8	99.9	99.9	—
挪威	114.6	104.6	112.2	108.4	109.4

努力开发一个以欧盟可再生能源为基础的电力结构，将对由德国、英国和法国组成的3个最大的经济体有着重要影响。近年来这3个国家都有以更强烈的迹象显示对可再生能源的信赖，虽然它们仍然存在很大的差异，尤其是在对核能的定位上。

法国是一个温室气体排放相对较少的国家，很大程度上是由于它非常依赖于核能

（占电能的 78%）和水力发电（占电能的 12%）。2007 年，法国政府推出了 Grenelle de l′Environnement 计划，它计划投资第 4 代核电站，发展可再生能源，促进公共交通和绿色建筑。

英国是欧盟中最大的石油和天然气生产商[⊖]。北海上石油和天然气产量在 2000 年达到高峰，但是自那以后，英国已经变成了一个纯进口国，尽管它的进口量所占比例（2006 年为 21.6%）与其他国家比是相对较低的，例如，德国（62%）或欧盟平均水平（54%）。英国也是受气候变化强烈影响的国家，气候变化会使得海平面上升或湾流改道。英国议会在 2008 年通过了气候变化法案，是第一个提出在世界上要建立长期的、具有法律约束力的应对气候变化的框架，该法案要求到 2050 年削减 80% 的温室气体排放量。法律要求英国到 2050 年其碳账户降低至 1990 年水平的 80%，此外要求到 2020 年至少下降 26%（与 1990 年相比）并且要定期对碳预算审核（Turner　2008）。英国为达到这个目标为可再生能源制订了战略计划，包括提高能源效率、碳捕获和存储（CCS）以及新的核电厂建设（Committee on Climate Change　2009）。

德国在气候、可再生能源的目标和立法方面特别有雄心。德国政府积极推动可再生能源进展，从 1990 年的电力上网法律和 2000 年的可再生能源法开始（到 2010 年的目标，可再生能源在电力市场中的比例增加 1 倍，从 5% 至 10%）。

可再生能源的增长也与在德国决定逐步淘汰核能有关。2000 年，德国政府通过了一项核淘汰法（禁止新电站建立和分期关停现有反应堆），这个针对性的淘汰过程大约到 2021 年。2007 年 12 月，政府出台了综合能源和气候一揽子计划，提出到 2020 年减少温室气体排放达到 1990 年水平的 40% 左右的目标。该方案包括 14 项立法，以促进在电力和热力方面以及其他领域的能源效率和可再生能源（BMU　2007）。此外，在 2010 年 10 月，德国议会通过了一项对未来的新能源理念（BMU　2010）。该计划重申了早期目标是到 2020 年减少温室气体排放 40%，还包括对未来几十年的一系列目标：到 2030 年减少 55%，到 2040 年减少 70%，到 2050 年减少 80% ~95%。到 2050 年，可再生能源达到占电力能源的 80%（过渡目标是到 2020 年达到 35%，到 2030 年达到 50%，到 2040 年达到 65%）。可再生能源在最终总消费能量中占的比例到 2020 年也要增加到 18%，到 2030 年为 30%，到 2040 年为 45%，到 2050 年为 60%。能源效率也要提高，减少一次能源的使用，到 2050 年达到相当于 2008 年水平的 50%。更有争议的是，该国的核电厂的关闭日期延长为平均 12 年（Bundesregierung　2010）。福岛核反应堆灾害之后，这个决定再次改变，福岛核灾难后 7 个最老的核电厂立即下线，它们保持离线。另一个工厂已经下线，保持离线进行技术维修。这种关机状态减少德国核容量约 40%。剩下的 9 个工厂，最迟在 2021 年有 6 个要逐渐被淘汰。3 个最晚建的工厂，到 2022 年也可能关闭。这些方针政策对未来几年的能源和电力政策产生了重大的影响。为了满足其气候变化的目标和核能发电容量的更换，德国计划大力投资发展可再生能源。这就意味着需要快速发展集中近海和陆上风力发电、分散太阳能光伏发电、太阳热能、集中太

⊖ 目前英国已脱欧。——译者注

阳热能（在德国南部，但也可能在南欧和北非）、地热能和生物质能。发展储能容量和建立高压电网结构也是非常必要的。

可以看出，欧盟的3大经济体有着非常不同的能源结构，这给整个欧洲建立共同的发展电力的目标增加了复杂性。然而，欧盟在促进可再生能源电力增长上已达成了共识。

由于地理以及政治和经济因素，成员国在最终的总能源结构中可再生能源的分布和范围有着显著的不同。有大型水电资源潜力的国家——挪威、瑞典、芬兰、奥地利和瑞士能满足本国大部分水电的需求，它们也可能在将来能够提供抽水蓄能容量。丹麦、德国和西班牙在建设非水电可再生能源方面已做得比较好了（在德国和西班牙，风能利用比较好，同时也有大量的太阳能发电），丹麦获得大约1/4的电力来自风能。在过去几年中，德国可再生能源经历了强劲的增长，2005～2010年，可再生能源增长的份额占最后总的电力消费的10%以上，达到大约17%。

随着可再生能源在国家范围内的进一步扩大，为使未来欧洲可再生能源在其电力生产中占更大的比例，将要求各成员国之间有更大的合作、更好的互连互通，并且要发展高压电网和储能基础设施。

2.3.2.3 欧洲对低碳能源市场的政策

与在环境领域已经实现政策协调水平相比较，欧洲能源市场的整合和欧洲能源政策的协调是相当有限的。成员国的不同能源结构已经妨碍了整合和政策的协调，并且引起了对有关国家能源主权的强烈关注。然而迫使这一状况改变、发展更协调和低碳能源结构正在日渐增长。

尽管在能源政策问题上各国政府起着很大的作用，在发展欧盟地区性能源政策目标上已取得长足进展，这一能源政策是与气候密切相关的。欧盟气候政策被看作使得经济体成员走向更大的能源自主性、资源利用效率和技术进步的一个途径。

早期已采取一些措施促进能源过渡是在20世纪90年代，当时几个欧洲国家建立了温室气体自愿减排目标。1997年，协商促使形成了《京都议定书》，进一步提高了欧洲公众的气候变化意识。《京都议定书》于2005年生效。根据《京都议定书》，欧盟（东扩前的15国）承诺将其温室气体排放相对于1990年的水平削减8%。

根据内部责任分成协议，为不同的成员国制定不同的国家目标。国家目标是基于多种因素的考虑，包括国家的能力、现有的能源结构、人均经济财富。一些国家相对它们1990年的排放水平制定了一个非常大的减排目标（奥地利-13%、比利时-7.5%、丹麦-21%、德国-21%、意大利-6.5%、卢森堡-28%、荷兰-6%、英国-12.5%），另一些国同意稳定其排放量（法国和芬兰0%），而还有一些较贫穷的成员国获准增加其排放量（希腊+25%、爱尔兰+13%、葡萄牙+27%、西班牙+15%），但增长率要低于通常的预测值。瑞典采用了+4%的目标，但后来通过国家立法，实施了到2010年必须达到-4%的目标。

欧洲发展可再生能源的趋向与在20世纪90年代后期采取超国家特色的气候目标政策同时开始。在1997年，欧洲共同体编写的《Energy for the Future: Renewable Sources of Energy》（未来能源：可再生能源）共同体战略白皮书和行动计划（European Commission　1997)，这是首次欧洲共同体设置的可再生能源的目标。但是建立的目标尚未实现：2010年能源消费总量的12%来自可再生能源（截至2007年，欧盟的可再生能源满足其占能源需求总量的6.7%）。

2001年，由于欧洲共同体开始加速承认《京都议定书》，接着在德国、西班牙和丹麦可再生能源法实施，更集中注意力开始转向到欧洲电力行业可再生能源开发的潜力上。法令2001/77/EC中制定一个目标，到2010年欧盟的电力21%来自可再生能源，该指示性目标适用于每个欧盟成员国。截至2008年，欧盟最终电力消费的16.7%来自可再生能源，仍低于21%的目标。截至2007年，丹麦、德国和匈牙利仅有的几个国家已经满足它们的规定目标（European Commission　2009c）。

2007年3月，欧盟委员会制定的一系列新的气候和能源的指标与目标，就是后来体现的欧盟决议：法令406/2009/EC（European Commission　2009a）。欧盟认可了防止全球平均气温上升超过工业化以前的水平2℃以上的重要性，政府间气候变化专门委员会（IPCC）警告说，若超出这个水平，气候变化的后果会变得特别严重并且可能是不可逆的。对发达国家而言，这意味着要实现温室气体排放量与1990年的水平相比减少60%～80%。

在开始迎接这次挑战的过程中，欧盟决心将欧盟（当前所有成员国）的温室气体排放到2020年减少为1990年水平的20%或30%，如果其他主要排放国家承诺类似行动，扩大可再生能源在欧盟一次能源结构中的比例，到2020年可提高到20%，提高能源使用效率，与2005年的水平相比到2020年提高到20%。

要达到这些目标是要有各种政策和方案协助的。第一，修订欧盟碳排放交易体系（ETS），由法令2003/87/EC指导制定。欧盟排放交易体系（EU ETS）覆盖超过12000个主要排放源（如公用事业、制造业、水泥业、纸浆业、造纸业），涵盖了约40%的欧盟CO_2排放。由此出台了相关法令（法令2004/101/EC），通过清洁发展机制和联合实施减排，包括将可再生能源能用于排放交易体系中（European Commission　2004）。排放交易体系的第一阶段，2005～2007年，遇到的一些严重问题是个别成员国根据自己国家的利益要求超额分配许可证。由于这样的结果，欧盟委员会进行了较强的控制和干预，在第二阶段，各国政府发行较少许可证，这一阶段从2008年到2012年。第三阶段从2013年开始，将逐步淘汰免费分配的排放限额，取而代之的是拍卖。要实现2020年的目标，到2020年提供给行业的排放配额将减少2005年水平的21%（European Commission　2010b）。

第二，正如《京都议定书》规定的情况，国家努力将减排方案引入到排放交易体系未覆盖的领域：住房、交通、农业和废弃物。欧洲议会和欧盟委员会法令406/2009/EC决定了各成员国之间温室气体的减排目标。该减排目标是相对于2005年的排放水平制定的。成员国的经济财富是对减排目标有影响的（人均GDP）。富裕国家同意有更高的减排目标。因此，卢森堡、丹麦和爱尔兰必须减少其排放量20%，西班牙17%，奥地利、比利时、芬兰、荷兰和英国16%，德国和法国14%，意大利13%，西班牙10%[㊀]，

㊀ 此处原书有误，西班牙有17%和10%两组数据。——译者注

塞浦路斯5%，希腊4%。其他国家将可以增加其排放量，但低于通常估计的排放率。例如，像罗马尼亚和保加利亚允许增加其排放量分别为19%和20%。波兰允许增加14%，匈牙利可增加10%。这些目标的共同影响，预计到2020年将减少欧盟排放（交易排放体系不覆盖的部门）为2005年水平的10%。各国将允许使用京都灵活性机制来满足它们的一些减排目标。通过将排放交易体系和非排放交易体系部门结合来削减排放量是期望使得总的温室气体排放量到2020年削减为1990年水平的20%（European Commission 2009a）。

第三，2008年1月，欧盟委员会颁布了一项法令草案，草案呼吁增加可再生能源在总消费的能源中占的比例，从2005年8.5%的水平增到2020年的20%。2008年12月，欧洲议会批准了法令2009/28/EC（可再生能源法令）。所有成员国都必须增大可再生能源的比例，至少是它们2005年水平的5%。此外，根据一个国家的人均GDP和可再生能源的条件，一些国家可额外增加些数量。要给成员国施加压力以实现它们的目标，过渡期的目标也要建立起来。期望各国在2011~2012年平均达到它们目标的25%；在2013~2014年达到35%，2015~2016年达到45%，2017~2018年达到65%。建立了一个类似于《京都议定书》的责任分担的协议，以满足欧盟20%的可再生能源目标。成员国的目标是基于一个公式确定的，其中包括可再生能源的平稳增加速率高于2005年水平的5.5%和基于人均GDP来确定额外增加量（European Commission 2009b）。10个国家拥有可再生能源的目标为10%~15%，11个国家的目标为16%~25%，还有6个国家目标为30%~49%（见表2.2）。

表2.2 承担的份额：到2020年各国可再生能源目标

（可再生能源的平稳增加速率高于现有水平的5.5%和基于人均GDP额外增加量）

成员国	2005年可再生能源所占份额（%）	到2020年要求的份额（%）
奥地利	23.3	34
比利时	2.2	13
保加利亚	94	16
塞浦路斯	2.9	13
捷克	6.1	13
丹麦	17.0	30
爱沙尼亚	18.0	25
芬兰	28.5	38
法国	10.3	23
德国	5.8	18
希腊	6.9	18
匈牙利	4.3	13
爱尔兰	3.1	16
意大利	5.2	17
拉脱维亚	32.6	40

（续）

成员国	2005 年可再生能源所占份额（%）	到 2020 年要求的份额（%）
立陶宛	15.0	23
卢森堡	0.9	11
马耳他	0.0	10
荷兰	2.4	14
波兰	7.2	15
葡萄牙	20.5	31
罗马尼亚	17.8	24
斯洛伐克	6.7	14
斯洛文尼亚	16.0	25
西班牙	8.7	20
瑞典	39.8	49
英国	1.3	15

在欧盟不同的成员国中，有多项不同的支持方案在运作，包括：上网电价、奖金制度、绿色证书、税收减免、燃料供应需求、政府采购的预期以及研究和发展计划。很大程度上是由于主权问题，欧盟委员会得出结论，从长远来看协调的支持计划是可取的，而目前必须追求的是国家之间的合作和现有支持计划的最优化（European Commission 2005b，2008c）。欧盟委员会还呼吁注重实施方法，以促进投资者长期稳定。

重要的是可再生能源法令和市场交易之间的联系。根据法令，成员国可以将它们的国家支持方案与其他欧盟成员国相结合。此外，该法令允许“自然”可再生能源从第三国进口（例如，从北非进口可再生能源是可能的）。在已满足它们过渡目标的成员国之间，对可再生能源方面开放被限制的多余可再生能源的交易（以“统计转移”的形式）（EurActiv　2011a）。

第四个要素是对碳捕获和存储技术的法律框架正寻求设置，仍处于早期发展阶段。

还存在许多其他相关法令。例如，包括终端能源使用效率和能源服务法令 2006/32/EC，在 2006 年 4 月通过。该法令建立一个目标，在 2008 ~ 2017 年，能源使用与常规趋势相比减少 9%，并且需要一个滚动系列能源效率行动计划（2007，2011，2014）（European Commission　2006，第 73 页）。法令 2010/31/EU 颁布于 2010 年 5 月，是对法令 2009/125/EC 和法令 2010/30/EU 在建筑物能源性能的补充法令，法令 2009/125/EC 是欧洲议会和理事会 2009 年 10 月 21 日出台的一组有关能源相关产品生态设计的法令；法令 2010/30/EU 是欧盟的欧洲议会和理事会在 2010 年 5 月 19 日出台的，是关于能源和其他与能源相关产品资源的消费产品信息标注和标准的法令。

2.3.2.4　2011 年欧洲能源理事会

2011 年欧洲理事会（2011 年 2 月 4 日）会议特别关注的重点是欧洲安全问题，“安全、可靠、可持续的、负担得起的能源有助于欧洲的竞争力”，并呼吁到 2014 年“建立一个功能完备的、相互关联的、综合性的内部能源市场”，目标是允许使天然气和电力自由穿越欧盟。该理事会呼吁欧洲能源监管机构合作组织（ACER）国家监管机构和输电系统运营商推动市场的耦合和引导，并且使得电网规范适用于整个欧洲电网。该理事会还总结了：到2011年中期对电动汽车充电系统和到2012年年底为智能电网和仪表采用技术标准的重要性。

该理事会决心还要把目光聚焦在跨国界互连电网的需求上，以“确保各成员国之间的团结，能源供应或中转运输路线畅通、发展可再生能源并能与传统能源竞争”。该理事会建议，需要简化和改进建设新的基础设施的授权手续。

该理事会进一步呼吁对能源效率要加强投资，提高竞争力和加强安全的供应，为实现到2020年走向正轨的20%能效目标而努力（European Council 2011）。

2.3.2.5 迈向更高的减排目标

有越来越多的人讨论，欧盟是否应该超越其到2020年达到20%的目标，在2010年，欧盟委员会发布了一份公报，讨论减排的步伐，对欧盟是否有必要决定追加到2020年减排量达到相对于1990年水平的30%。但是，这没有赢得欧盟的广泛认可。长远的目标是欧洲的未来具有低碳的能源。在2009年10月和2011年2月欧盟能源峰会上，欧洲领导人宣布了一项承诺：到2050年减排目标达到相对于1990年排放水平的80%~95%。

2.3.2.6 2050年低碳经济的路线图

进一步成功扩大可再生能源在电力领域的份额将取决于技术的进步、市场信息、政策性的指导和干预及公众的支持。

欧盟委员会已经准备了一份到2050年实现低碳经济的路线图。应该指出，这并不是一个具有法律约束力的文件。该路线图包括到2050年在电力领域实现减少CO_2排放量93%~99%的目标，以使在整体一次能源均衡中CO_2减排量达到80%~95%成为可能。中期目标是，到2020年在一次能源结构中减少25%的CO_2排放，到2030年减少40%，到2040年减少60%，到2050年减少80%~95%。迫使欧洲去超越已确定的到2020年温室气体减排20%的目标，然而目标更大，实现的阻力也会更大。25%的目标应该是现有的20%减排目标和建议的30%减排目标之间的折中。

路线图显示要把主要和持续的投资用在可再生能源和智能电网以及碳捕获和存储上，也展望了运输业的电气化。有趣的是，这个路线图是由负责气候变化的总负责人编制的，在目前消耗现有的GDP 19%的基础上，预计过渡还需要另加2700亿欧元（或欧盟每年GDP的1.5%），但这40年间，节省的能源和可再生能源会使得欧盟平均燃料成本急剧减少，使得节省能够达到每年在1750亿~3200亿欧元（EurActiv 2011b）。

随着路线图的发布，欧盟需要将更多的关注放到相应的政策措施和手段上，使得发展一个独立的欧洲电力市场成为可能。这将需要制定国家支持系统，并要附有强大的欧盟目标和措施。

2.3.2.7 可再生能源配套基础设施的建设

可再生能源容量的持续增长将需要新的电网的发展，这样的电网要能够长距离传输变化的电能。目前欧盟缺乏连网，还不可能跨越整个欧洲大陆传输电能。2010年11

月，欧盟委员会发布了“2020 年及以后的基础设施优先事项——整合欧洲能源网络的宏伟蓝图”（European Commission　2010a）。作为蓝图的解释，由于缺乏足够的互连性和存储容量，欧盟无法应对一些成员国的能源短缺，也无法有效利用现有容量。建设必要的基础设施将需要巨额的投资。蓝图中预计，到 2020 年大约需要投资 1 万亿欧元以满足欧洲能源系统的需要。大约投资的一半必须用于电力网络、燃气输配、输电、储能和智能电网（European Commission　2010a）。

2.3.2.8　公众的可接受性

能源转型可以给欧洲带来很多好处：减少健康损害、减少环境破坏以及开创新的市场和就业。在欧洲，可再生能源部门正成为主要的雇主，欧洲在可再生能源技术方面已经成为一个全球的领导者。它拥有在世界风能技术 60% 的市场份额（European Commission　2007a）。

尽管如此，会存在许多与可再生能源大规模发展相关的公众要承受的问题。难免会涉及在可再生能源设施及配套设施建设中，包括电网结构、互连和储能容量建设中，占用土地和使用权的相关问题。

正如已经看到在整个欧洲的不同时期，反对风电场、太阳能电场或地热设施的运动已经顺利阻止了一些可再生能源发电项目和基础设施的发展。今后，公众的接受程度将决定重新设计的主要电力系统是否能够实施。参与决策过程必须是任何更广泛发展可再生能源运动的核心。安全能源供应的道德委员会建议德国政府建立一个有公民参与的关于能源的论坛，使其了解规划和决策过程的各个阶段（Ethik - Kommission　2011）。这类论坛应在加强德国和欧盟的可再生能源计划的早期阶段加以考虑。应该会有许多对公众有影响的议题。一个区域需要涉及的问题是，应遵循以一种较大、更集中的可再生能源设施和大规模的储能系统为基础，还是以一种较分散的结构和储能容量系统为基础[例如，储能系统（电池）在家用级别]。另一些相关问题是，电线是否在地面以上，这样较便宜；或掩埋在地下，这样较贵，但对美观破坏性较小。开发一个新型电力系统，该系统采用高比例的可再生能源发电，这不仅要受到技术和经济问题的影响，也要受到社会的价值观和偏好的影响。

2.3.3　面临的挑战

显然，在欧洲大规模转换为可再生能源电力系统仍然存在许多挑战。里斯本条约之前，在能源领域欧洲共同体没有明确的权限。关于能源问题共同体行动的必要法律依据主要来自于其他政策领域。为形成一个共同市场，欧盟电力和天然气市场政策是基于共同体权限提出的。有关可再生能源的权限依赖于相关环境的条款。

根据里斯本条约（生效于 2009 年 12 月 1 日）的更新与欧盟机构和规则的改革，扩展了欧盟在能源政策问题的管理。该条约已经在欧盟和成员国的能源区域内联合生效。虽然在能源政策上仍然存在大的差异、不同的成员国有各自的担忧和轨迹，根据里斯本条约，进一步努力协调可再生能源战略，改善电网和相关储能能力，提高能源效率和增强能源安全应该变得更加容易了。

2.4 存储价值经济学

2.4.1 能源经济背景

对于能源部门通常关注 3 个目标（Mulder 和 Willems 2009）：①能源供应安全；②支付能力；③环境友好性。这些目标的变化或实现这些目标的潜力的变化都可能导致能源行业的变化。虽然，环境的可持续性目标在过去能源政策的制定上只起到了很小的作用，但公众对现有能源结构的环境保护意识有所提高。越来越多的人认识到，引起温室效应的原因和燃烧矿物燃料之间是有联系的。为实现健康环境的经济政策，强大的政治压力也在日益增长。在这个方面的一个步骤是欧盟排放交易体系（EU ETS），另一个是在瑞士和挪威引进 CO_2 税。不过，很显然，不是世界所有地区都对气候变化有同样程度的担忧。那些被引入欧洲的措施还没有在全球广泛展开。

温室效应是一个全球性的环境问题；重要的是要考虑关于全球 CO_2 排放量这些基本信息。对世界上人口按人均计算，全球温室气体排放量（见图 2.2）一直保持稳定。增长率在 1971 年为 2.1%，在 2002 ~ 2008 年为 1.2%，世界人口的增长速度和排放的增长速度已经持续下降。在经济合作与发展组织（OECD）国家中人口的增长速度只有 0.6%，但 CO_2 排放量每人头上产生了正的增长速度；排放量增长速度只有在经济危机期间下降。在德国，东部和西部集中在一起，自 1979 年以来 CO_2 排放量已经下降，在测量时不仅要按人均值来计算，而且也要计算绝对值[⊖]。

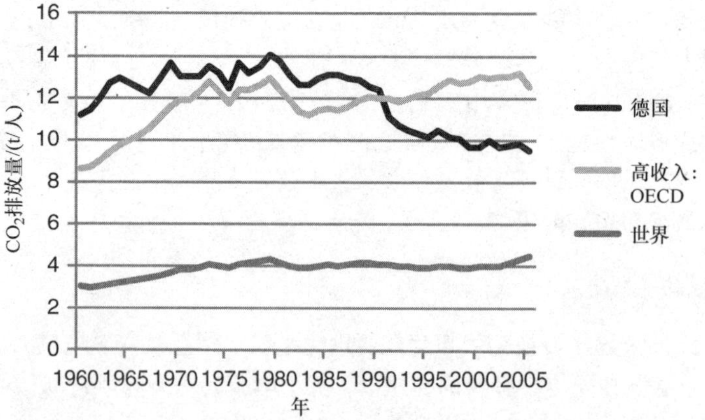

图 2.2 1960 ~ 2005 年 CO_2 排放量（资料来源：World Bank 2009）

⊖ 这种发展的原因通常是在文献中以环境 Kuznets 曲线形式讨论。无论是面上数据分析还是理论工作，这两种方法都无法区分德国与其他国家之间的差异。关于德国，初步怀疑主要是在 1991 ~ 1996 年制造业占 GDP 比重的下降。连续的数字是 27.5%、25.9%、23.6%、23.1%、22.6%、22.2%。来源：Carbon Dioxide Information Analysis Center，Environmental Sciences Division，Oak Ridge National Laboratory，Tennessee，United States（World Bank 2009）。这样一个行业的变化无法在任何类似的国家找到。

除了节约能源，提高风能和光伏能源的产量（除了太阳热能、水能、生物质能和可能的碳捕获和存储[㊀]）是必要的。这将增大能源供应的波动，因为风和太阳它们发出的电能会有巨大的波动性，这要取决于天气条件。所考虑的区域越大、有越好的国际电力网络，相关的波动问题就越小，因为有一个不同的输入潜在平衡。不过，波动不会完全消失。因此，重要的是要检查储能系统有多大容量可以实现跨时期的替换，及其他系统必要的产能过剩（如天然气），来克服暂时的短缺。这意味着存储价值要引入电力供应领域。到目前为止，可用的储能容量相对很少。抽水蓄能和蓄电池已经有小范围的使用——见在 Sauer（2009）中柏林的例子和本书第 5 章——以及氢气部分，可以使用过量的风能供应并存储在山洞中，但仍处于初级发展阶段（Anderson 和 Leach　2004）。

2.4.2　存储价值理论

2.4.2.1　无技术存储价值

1. 货币和信贷

如果没有技术作为价值的存储，通过把一些东西给别人，承诺以后要还回一些其他东西作为回报，价值可以转移到未来。这是一种非货币形式或是真实贷款。一种特殊形式的承诺是钱，以硬币和纸币形式给出的（Samuelson　1958）。如果钱是公认的、制度化的，贷款可以转化为商品，不仅可以从债务人那里得到商品，也可以从任何其他人那里得到商品。通过这种方式，债权人不再依赖一个人以后送还货物的承诺，而可以获得现有其他货物。一个实例可以帮助了解钱的作用。面包师没有钱，他想要从鞋匠那里得到一双鞋。他只要承诺在一定的时间范围内，随后的每一天交付一定数量的面包给鞋匠。反之亦然，鞋匠也承诺在提供了一双鞋子后一段时间内可以得到面包。相反，如果他们有硬币或纸币形式的钱，他们互相可以支付，结清对方欠的和该收到的钱，对鞋匠来说，可以用面包师的钱从别人那里买别的东西，而不是从买鞋的面包师那里只得到面包。简言之，易货贸易和承诺被一种所有人都接受的货币信贷形式所取代，并以此方式作为一种有价值的存储。

2. 土地和遗产

另一种转移价值到未来的方式是通过购买东西，如土地。土地依赖于自然，它可以保值并延续到将来，移交给下一代。

3. 教育时间

价值转移到未来还有另一种可能性是通过将时间花在教育上，并在以后的时间里使

㊀ 文献非常怀疑关于碳捕获和存储（CCS）的成本效益。Golombek 等人（2009）对此提出异议，当是集中而不是其改进版本时，他们估计 CCS 有竞争力的价格是 30 美元/t CO_2。根据他们的计算，在 90 美元/t CO_2 时，没有 CCS 的煤就会完全消失。Praetorius 和 Schumacher（2009）总结文献中提供在一个范围为 30～50 欧元/t CO_2，使碳捕获和存储（使用 IGCC）在经济上是可行的。捕获范围达到 7.6～68.1 欧元/t CO_2 时，运输为 6～40 欧元（取决于距离），存储为 1～6 欧元（取决于场所类型）。然而，Alphen 等人（2009）却指出，挪威 CO_2 税已经了 40 欧元/t CO_2，到目前为止碳捕获和存储没有竞争性，目前宣布在 2015 年实施。

用所获取的技能。即使没有使用技术，如印刷书或拥有学校，知识也可以传递给后代。制度化的学校传授知识的优越性是读书人不仅可以得到知识，也能得到一个证书，证明他已获得了知识。

因此，获得土地、钱和教育是使得价值转移到未来的方法，没有必要依赖技术。

2.4.2.2 使用技术的存储价值

1. 建筑与机器资本

与土地密切相关的是建筑。建筑不仅有用，因为人们现在可以生活在里边，而且在未来总是需要的，因此是一种宝贵的存储价值，特别是在通货膨胀的时期。同样地，购买的机器可以长期生产。以建筑和机器形式的资本是存储价值的一种常用方法。

2. 印刷和专利

而教育在一定程度上是个人的和非正式的知识转移，印刷技术可以有助于存储价值，使其不完全依赖于人传递知识，避免导致失误、差异和遗忘。印刷能制作合适的文档，并允许书面形式的专利，因此可以制定技术说明并发表。通过印刷，个人的知识得到汲取并可以没有改变地传递到未来，通过专利的预期使用将能逐步决定它们的价值。

3. 通过运输技术的存储价值：水泥、电力

一种技术的特殊情况，价值存储的功能是与生产、运输和价值存储同时发生的。一个典型的例子是在卡车运输过程中的水泥生产。电力有时被说成是不可存储的（Brennan 2009），但是在某种意义上这是错误的，电池是可以加载的（参见 Anderson 和 Leach 2004；Sauer 2009）。由于当前成本以及收入和技术的局限性，电力是不能大量存储的。

4. 电力存储价值

间接形式的存储电力包括氢储能和抽水蓄能发电。抽水蓄能是将水抽起存储在水坝的较高处利用水力进行发电，有时在风力或太阳能发电不足的情况下使用。这是一个关于电力行业的未来发展的问题，其成本和收入是可变的，有时在强风时即时电价会较低，而有时在风和太阳光较弱时会有高电价。Salgi 等人（2008，第 100 页）指出，“……电价不会波动太大，因为允许氢发电以固定方式使用”，并建议在运输部门使用。但是，他们的调查仅涵盖了 2 天的需求容量，作者认为最大容量要求是 12 天（10 ~ 20 天）。此外，更为重要的方面是氢发电可能没有盈利，即使可供使用的电是零成本，而其他的成本也很高。然而，一旦天然气需要支付很高的 CO_2 排放费，其他灵活的电力供应，如压缩空气、氢气和由其产生的电力可能会变得更有竞争力，也要加上抽水蓄能发电容量。在抽水蓄能发电容量足够缺乏的地方，这是特别实用的。

如果风能和太阳光伏能源占有很高的市场份额，只要在可再生能源电力供应较弱的时期有足够的电力储备、没有核能和 CCS 煤，电力供应可以保证是便宜的[㊀]（Heal 2009a，b）。风和光伏波动和全无的问题将因地区而异。

㊀ 这并没有考虑核风险与 CCS 问题的成本。如果可再生能源可能比 CCS 煤和核能更具有竞争力，这些不必加以考虑。在不利的情况下，每一个环节和每一分钱可能都是重要的。Heal（2009a，b）假定天然气不能用于基本负荷，尽管英国使用 54% 的天然气，基本负荷不都是加载后的需求。

Heal（2009a，b）指出，远在美国，在用风进行发电时，由于风的波动，需要发电量是 4 倍消费的能量（即每消费 1W 的电要有 4W 的储能）。这个比例在德国也是相当适用的。德国（见 Sauer 2009）的风电和光伏大约 12 天可能会产生零发电量（10～20 天）[一]。对欧洲，风能平均值的波动远远低于德国。因此，需要的是

1）投资跨境输电，例如超级电网，在欧洲层面上实现了空间平滑，这是符合更强的区域整合总体思路的。

2）其他发电机过剩的产能，如燃气电站，以补偿目前在峰值负荷需求的情况下出现的供应不足[二]。

3）国家级别的储能设备（所谓跨期平滑是通过存储高发电期的电能，在低发电期中使用）。对于国家储备，目前抽水蓄能和氢库存正引起关注，以实现能低成本平滑 12 天的供应缺口（参见这些技术和相关技术内容）。这里为了使价格尽可能低，应将稳定和其他用途的双重使用作为目标。如 1）所述，如果国际电网进行了改进，储能设施也可以建在国外。

2.5 小结和结论

本章从有效配置和公平分配经济活动的基本目标出发，概述了操作规则，该规则是以对环境的影响和涉及约束条件为规范的基础给出的。制定一些重点：首先是保护环境免受不可接受的损害；二是要保持生产资本和自然资本的总价值；有了这些限制，作为第三个重点，跨期福利应该得到最大限度的发挥；第四个重点是在目前应该实现基础资料的公正分配。这要使用特性指标作为依据，这类指标用于对高渗透波动的可再生能源系统电力供求均衡性进行策略评估。给出 3 类指标：保护环境、资源的利用和社会能源系统设计。

正如前面所述，除了理论上的考虑，必须要考虑社会规范和优先顺序。社会必须明确，哪些对它会造成不可接受的损害和什么样的行为应该给予打击，而这些是由于人类活动对环境变化所造成的影响。纵观能源和环境政策，很明显，最突出的例子（这是被视为目前在能源领域最有意义的问题）是人类活动对气候的影响。上面对有关德国和欧洲电力以及更广泛的能源系统目前的发展进行了评述，包括现行、计划政策和方案，很显然，能源系统已经在改变。一个重要的动力是希望避免由于人为引起的气候变化对未来环境造成的不可接受状态。面临一些关键的挑战：第一，通过加强技术基础设施建设，强化其在国际能源市场的重要性，尤其是可再生电力的电网和储能容量；第二，欧洲在能源问题上的权限正在提升，但在加强欧洲对公共电力市场的竞争力上仍有

[一] 另一个极端的情况是，如果在强风时关闭风能。也就是，在这些情况下需要其他能源（Saue 2009）。

[二] 燃气电站也可以用来满足基本负荷需求。例如，英国目前燃气电站占其电力供应的 54%。

很多事情需要做，在欧洲缺乏有较强的发言权的情况下，有必要考虑其他方式用于促进欧洲范围的电力系统重组；第三，具有大型能源项目（如风电场）的经验显示了公众的接受性，特别是在地方一级，必须实现必要的基础设施投资。参与决策过程重要的是更广泛地扩大可再生能源使用。

存储价值经济学分析揭示了用于电力存储价值的3个选项。这些要在能源系统供需平衡的情况下进行分析。在风和太阳能发电占有高份额时很可能发生。第一个选项是扩大国际电网连接，特别是跨境输电；第二是装备常规电厂，例如天然气发电厂，以弥补供应不足。第三是建立能源储备容量，主要是电能，当然也可能是混合储能策略。

第3章 现有能源系统研究

如今可再生能源所占的比重正在逐渐增加，这种增长趋势预计将持续到未来（见第2章）。本研究的目的旨在为均衡电力供需差异，提供一种跨学科分析的策略，这可能是由于风源、太阳辐射等间歇性导致可再生能源供应的变化造成的。由于可再生能源比重的日益增加，这对德国和欧洲来说是一个日益严重的问题。所以，本研究旨在建设未来潜在能源系统模型。通常情况下，未来能源方案是考虑绘制未来潜在能源系统的蓝图，并为目前实施或计划实施的政策行动所创建的。策略是否恰当在很大程度上依赖于可用电力供需均衡的技术以及发展电力生产的技术。因此，最基本的假设更关注于未来的技术环境。未来完整能源系统方案的发展将远远超出本研究的范围。因此，首先相关的现有研究要涉及具有能源转换技术的特性（见3.1节）。其次，在结果归纳和总结之前，需要构成表征未来能源转换技术的参数，以确定一套关于研究技术框架的假设（见3.2节）。

3.1 作为框架条件下分析现有未来能源策略的适用性

以推导输入参数为基础，研究本研究领域，为了分析现有研究及结果（见3.2节）。第一，能源系统建模是从理论角度分析讨论的，并提出研究特征的结构。第二，需要按要求制定本研究不同方面的数据参数。最后，相对于它们的一般特性，描述现有研究是有其特殊性质的。本节着重讨论这些研究的结果作为本研究的潜在输入数据的适用性。

3.1.1 能源系统建模：一个理论化的视角

系统的建模需要对将要被建模的真实系统与系统建模区分开来。模型始终代表着真实系统的理论重现，它是由于在脑海中为某种特定目的分析而建立的（理论建模，例如见 Grunwald 1999；Schröder 等人 2002，第319页）。模型制定过程中的一个关键步骤，就是从微不足道或者简单的事物和系统的联系中提取要点。此外，这些系统的元素必须以这种方式描述，从而可以将被建模的系统性质和相应的分析办法相结合。除了分析范围以外，这些元素也能不同地配置在如时间、空间、经济等相应维度的行业和技术选择中。这种因果联系已定义了系统边界的模式，可以作为一个网络的多维度元素而被构造。

模型建立过程的简短概括说明，简单地将模型设计从一种目的适用于另一种目的，通常是不可能的。这样的传输应用程序需要详细分析模型的适用性。举一个说明例子，设计一个用来描述森林领域的污染物分解和化学转变的模型，不能被用于获得一张物种的生态地图，或作为一张远足的旅行地图。尽管一个模型中的某些细节可能是可用的并与其他目的相关，但它也不会包括所有人们所期望得到的细节信息。大多数情况下，它将以这样的方式提供必要的信息，用以决定需要采取的行动。因此，在化学分析、物种生态地图和旅游远行地图的例子里，不同森林领域的“模型”设计都是需要的。

如果目标考虑的不仅仅是个体，而是为政策决策和采取行动而利用该模型系统所有的相关功能，更复杂的是图像。由于这个原因，用相关方法描述系统所有模型的协商都是重要的。能量系统就是需要这种多重准则情况决策的。关于能源系统和技术各自未来生存能力的评估指标已在2.2节的基本社会目标中得到。

他们对可接受的未来能源系统规范性评价提供了一个框架。因此，一个基本能源系统的质量就是，当消费者需要能源时能源可供给的概率。这个质量代表了能源安全的主要部分。然而能源需要经济、高效地供给，在没有对环境及可用资源无法接受的情况下，系统应该是长时间可用的（见2.1节）。因此，在能源系统中必须要考虑到的基本元素是能源供应技术和能源消耗量，重视它们不同的性能和它们彼此相互联系的关系。所有能源系统模型都包括这些元素，尽管它们包含了不同层次的详细数据。对象/主题模型（例如电力生产设备、消费者）以及它们之间的相互关系包括描述性和规范性陈述。这是科学模型不可避免的基本特性。事实上所有的科学理论，即使是通用的跨学科知识——根据Janich（2012）的观察——都是假设在更大的潜在图形范围内只反映一种所明确制定的价值。当第一套论述是用某一种分析方法论决定时，例如经济特性最优化，那么第二种论述就必须根据每种分析明确设定。

能源系统模型一个固有的方面就是关注未来局势。这就是需要许多假设、不确定性因素以及未知量在系统某些领域出现的原因。模型的多样性起源于广泛的兴趣和焦点。McDowall和Eames（2006）研究并描述出了氢经济模型方法论。这个论述可以轻松地运用到所有的能源系统分析中（见Martinot等人 2007）。它们区分了描述性方法论的类别：预测、探索性场景和技术场景以及规范的方法：想象、通路和蓝图。

预测方面，未来是在现有趋势或预期意见下预测的。在探索性的场景中，人们对潜在驱动力的变化进行了研究，“经常总结隐性知识和专业知识，从而建立可描述许多可能未来的但内部却始终如一的故事情节”（McDowall和Eames 2006，第1238页）。技术场景注重未来技术系统的探究，强调“技术可行性和不同选择的含义，而不是未来发展会有怎样的不同”（出处同上，第1238页）。“想象是一个值得或者（或多或少）貌似可信的未来精心计划”（出处同上，第1238页）。他们强调的是收益而不是路径。在研究了通向未来可能的路径后，根据研究的构思，路径是以一个值得的或者说貌似可信的未来开始的。蓝图也是以一个有价值的未来开始的，只是它会描述一系列设计方法来实现。其他类型的方法论可以作为识别测量的基础。

除了描述可能的未来的不同方法，McDowall和Eames（2006）的特性描述还包括使用方法论的学科方面。主要实施学科背景及方法是在工程学和经济学方面。概括地讲在学科方面，可以区分科学分析的下列相关方法：

— 预测：从未来发展的现有知识中获取一个可能的未来。

— 暂时的探究性场景：生成可能的未来，为主驱动程序设定框架开始条件。

— 静态（相对）场景：分析场景，包括一个特定的时间点或一段不同特征的时间段。

— 根据研究构想：分析形成明确定义的未来。

— 蓝图：分析可实现精确定义下未来的方法。

除了被用来暂时建立现在与未来关系的建模种类，研究还包括了在几个水平上的时间分辨率。时间系统的边界、设想的时间范围，都可以被不同地选择。现在与未来时间范围的时域相位分辨率也可以在不同水平上设定。由于时间分辨率在能源需求，尤其是可再生能源及能源供应上的影响，它在分析能源系统方面的重要性是十分突出的。这直接受到了特有的社会形态以及太阳能和风力循环为例的外界框架条件的影响。

空间结构、经济市场因素和技术选择在模型方面也有差异。在这两个维度中，分析领域及它的分辨率都要被选择。

能源系统研究的一个适当特征方案需要包括，除关键参数外的所有建模过程关联维度的信息。就上面讨论的能源模型的主要建模特征而论，当前研究的下一个方案就会推导对模型系统研究的描述。需要区分的主要类别是详细说明研究情况的基本信息、建模特征，主要的输入、输出数据如下：

— 基本信息：

- 研究课题，发布年限。
- 制度。
- 用户。
- 作者。
- 研究目的。

— 模型特征：

- 一般方法。
- 范围和空间分辨率。
- 时间段和时间分辨率。
- 技术和技术分辨率。
- 运用的模型，相互因果关系类别。

— 输入、输出数据：

- 个别结果。
- 输入数据和个别明确的设想。
- 模型结果及假设。

3.1.2　研究能源系统分析采取的基本方法及数据要求

研究中分析策略的技术核心构建了适用于电力需求与供应的技术。此技术选择领域是广泛且多种多样的。从能源系统的视角看，储能和分配技术可以明显地区别开来。这些都在一定程度上存在相互竞争，因为在系统中越多的储能容量和功率可以减少所需电网的扩张，同时电网扩张容许电能之间更多的交换，从而减少了所需的储能容量和功率要求。图 3.1 给出了一个清楚的系统。

除了电能的转换、传输以及存储，智能控制技术在此系统中也是需要的。一旦技术成熟，这些技术就不能在配电方面反映大多额外的硬件设备成果。人们期望这些技术能被自由地设计和识别，从而在实现控制功能所必需的最优策略时，可以没有原则性技术条件限制。技术分析将注重技术存储和网络方面，不分析所需控制技术的范围和潜能。

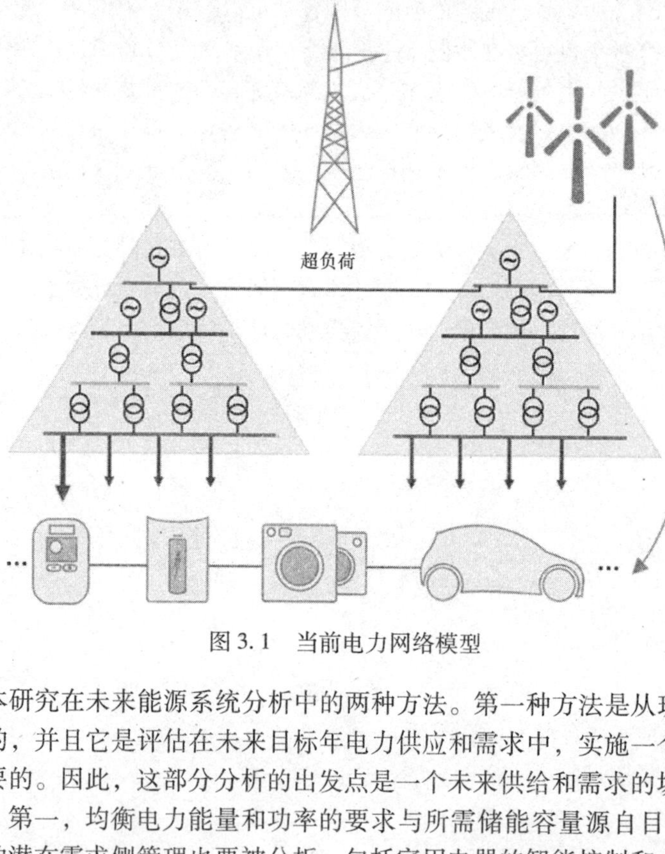

图 3.1 当前电力网络模型

下面是本研究在未来能源系统分析中的两种方法。第一种方法是从现有的能源系统中着手开始的，并且它是评估在未来目标年电力供应和需求中，实施一个特定场景时什么是额外需要的。因此，这部分分析的出发点是一个未来供给和需求的场景，以及现有的电力网络。第一，均衡电力能量和功率的要求与所需储能容量源自目前的能源场景；第二，家庭的潜在需求侧管理也要被分析，包括家用电器的智能控制和小设备中分散的电力生产以及用电池装载和向电网提供电力，例如在电动汽车里；第三，在分散选择以及离岸或不离岸风电场风电增加的情况下延长配电网的限制条件和要求。这些是在假定未来电力生产的基础上完成的。这些不同的个别分析为人们呈现了最大限度地均衡每日电力供应和需求各种方法存在的潜在贡献。它们也会描述为实现这样均衡的更好方法。

经考虑这部分主要的技术如下：

— 典型家用电器的管理。

— 电动汽车负荷管理。

— 可控蓄热热电联产。

连同：

— 有关配电网的限制和扩展成本。

— 有关输电网的限制和扩展成本。

空间焦点是在德国。相对最多几小时的变化，电力是平衡的。分析是基于包括以下有关信息的场景：

— 按技术细分的电力供需。

— 现有电网结构。

— 评估运用于在系统中均衡电力流动的各自分散设施。

第二种方法注重对不同时间尺度，从几天甚至几周到 1h，要求分析储能设施，同时考虑了整个欧洲的能源和为最优结果竞争假定的网络扩展。可再生能源的电力供应是根据从时间序列上，每小时风能值和高地理分辨率太阳辐射值计算的。该模型建立在绿色区域，所以原则上，没有成本优化的限制，即使可再生能源的可用性是被考虑的。在进一步模型调整中，关于欧洲国家的不同国家法规和能源政策的限制条件是需要被考虑的。输电网被建模为高压直流（HDVC）电网，以便不考虑稳定性问题和高压交流电网系统。低电压水平的电网被设想为具有所需能力。模型的主要目的是探索所需储能容量和功率，并且分别需要储能容量类型，无论是面向大功率消耗技术，还是面向高容量技术，都呈现电网扩展的竞争。

在分析的第二部分，一个能够应对来自可再生能源的高份额电力全新最优能源系统将在未来某年建立。计算的基础将是系统中风能和太阳辐射发电的容量，以及可获得每小时潜在发电能力的小时分辨率气象数据。它被认为是一个简单的最优化模型，旨在涵盖以下单个技术选择：

— 在岸和离岸的风电。

— 光伏。

— 短期和长期储能系统，除去其他系统外，还包括抽水蓄能设备、气田储氢、电动汽车的电池以及分散式太阳能光伏板。

— HDVC 输电线路。

第二部分关注的焦点是在不同储能系统的潜能对一个能源系统中具有高份额可再生能源技术的电网扩展的评估上。不同的时间尺度包括：长期、季节性和短期，最大分辨率为 1h。模型覆盖了整个欧洲和北美部分。作为输入，个别未来技术的表征是需要的。这需要做大量的假设。为保持一致，这些必要假设和其他分析是保持一致的。

重新设计能源系统的主要目的是开发一套既稳定又低碳的系统。迫切要求这种结构变化的主要因素是如果系统未能重组，对电力供应造成负面影响的当前结构和资源短缺的外部环境效应。对占主导地位的可再生能源电力系统的重组为德国和欧洲提供了更大的能源自治力。为了确保该系统包含所需的现代经济和生活方式等方面，特别地，供应额外的系统设计方面都需考虑（同样参见 2.2 节）。在 5.7 节描述的分析中，均衡供求的单个技术是相对于它们在这些领域的表现而分析的。这项任务遵循的技术指标已经从

2.2 节中获得。为分析技术对资源利用和环境的影响而考虑的技术如下：

— 电网的升级和扩展以及风力发电和光伏发电设备的过度安装。

— 抽水蓄能电站。

— 储氢。

— 电池。

以上分析的所有 3 个部分的假设都会尽可能保持一致。

3.1.3 根据一般特征比较相关能源系统

不同侧重点的大量研究解决了未来能源系统的建模问题，但不是所有的情况都适合在这里考虑。

后面涉及的研究已经被选择，由于这些研究包括了可被用于储能、风能和太阳辐射产生的高不稳定电能，在补给情况下，满足系统要求的其他方法以详细分析获得的输入数据。所描述场景的相关特征是其应用比例，可再生能源份额的波动和技术方法是需要在此模型中考虑的。然而，可再生能源本身是取之不尽的，其有助于完成解决有关温室气体存储问题的政治目标。因此，减少 CO_2 是一个重要准则。

表 3.1 对比了挑选出来的能源系统研究，基于 3.1.1 节中描述的特征方案，提供了基本信息、模型特点以及影响输入和输出的数据。表 3.1 描述了 6 个挑选出来的能源系统，其中两个最主要的内容是由德国航空航天中心（DLR）编制的（分别为 2008 年试点研究与 2009 年试点研究）（Nitsch 2008；Nitsch 和 Wenzel 2009），另一个由能源经济研究所和能源理性使用（IER）（Küster 等人　2007，第 113 页），还有 3 个由科隆大学能源经济研究所（EWI）与其合作的顾问公司（AG），经济结构研究所（GWS）和经济研究机构能源环境预测分析（EEFA）（Lindenberger 等人　2008；Schlesinger 等人　2007 和 2010）。这些研究的内容都是在调查过程中进行深入考虑。据此，DLR 以及 EWI/GWS（第 2 和第 6 研究所）对此更感兴趣，因为它们是最新的，并且具有最全面的可再生能源的最高比例。但是，以这种方式延伸到 2050 年，从使用短暂的研究方案到产生路线图的整个分析，可以看出该方法也发生了变化。解决未来的方案（例如，到 2050 年），直到可预见有大的结构改变时，可以借鉴产生一个路线图，但对暂时的研究，不是非常有用。

研究中能源系统发展的数据，对于再生能源 2020 ~ 2050 年 CO_2 的减少比例是相当具有可比性的。EWI 的新方案在 CO_2 指标方面提出了比过去 2007 年和 2008 年的方案更宏伟的数据。“2009 年试点研究”（Nitsch 和 Wenzel　2009），以及 Schlesinger 等人在 2010 年所谓的目标方案，显示出所有方案中可再生能源的最高比例，达到 58% ~ 84% 并且分别在 2030 年/2050 年未来几年可再生能源占生产总发电量的 50% ~ 80%。Schlesinger 等人在 2010 年的目标方案中描绘了更加宏大的形势。他们达到了有一定可再生能源比例的最高 CO_2 减排量。

2030 年易挥发的可再生能源在 DLR（2009）与 EWI（2010）之间进行比较，分别占 36% 与 35%。然而，对于 2050 年，Schlesinger 等人 2010 年的研究结果比“2009 年试

表 3.1 对相关研究的特点比较

	研究的标题，出版的年份	1）2008 年试点研究，2008 年	2）2009 年签方案，2009 年	3）IER 参考方案，2007 年	4）2007 年能源峰会的能源情景，2007 年	5）2030 年能源部门的整体概念，2008 年	6）能源方案联邦政府能源概念，2010 年
基本信息	机构	DLR	DLR 新欧洲的基础设施（IfnE）	IER	预后 AG/EWI	EWI/EEFA	预后 AG/EWI/GWS
	用户	BMU	BMU	BASF 集团	BMWi	BDEW 与其他联合会	BMWi
	作者	Nitsch	Nitsch、Wenzel	Küster、Zürn、Rath－Nagel、Ellersdorfer、Fahl	Schlesinger、Hofer、Rits、Lindenberger、Wissen、Bartels	Lindenberger、Bartels、Borggrefe、Bothe、Wissen、Hillebrand、Buttermann、Bleul	Schlesinger、Hofer、Kenmler、Kirchner、Strassburg、Lindenberger、Fürsch、Nagl、Paulus、Richter、Trüby、Lutz、Khorusshum、Lehr、Thobe
	研究的目的	实现气候控制目标的“目标方案”路径，能源供应必要供应的描述	“目标方案”“2008 年签方案”的更新，关于国际和欧洲目标可再生能源扩大的非遗憾战略	“目标方案”实现 80% 温室气体减排的选项分析	“政治方案”不同政治措施组合的影响	“政治方案”不同政治措施组合的影响	“目标方案”用户要求的目标成就的选项分析
型号特性	一般方法	路线图 目标设定和路径分析	路线图 目标设定和路径分析，更新后的数据	路线图 目标设定和经济优化	时间勘探情况 经济优化，措施的变动	时间勘探情况 经济优化，措施的变动	路线图 目标设定和路径分析
	地区	德国	德国	德国（国际范围内）	德国（欧洲范围内）	德国（欧洲范围内）	德国（欧洲范围内）
	时间视域/分辨率	2000 年、2007 年、2010 年、2015 年、…、2030 年、2040 年、2050 年	2000 年、2005 年、2008 年、2010 年、2015 年、…、2030 年、2040 年、2050 年	2006 年、2008 年、2010 年、2012 年、2015 年、…、2050 年	2050 年、2010 年、2015 年、2020 年	2005 年、2010 年、2020 年、2030 年	2008 年、2020 年、2030 年、…、2050 年

（续）

	研究的标题，出版的年份	1）2008 年试点研究，2008 年	2）2009 年签方案，2009 年	3）IER 参考方案，2007 年	4）2007 年能源峰会的能源情景，2007 年	5）2030 年能源部门的整体概念，2008 年	6）能源方案联邦政府能源概念，2010 年
型号特性	考虑的技术和技术分辨率	数据库科技编号：可再生能源相关的技术和经济参数（每种能源和转换过程 6～8 型变种）	数据库科技编号：可再生能源相关的技术和经济参数（每种能源和转换过程 6～8 型变种）	可再生能源：潜力和生产成本的详细数据；其他技术：能力、构建时间、寿命、效率、具体的投资成本、可变成本（不含燃料）	有技术经济参数以及新工厂特点的欧洲发电厂综合数据库，包括学习曲线	有技术经济参数以及新工厂特点的欧洲发电厂综合数据库，包括学习曲线	超过 13000 的欧洲发电厂参数的数据库 PANTA RHEI 联系着相互依存的能给予间接和直接经济影响的数据
	使用的型号，相互有因果关联的类型	ARES 以及其他（STEP、平衡 ED）	通过结合从 ARES 得到的数据与 EEG 设置量化了成本（奖励、共享成本）	TIMES 的德国部分 TIMES – D（综合 MARKAL EFOM 系统）开发 IER	CEEM、GMES（优化转换块）以及依据要求具体的自下而上模式的模型	CEEM、GMES、宏观经济结构模型	DIME、PANTA、RHEI、模块化的特定部门的自下而上的模式
输入和输出	输入数据/假设	2008 年试点研究（政策目标设备）：可再生能源和热电联产的外推，从核能中提取，排放贸易：竞投 E3（最具雄心的转化）：大力推广可再生能源和热电联产，高级别的扩张，其他可再生能源的增强条件，在交通中引进电力移动性和 H_2，从核能中提取，排放贸易：竞投	结构符合 2008 年试点研究，额外考虑了可再生能源的发展以及直到 2009 年年中的政治决策的人口和经济一致的设计参数	参考方案（依从于政治）：没有明确的气候保护政策 PEE（可再生能源优先）：可再生能源的最低份额：2020 年：20%、2030 年：30%、2040 年：40%、2050 年：50% 的发电量，2050 年：45% 的一次能源供应总量，核能提取，无 CCS，温室气体减排目标（至 1990 年）；2010 年：21%、2020 年：35%、2030 年：50%、2040 年：65%、2050 年：80%	KV（联盟协议）：能源重复项目的产能，促进可再生能源的外推，核能提取，排放贸易：逐步拍卖 EE（侧重于可再生能源）：大力推广可再生能源，学习从 DLR 中摘取的曲线	Ⅰ（依从于政治）：促进可再生能源和热电联产外推，核能提取，放贸易：免费 Ⅲ（优先级环保）：大力推广可再生能源和热电联产，核能提取，排放贸易：逐步拍卖	参考方案（依从于政治）：促进可再生能源和热电联产外推，核能提取，2020 年可再生能源达到（能源消费总量）16 “目标方案”（延长核能使用期限）：减少温室气体排放：2020 年：40%、2050 年：85%，可再生能源：2020 年：≥ 18%，2050 年：≥ 50%，核能扩展：4/12/20/28 年

		方案	“2008年试点研究”	“E 3”	“2009年试点研究”	参考	“PEE”	“KV”	“EE”	“Ⅰ”	“Ⅲ”	“参考”	“目标”
输入和输出	个人业绩（2020年/2030年/2050年）	可再生能源的份额（GPP的百分比，另有说明）：	30/50/81	FPC的百分比	34/58/84	电力生产百分比：16/18/24	9/26/53	24/–/–	30/–/–	总功率消耗百分比：20/26/–	25/35/–	34/45/54	35/50/80
		波动的可再生能源份额（GPP的百分比，另有说明）：	18/29/41	—	21/36/44	电力生产百分比：7/9/14	11/12/30	13/–/–	17/–/–	总功率消耗百分比：11/15/–	15/21/–	22/31/38	23/35/58
		相对于1990年减少的 CO_2 排放量百分比	36/53/79	42/60/85	38/57/80	5/50/80	35/50/80	39/–/–	41/–/–	25/30/–	40/50/–	35/49/62	42/63/86
	模型内源性的结果和假设	学习曲线、参数化技术		学习曲线、参数化技术		技术的确切定义、参数化技术		时间范围/时间步骤的优化、学习曲线及参数化技术、更换技术参数		时间范围/时间步骤的优化、学习曲线及参数化技术、更换技术参数		时间范围/时间步骤的优化、学习曲线及参数化技术、更换技术参数 PANTA RHEI：高度内源化（除了GLODYM系统的世界市场变量）	

点研究”，在可挥发的可再生能源总发电量方面显示了略高的比例，达到58%和44%。一般而言，可挥发再生能源的比例在所有方案中较高，并且预计将在2050年内持续增长。这强调了均衡策略的重要性。关于已装载可再生能源中风能和光伏的份额在DLR与EWI的方案中是不同的。“2009年试点研究”总发电量的相对值从2030年的62%下降到2050年的52%，但是EWI目标方案的这一比例却从70%上升到了73%。

在这里所示的方案，主要作为均衡策略的后续分析输入数据，同时可作为未来电力供应发展建造基础的参数。3.2节介绍了如何使用推导出在未来火力发电厂的结构和可再生能源发展方面有不同的侧重点，以及德国未来能源系统的典型方案。

方案表达了在3.2节与第4章德国条件分析的基本出发点。在第3段的分析（5.7节）中，未来技术可行性的评估要求至少在欧洲范围内的数据，因为技术生产链不能降低国际水平。即使高端产品不是全国范围内的典型产品。可惜的是可用数据库在这方面十分薄弱。专注于欧洲能源部门的未来几年，足够的生命周期数据只来自一个数据源，这是欧洲综合项目的结果，“新能源外部可持续发展”项目针对的是外部成本估计方面的新方法发展。在新能源外部可持续发展中，3个未来发电方案被分别描述为一个“非常乐观”、一个“悲观”还有一个“现实乐观”。非常乐观的组合用80%的占比假设了可再生能源在欧洲大范围的综合（见图3.2）。它是基于Krewitt等人在2007年设计的一个宏伟全球性计划，以实现欧洲保持工业化水平之前的全球平均温度增长2℃的目标。

由于这里的目标是分析一个电力系统中可再生能源高渗透率的方案，在分析中，新能源外部可持续发展（NEEDS）“非常乐观”得到电力组合的认可。该方案与同一组产生的主要方案“试点研究”和“参考情景”分别进行对比和比较。

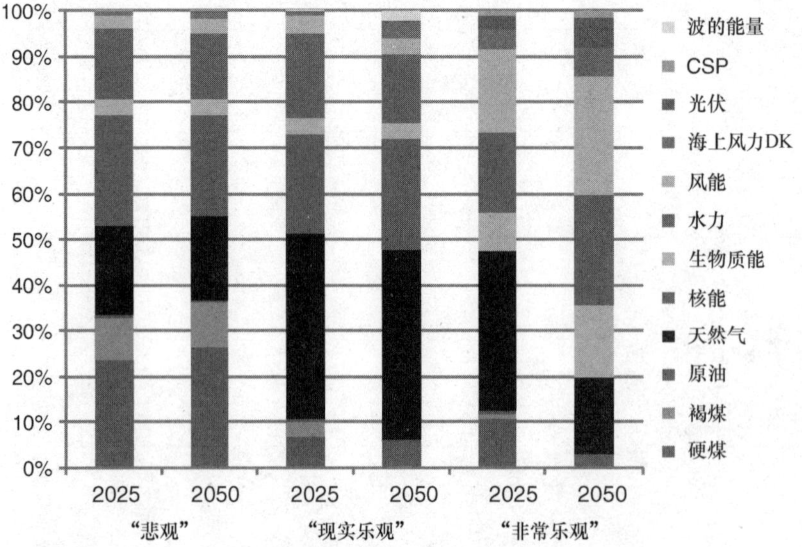

图3.2 依据在新能源外部可持续发展项目中不同方案假定的电力生产不同的能源资源占比

3.2　未来电能供应参数作为均衡策略分析的输入参数

在本节中，估计了不断波动补给的发电量与德国常规电站的预期未来发展。作为基础，这里涉及的评估已经在上面比较过，关于未来电力能源的研究及其核心报告的比较。从确定的数据中，可以从推导出的总电力供应系统问题基础上，建立两个具有代表性的不同方案。未来方案的推导是以3.1节中提到的建立公共研究为基础的，这在下面会有进一步的描述。两种假设的政治框架条件（可再生能源的推广，从核能中解放出来）以及假设的经济框架条件（燃料价格）是在单个方案中常规，或可再生能源发电站发展中至关重要的影响因素。

目前的研究以一种政治聚焦着眼于两个方案，并分别在未来供电发展方面将它们放在了不同的侧重点上。德国能源发展待检查的方案本质上基于已经在表3.1中列出的研究。

— 2007年能源峰会的能源方案（Schlesinger等人　2007）。

— 2030年整体经济能源政策构想（Lindenberger等人　2008）。

— 可再生能源扩张战略的进一步发展（2008年试点研究）（Nitsch　2008）。

— 德国可再生能源扩大的长期方案和战略（2009年主导方案）（Nitsch和Wenzel 2009）。

— 在德国、欧洲和世界各地2007年的能源系统发展的综合研究分析（Küster等 2007）。

依据现有研究，为了确定未来方案下常规发电站的安装功率，根据德国（约370个安装的发电站）发电站数据库，会对不同类型的发电站进行增补和停产。除了单个发电站安装功率的信息外，以下标准也需要考虑到：

— 燃料种类。

— 建造年份和/效率。

— 位置/枢纽。

要在高要求的情况下分析未来能源均衡状况，以下的分析集中在可再生能源普及率高的变化上。使用的两种方法是路线图和时间探索方案。“2009年主导方案”是为达到一定目的分析基础上的一个路线图方案。Lindenberger等人（2008）的方案“Ⅲ”在下面被称作“政治的可再生能源（RES）方案”。

政治的RES方案假定了对可再生能源加大力度的资金投入，并将其应用于经济优化的过程。因此，所考虑的期间内研究最优化，将持续到2030年。它没有考虑能源供应上强烈的结构变化。相反，如果某些政策措施落实，它会着眼于可预期的经济优化发展。它并不代表一个完整的优化，因为时间周期的分析是限制在20年以内，包括了社会经济影响以及环境的外部特性，包括后来正在发生的气候变化的潜在影响，都不在内。因此，尽管该研究着眼于经济最优化，但它并没有满足跨越时期的需求最大化（2.2.2节中讨论到的操作规则优先级3），并且它并没有处理2.1节中描述的从经济目标中得出所有其他优先级：“符合负载关键限值和接受损害的生产”（优先级1）“生产资本和自然资本的总价值保存”（优先级 2）以及“目前基本信息的分配”（优先级 4）。

2009 年的主导方案不仅涵盖了不同时间段（相对于 2030 年政治的 RES 方案截止到 2050 年），还是不同假设的基础上。主导方案是基于“反向传播”或是“反向追踪”的，所以它能被看作到 2050 年减少 CO_2 排放量政治预定目标的一个路线图。从 2050 年倒退回来，必要的行动和可再生能源利用的份额是以这样的方式确定的，以便到 2050 年减排目标理论上可达。经济条件在方案中起到次要作用。主导方案把实现目标放在了首先需要考虑的问题上，以便保证社会在没有实施详细的经济优化前提下，受到不可接受的损害。因此，它着眼于满足 2. 1 节中推导出的优先级 1 的可操作规则。它描绘了一幅路线图以便达到可满足德国 CO_2 目标的前瞻性系统。

在这里研究的方案总是对石化燃料假设一个“低价格变化”。他们假设有低廉的价格方式可以保持石油、天然气和煤炭价格不变。这个假设意味着燃煤发电站原则上将会减少，而石油和天然气发电站的数量将会增加。在 3. 2. 3 节中有关于此问题的一个明确分析。由于要涉及很长的一段时间，方案的精度是不能保证的。使用这种方案的目的是研究当电力系统重组，包括高可再生能源输入时，什么才是未来能源的发展以及哪方面的需求平衡是最大的。这两种方案假设的简短说明如下。

3. 2. 1 政治的 RES 方案假设：加大资金投入力度

在政治的 RES 方案的情况下，环境保护和核能退出是优先考虑的。据推测，可再生能源法应由较高的融资利率推出，并且先进的减排目标是可以达到的。进一步推测热电联产（CHP）发电的比例到 2030 年将加倍。对可再生能源加大资金的投入力度导致了煤和燃气发电站略少或者延迟增补。

3. 2. 2 根据 2009 年主导方案的假设

2009 年的主导方案是为了阐明不同研究和用户的波动范围。在代表德国联邦环境、自然保护和核安全部（BMU）的 DLR 进行的研究中，可再生能源依然比可再生能源变化有更高的比例。消费方面，效率提高的潜力在这里也有更乐观的估计。此外，研究中考虑的时间一直运行到 2050 年，这意味着一个长期的预期会在此基础上做出直到 2030 年。这被称为 2040 年 +，已明确指出，没有一个特定的时间点，而是有可能在 2040 年、2050 年甚至直到 2060 年发生的情况。

3. 2. 3 对常规发电站的影响

常规水电站的发展是在单个方案中假设的经济和政治框架条件下受到极大的影响。由于来自可再生能源越来越强烈的增长和波动（即不可完全预测的）补给，优先从政治的 RES 方案和主导方案中的风力和光伏（PV）发电开始，可以预料电力供应会不断地变化。加大可再生能源的资金投入力度会导致常规发电站需求的减少，因为这些都能被可再生能源部分取代。对燃料和 CO_2 价格的预测是十分重要的，特别是当决定要建设用于中等负荷范围的硬燃煤发电厂或是燃气和蒸汽发电站（GS 电站）时。如果建立了对天然气或石油较低的价格，而在同时 CO_2 的价格很高，那么 GS 电站的经济效率相比较硬燃煤发电厂就会增长。

这项研究的目的是制定出未来负载份额每年的曲线，这条曲线涵盖两个方案中时间跨度直到2040年+的常规发电站的补给以及可再生能源的补给。未来燃料价格的途径也被定义。由此产生的数据作为在此研究中更详细的均衡选项的基础，如能量存储器和负载管理方案。

3.2.3.1 可再生能源

为选定方案计算的可再生能源年发电量发展假设如图3.3所示。与2008年的实际值相比，年发电量被呈现到2020年、2030年，甚至2040年以后。

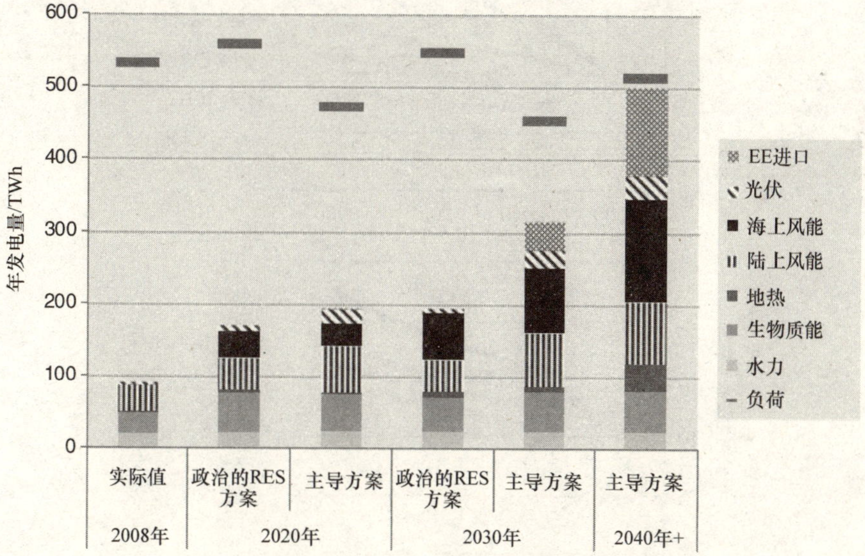

图3.3 可再生能源发电量的方案以及总消费量的预测（负载）

显而易见的是，主导方案中可再生能源的产值明显比政治的RES方案的变化要高。光伏比例和海上风力发电量估计要比其他方案更加乐观。此外，可再生能源的电力进口只在主导方案中被考虑。北非的太阳能热量（也就是“DESERTEC”）以及周边国家的风能都被包括在内。就本研究的其余部分来说，假定可再生能源的进口电力一般不提供可控基电源。也许太阳能热设备，就像DESERTEC计划一样，储热设施可以在今后提供可控电力，以便供需均衡。然而这不能从欧洲风能和太阳能电力中预测（见第3章）。

关于电气负载的发展假设也同样如图3.3所示。政治的RES方案的假设值远高于主导方案。根据2008年的情况，尽管有新的电动汽车消费者，主导方案的电力负载将于2020年下降11%，2030年下降15%，在2040年以后的指定年份中下降3%。一个由两百万辆电动汽车生产的，2040年+约30TW/h的能源需求假设已经被制造出来了[㊀]。进一步地，假设城市汽车既是全自动的又是混合动力的，并且它只是在日常路程的部分时间用电，而不是远距离路程用电。在方案中，这些车辆用的总电量可以行驶8000km/年。

㊀ 仅考虑短轨道，长轨道假设采用混合技术驱动。

3.2.3.2 燃料价格

典型的燃料价格发展需要用来评估电力市场特性和均衡机制的价值。该价格应是合理的，但定性评估并不需要非常高的精度。常规水电站的发展不仅被可再生能源影响，并且被燃料价格大大影响。图3.4 显示了预计未来几年的价格梯度。3 个最重要的原料（燃料油、天然气和硬煤）被用作参考。

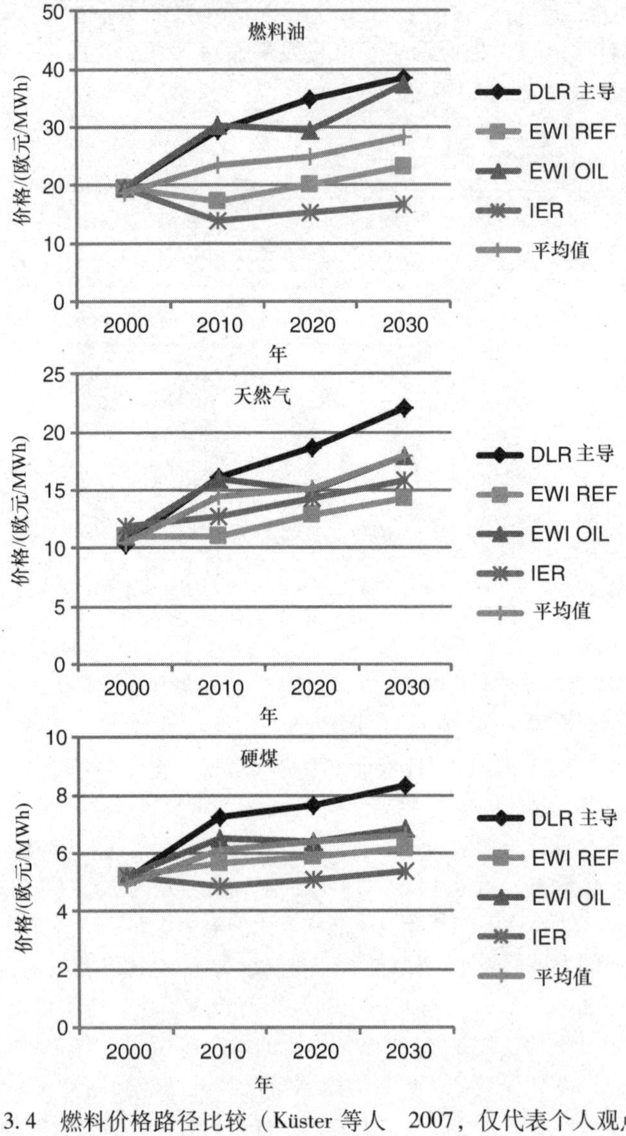

图3.4 燃料价格路径比较（Küster 等人 2007，仅代表个人观点）

考虑的燃料价格路线基于 Küster 等人（2007）的进一步主导方案。应用方案的列表可以在图3.4 中看到。这项研究中的计算基于方案中各自价格的平均值，由虚线所示。中间曲线显示，2010 ~ 2030 年通胀调整后，燃料油和天然气的增长率达到了

1.1% ~1.2%/年，而硬煤达到了 0.46%/年。核燃料级铀以及褐煤的价格路线假定为常数。这可以解释在这种情况下基于铀的可变发电成本非常低，因此可以忽略不计价格的敏感性。褐煤是没有市场的，因为能源发电只使用在本地获取到的煤炭。

图 3.4 还显示主导方案的一些假设，DLR 主导试点研究，关于价格走势方面是不同的。关于假设发展 CO_2 授权证书的价格也有较强的波动性。表 3.2 说明了列出的价格。

表 3.2　CO_2 证书价格的发展

	2020 年 CO_2 价格/(欧元/t CO_2)	2030 年 CO_2 价格/(欧元/t CO_2)	2050 年 CO_2 价格/(欧元/t CO_2)
2030 年整体经济能源政策	19 ~37	27 ~46	—
2008 年有限元法的试验研究	30 ~39	35 ~50	45 ~70

在研究中，假设了不同的价格路线。德国联邦环境局（FEM）2009 年的主导方案谈到了 2008 年 FEM 试点研究基本的 CO_2 价格。

在这项研究中，2030 年 32 欧元/t CO_2 的价格以及 2040 年 +45 欧元/t CO_2 价格（Nitsch　2008）假设在所有的变体中。

3.2.3.3　产生的发电站

在图 3.5 中，发电站代表着基于两个未来的方案的输出结果。结果受到之前所描述的因素影响（即可再生能源发展与燃料价格的发展）。

图 3.5 表示了常规电站（例如石油、燃气轮机）及其 2008 ~2040 年 + 的装机功率。可以清楚地看到，在主导方案下的发电站装机功率要比政治的 RES 方案下的低。已证明在政治的 RES 方案下提供更高的可再生能源补给是十分正确的。

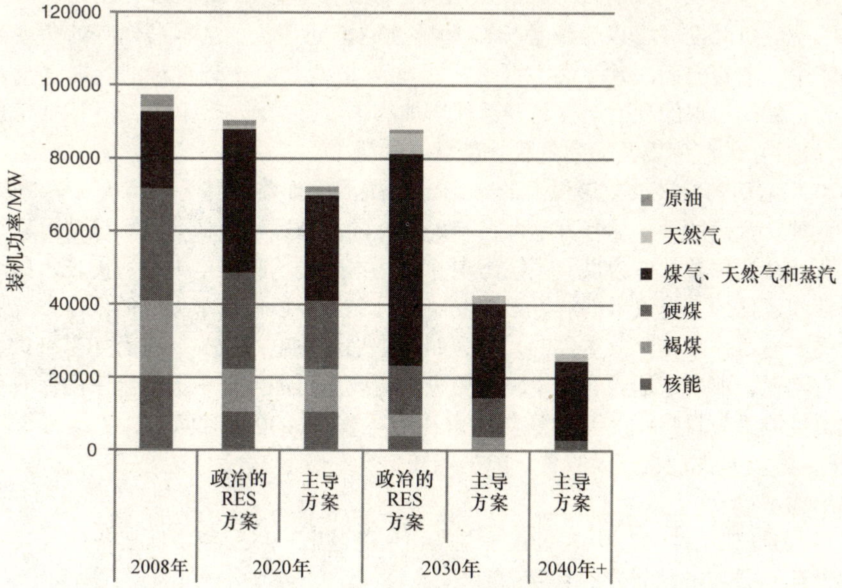

图 3.5　电站扩建的方案

在政治的 RES 方案中，基本负荷发电站，例如核能、褐煤以及硬煤，依然会在

2030 年使用。由于这个原因，目前的经营原则（例如调度、储备电力供给）将不会发生显著的变化。2040 年 + 期间，预计常规发电站的装机功率将会大大降低，当可再生补给持续上升时，并且旧发电站在使用结束前是不会被取代的。预计到时只会存在少数的硬煤发电站。煤气和 GS 发电站以及一小部分燃气轮机（GT）发电站将会越来越多地被使用。虽然这些发电站的一些装机功率不使用轮流存储，只能使用长期存储，但它们也能进行不同的再生送电（主要储备）。在某种程度上影响了剩余负载，以及关于实际负载和可再生能源的送电，这在第 3 章中会讨论。这里将估算剩余负载是否能在不同季节的一天时间里都被覆盖，均衡电力是否需要？如果需要，需要多少？如果需要更多的电力平衡，这就将需要更大的发电站或者是研究可替代电力均衡的核心技术。

德国发电结构的代表性发展道路，被认为是所有研究中进一步考虑的基础。

3.2.4 发展路线评估

不同方案的发展路线在这里是不同的。主导方案在消费效率增加方面和可再生能源扩大方面都设定了可观的目标。其结果是常规发电站数量的快速减少，只剩下一小部分可承载的基础发电站。在未来时间里，装机功率在主导方案中比在政治的 RES 方案中更小。必须采取措施避免在高负载覆盖均衡能量方面可能存在的差距。除了高负荷发电站外，均衡选项集也可以采取存储技术、负载选择权管理或者保证可再生能源从国外进口的方法。这些技术需求和潜力会在研究的过程中被确定（见第 5 章）。需要指出的是这些技术与常规高负荷发电站，如燃气轮机之外的竞争。可替代技术的评估必须同时考虑经济因素（即高负荷发电站的成本）以及它们在 CO_2 减排目标上的影响。

方案中的负载发展可以导致关于 CO_2 排放的不同评价。从本书作者的角度看，在主导方案中，消费方面的效率潜力（节省可能）被认为是十分可观的。据尚未发布的研究来看，最初出现的利润至少是舒适度增加的再度补偿，如空调系统，增加信息与通信技术（ICT）的应用以及新的负载、热泵或电动车。

2020 年之后的发展会遭遇很大的不确定性挑战，那将意味着所有基于这些方案的考虑都会被认为是估计。尽管方案存在不确定性的潜在因素，但是它们依然可以被用来讨论，预计会在调整的电力供应系统出现一些基本问题。均衡电力和所需技术的规模是可以预计和评估的。建议定期对方案和发展进行更新，以便追求真正的发电站发展。德国计划逐步淘汰核能是十分重要的，因为如果添加新发电站太少，或者如果可再生能源发展上有延迟，那么德国将会产生隔代的风险。政府可能需要采取措施来确保有足够数量的可再生能源项目启动。可能还需要解决有关发电站审批时间长、工厂可再生能源（如海上风电场）的使用以及投资风险的问题。

总结如下：

1）政治框架条件（可再生能源的推广、核能退出）以及经济框架条件（燃料价格和市场设计）是发电站发展的重要动力。

2）尽管不可避免存在一些不确定性，方案对有关能源平衡的需求，对整个电力供应系统项目开发的基本分析，都奠定了良好的基础。

3）2009年的主导方案在可再生能源的发展和消费效率增加方面设想了更加远大的目标。到2030年，人们就可能有足够数量的常规发电站。然而，依靠不稳定可再生能源发电站的份额将大幅增加，因此真正发电站的发展必须是避免覆盖范围的差距所持续关注的问题。在2040年后的方案中，只有常规发电站的有限装机功率是可用的。为了避免覆盖范围方面可能存在的差距，必须采取额外的措施，如储能、峰值负载控制或者是可再生能源出口的确保。这些在研究过程中都将会分析。

4）该方案只考虑和反映了德国的状况。从欧洲的角度来看，它假设所有国家都会按照各自的发展道路去走，但是可再生能源的份额将会大大增加。德国可以被看作其他欧洲国家可能效仿的典范。均衡来自可再生能源供应与需求的波动，可以既在本国内（高负荷发电站、负载管理、仓储设施），也可以在与邻国甚至是整个欧洲电力系统互动的情况下进行，即使方案在德国初审中是受限制的。在下一步中，对于整个欧洲来说，一个基于绿场方法的全新方案将添加进来，用以评估整个均衡以及欧洲存储和传输的需求（见4.2节）。

3.3 小结和结论

由于主权问题对个别欧洲国家能源策略所持续施加的影响力，在可预见的未来，能源策略和决策主要取决于国家的情况仍将持续。尽管如此，这些决策将会在欧盟的政治框架内进行，这可以在能源问题方面慢慢获得巨大的竞争力。欧洲能源系统主要由国家政策完成，但是也有欧盟推动协调以及限制单个国家行动范围的一些指示及规章。

为了推动关于低碳和有关可再生能源电力结构方面适合国家政策的设计，需要制定科学的方案。德国作为一个大力推动可再生能源使用的国家，其所公布的方案分析中表明可以采取更多的办法。在对未来10~20年（2020~2030年）的分析中，时空探索方案建设会被应用到能源经济模型中。关于2030年以后（直到2050年）可行的基于可再生能源电力系统进一步发展方向的模型，通常适用于一个预定义的目标系统，并且显示了为实现所构想系统的潜能路线。然而重要的是，为经济建设所设定的框架条件是不确定的，并且可以发生根本性的变化。尤其对超出了2030年之后的预测是可能的。然而分析还表明，只有少数机构提供的方案和假设通常是不一致的。

为了使分析更能运用到政治决策上，确定最具影响力的假设，并进行敏感性分析，例如分析在技术发展的前提下采取关于减少成本的不同假设，即学习曲线的影响结果。

就目前的研究来看，关于电力供应的框架条件是采取了在可再生系统中所占份额较高的两个方案，2009年Nitsch和Wenzel推导了一个发展蓝图的主导方案，以及有着宏大环境政策的政治方案（Lindenberger等人 2008，方案“Ⅲ”）。两个方案形成了2030年和没有进一步明确的叫做2040年+，未来有着高可再生能源份额的系统，该系统是均衡能源需求分析的一个较好的基础。从发电组合方面可以看出至少通过“试点”方案，在2040年+人们需要采取额外的措施来维持电力系统。这些额外的措施可以是能源存储容量、高负荷控制、可再生能源进口安全的发展。这些问题是这项研究的焦点部分。

第 4 章

均衡电能和电力的需求

一个重要的估计是在何种情况下确定选择最合适的政策，并且到何种程度，平衡电量和电力不能覆盖已安装的能量转换系统是其本身所存在的需求。

两种方法都遵循这一分析。德国电力部门在欧洲范围内，即已经在第 3 章中定义的，现已公布的第一个版本方案。适用于分析主导场景和政治的 RES 场景（见 4.1 节）。第二种方法，试图建立一个最优的系统转换、可再生能源、储能系统和电力跨国输电系统。为此，本章开发和使用了一个粗略的优化模型（见 4.2 节）。

4.1 根据德国方案评估需求和储电量的均衡

4.1.1 节和 4.1.2 节分别对第 3 章中介绍的场景（政治经济业绩和主导方案）进行了调查，表现在剩余负载的结构和时间负荷曲线上。在这些区域里检查剩余负载的程度，涵盖了每个场景中的常规发电站。分析特别注意的是考虑到有引线的情况下，由于覆盖面有盲点，造成燃料波动性地增加以及常规发电站数量的减少。为了解决此问题，在分析检查的过程中，以需要多少功率均衡和能量均衡，以弥补目前评估的剩余负载。功率均衡和能量均衡是建立供应和需求之间均衡所必要的，这涉及把来自不同的风能和光伏发电的原料与负载相一致。此外，分析表明储能或高峰负荷发电站的数量与低风速输入的情况下达到均衡是相关的。

应当指出，本讨论是从德国发电站情况的角度来进行的。高峰负荷发电站的备选方案、负荷管理、降低剩余负载、储能的可能性以及从国外担保的能源进口都被认为是负载覆盖。在最初，储能系统的位置不是提供功率最重要的部分，存储在德国等效于存储在国外，如果有足够的线路容量，电源是连通的。进口国外安全能源是有问题的。这是因为在德国，由于天气条件，过剩的可再生能源可能不会来自欧洲邻国。只有特殊的系统，比如沙漠项目中，使用集中太阳能热发电，将有可能通过热存储容量提供安全的能源。

4.1.1 评估均衡电量与电力需求

本节重点讨论特殊情况。检查有多少必须存储的能量、发电量以及有罕见峰值现象的发电站，以确保供应的安全性。

4.1.1.1 发电站剩余负载和可用功率的影响

本节的目的是要确定覆盖区的盲点，即在定义方案下的任何时候，不能覆盖剩余负载的一般性可用发电站。基于覆盖面的盲点，平衡各项指标，例如储能单元、调峰电站或负荷管理指标，本节将评估这些内容。

来自可再生能源的燃料比例以及能源的实际用电负荷量这两种情况，已经在第 3 章中讨论过了，在此作为剩余负载计算的基础（从可再生能源的燃料消耗负荷很少）。使用一定数量的配置文件（负载和燃料信息在配置文件中），每年的能源量被转换为随小时（时间）变化的曲线。配置文件不考虑包含所谓的“类型天”这种极端个别的情况。每年每个代表有 3 天（周六、周日及 1 个工作日），每个季节（春、夏、秋、冬）。结果显示了在一年之中平均的 12 个典型天数。考虑的 12 个典型天数代表了 288h 的剩余负载观测值。

当测量必要的储能容量时（见 4.1.1.3 节），由选定的极端天或极端期间作为基础的开始是不能被忽略的，以确保该系统保持其安全的能源供应，在这种情况下，盲点覆盖率可能因此从一开始就被排除。因此绝对的极端值都需要单独考虑。

可再生能源发电厂中易挥发和优先排序的燃料会导致不太有利的残留和随机负载结构，这需要通过普通发电站来均衡越来越不稳定的操作，这也是显示增加启动过程和部分加载操作。不同的燃料使得发电站调度规划能力下降（Lindenberger 等人　2008）。

为了找出在覆盖范围内两个情景中可能存在的盲点，剩余负载最小和最大小时平均值必须涉及最小可用发电站功率［不含抽水蓄能发电站（PSS）］。图 4.1 说明了这种情况。

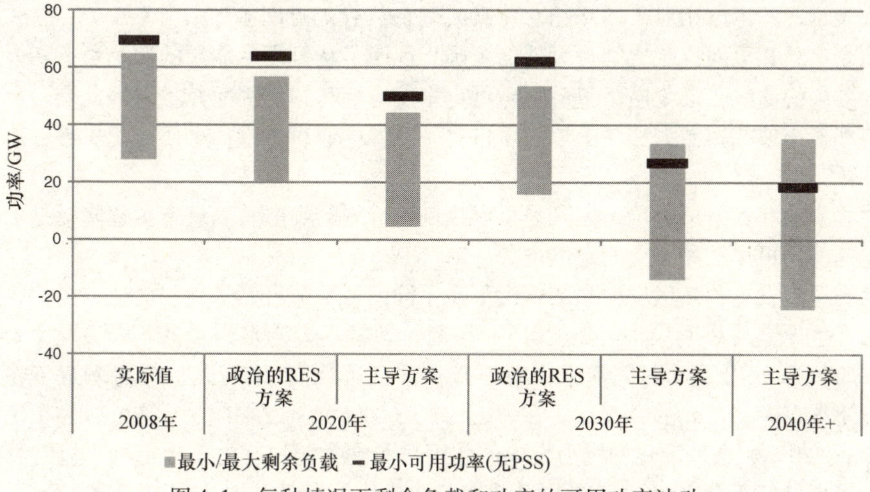

图 4.1　每种情况下剩余负载和功率的可用功率波动

最小可用功率为安全发电站功率。这意味着从已安装的功率中减去以下因素：

— 控制电源保持可用，修订预期值。

— 中断和冷却水供应量。

由此可以看出，在主导场景下的最大和最小剩余负载，假定比在政治的 RES 场景下的值要低得多，主要由于可再生能源的燃料供给。但是波动幅度不是特别显著。对于 2030 年和 2040 年 + 的主导场景下，这没有什么可用之处，可用发电站电力可以低于剩余负载，并且不能由德国国内的一些工厂安全覆盖。由于已经提到的事实，即所用的配置描述并不代表极端情况，在实际中一些极端的情况下，它可能比这里的例子具有更高的剩余负载。此外，如果在发电站侧维修或发电站故障频繁发生，安全电力远比这里假定的功率要少，这可能会在覆盖率（馈电）或极度依赖进口电力方面导致相当大的差距。如果进口电力是不可靠的，由于在同一时间邻国电力的短缺，例如储能、高峰负荷发电站或负载管理的选项，都需要提供必要的均衡能力。在4.1.1.2节中，可能出现的极端情况是风力持续数天的详细分析。

除了指定临时功率不足，在某一时间内产生负的剩余负载的主要情况，其中可再生能源的燃料显著较高。在2030年，该值是-13.7GW，2040年+，甚至可以达到-24.0GW。负剩余负载的结论是德国的载荷在某些时段过小，并且剩余的可再生能源可以利用。

到2030年时的主要情况是剩余负载模拟实验中的288h中有54h为负。这相当于试验时间的19%。实现功率均衡是通过在试验阶段一直限制可再生能源的燃料。因此，剩余负载能够限制到最小值0。这个限制的结果是，所有可再生能源燃料中约有1.4%（4TWh）不能在德国使用，虽然它可以根据整个欧洲的情况进行出口。该方案到2040年+时，负的剩余负载时间占总时间约为39%。燃料中约4.7%（21TWh）不可用，通过限制负的剩余负载因数为0。

下面两种情况将检查有关发电站功率的组成。根据各自常规发电站的选址情况，可用功率表示，并示出相对于网络的总负载或剩余负载（见图4.2）。

剩余负载和电网负载之间最大值的范围，说明了从可再生能源的实际负荷和燃料之间混合效果的曲线。最大网络负载随着可再生能源燃料的使用而减少。因此剩余负载的最大值和最小值在相当大程度上取决于可再生能源的燃料供给。下面讨论可再生能源的安全性。

生物质能和水力发电厂，尤其是可以控制和计划的发电站。剩余负载降低是由于这些发电站的高可用性和安全固定的电源。

这在风力发电和光伏发电站的情况下是不同的。根据自然条件的变化，当前各自可用能源产生电流（风速、辐射强度等），因此，通常不会满足需求的不断变化（Bünger等人 2009）。不合适的时间需求大幅上升（峰值负载），风和光伏燃料趋近于零，因此可以不覆盖剩余负载的关键点。在邻近地区（2006），受保护的风电场功率在风电装机的3%~20%。这种量化的风力发电的作用是非常关键的。由不确定性可以解释测定值。为了更好地研究实用性存储的可能性，在最坏情况的基础上估计真正的无风环境（见4.1.1.2节），分析和讨论了无风环境的效果。

如图4.2所示，考虑主导场景下没有极端情况的覆盖区域差异，计算得出2030年约700GW和2040年+约18GW的不足安全功率。这个数额必须有额外的措施。在政治的RES场景中没有出现问题。保护发电站功率覆盖了剩余负载。因此这种情况没有进一步被关注。

总之，结果表明剩余负载不能覆盖主导场景，在2030年和2040年+保护电站可以

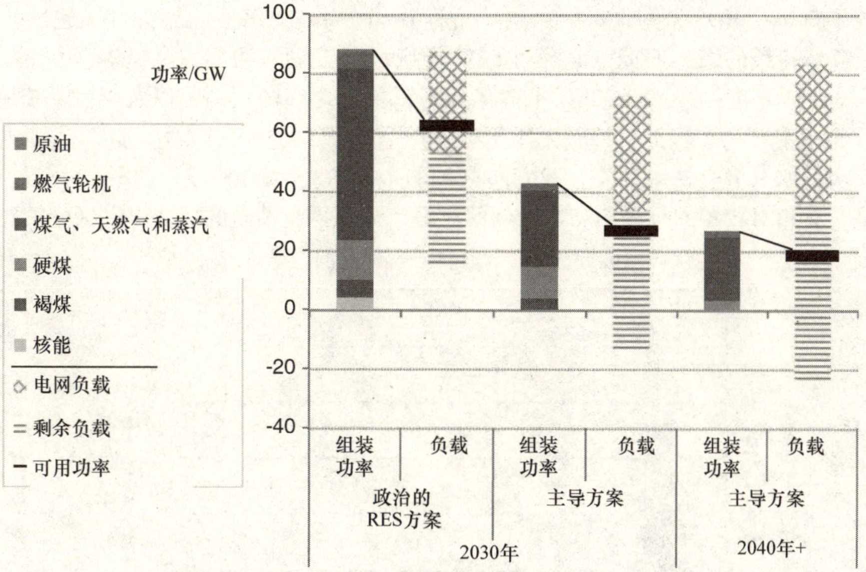

图4.2 可用发电站功率的组成

随时发送功率。为了建立一个生产和消费之间的均衡，存储电力或额外的峰值负载发电站（见4.1.1.3节）是必要的。此外，缺乏安全功率，也可以担保提供进口燃料或来自可再生能源的电力。考虑进口是一个影响发展的关键因素，所以这将在4.1.1.3节中进行讨论。另外，剩余的峰值负载也可以减少负载管理（见5.3节）。剩余负载在模拟的一年中288h是负值。因此来自可再生能源的结果反馈超过负荷。没有了储能系统，可再生能源的无载功率必须受到限制。

在主导情况下，电力不足（2030年：7GW和2040年+：18GW）和电力富余（2030年：－13.7GW和2040年+：－24GW）提供了潜在的所使用的蓄电设备。

4.1.1.2 风平静持续若干天的特点

下面的场景只会处理其特点。这个场景基于一个集成的额外存储容量、峰值负载发电站、负载管理的选项到现有的发电站，是为了弥补剩余负载的峰值。剩余负载峰值主要导致生产缺口，其是由风平静持续几天所引起的，这在本节进行了分析。为了获得生产差距的大小，假设示范的储能系统被冰雪覆盖，以调查电力和能源。一般来说，一个储能设备的功能相当于一个技术系统，可以提供积极和（或）消极的控制网格。因此，所有超出经典电能储能系统的技术和供应电能的古典存储被认为是相同的。

为了建立2030年和2040年+有关储能单元使用的模型场景，首先需要确定额外能源储能方案的维度（电力和存储容量）。

在本节，根据风可能会平静持久刮几天的特点，分析了在存储规模的基础上，综合海上风力进料的数据。风力进料建模基于在北海地区风速历史数据。区域风速使用风能转换成风力机组进料的模型。真正的平滑效应该考虑用到几个测量点。计算样本值的大小覆盖了2002~2006年的43800h，这一过程Brodersen（2008）已经详细描述过。

平静风持续的最大时间（连续小时）导致风反馈到下边界定义的相关储能大小。图4.3显示了年度持续12~72h，平静风与最低频率之间的关系，以及限制功率从1%到20%的安装能力。因此，12h内平静风与进料低于装机功率的1%，近海范围内每年发生5次。如果下边界是10%，72h的平静风期将会每年发生一次。进一步分析，需要回答是否有相对较短的平静期和非常低的反馈，或不再有稍高的反馈以表示更重要的储能规模。

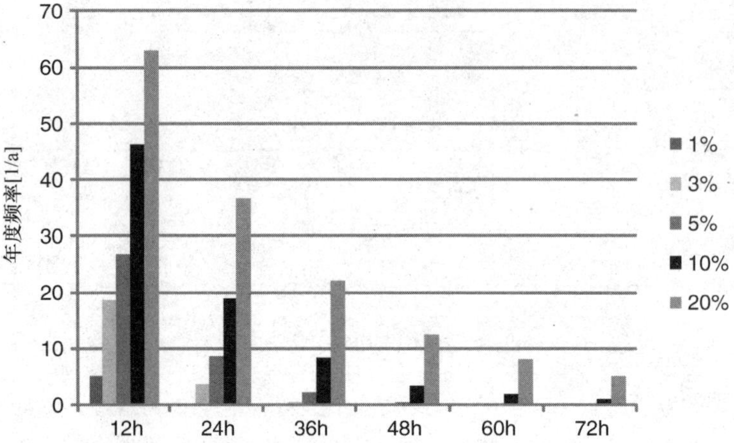

图4.3 海岸线范围内持续风力的年度频率［数据来源：GKSS（材料与海岸研究中心）、Ecofys咨询公司。由作者绘制］

与储能规模相关的是风能持续平复的最大时间。模型数据表明，边界装机功率的1%，这样一个平静期的最大持续时间是31h，而装机功率的20%其平静期可以持续218h。

4.1.1.3 规模所需的储能量

为了使理论中最大储能量和平静风的功率可控，这两个概念在一定时间间隔内一样，一个较极端的构造类型已经在4.1.1.1节中进行了描述，与进料的配置文件一起使用。如果配置文件可以在有差距的两个年代中使用，这一考虑将会在主导的2030年和2040年+场景中执行。

从周围电网每小时年度最大负载形式的基础上考虑。为此，负载曲线使用年度能源数量从2007年扩大到2030年和2040年+，也就是说，电动汽车消费也随之被考虑进去。在此期间（不包括储能站），这个负载可以是传统电厂、可再生能源的进料使用以及热电联合生产机组。水、生物质、地热设施设置恒定供给，而光伏电价补贴为零，但是没有进料的预期，在冬季最大负载一般在18:00。平静风反馈对应的百分比被限制，这个值也转移到陆地上进行反馈。热电联合进料是根据冬天对热量需求配置文件进行设置的。

对于缺乏的电力，1%平静的情况下，无论它的长度大小，都是相关的。在提到的假设情况下，主导场景 2030 年情况下最大功率缺 18GW，2040 年 + 时最大功率缺 35GW。因为大约 7.5GW 的电力（包括卢森堡 Vianden 发电站 1.1GW）目前在德国的抽水蓄能发电站中可用，额外的 11GW 或 28GW 电力是必要的。有效储能容量可用今天所谓的旋转操作——日常波动的均衡与河道的季节性积累——引用 Tiedemann 等人（2008）和 Bünger 等人（2009）的研究，大约 40GWh，即 Vianden 发电站的 5GWh 也考虑在其中。

平静风的所有特征都是考虑其确定的必要储能容量，能够替代峰值负载的发电站。

图 4.4 显示了额外电能和相应发电站功率不同。这意味着，1GW 额外电能，需要 10GW 发电站的电力以涵盖 2030 年 11GW 的差距，所以负载可以一直被覆盖。额外的储能结构必须至少有 81GWh 的能力，以替代 1GW 的发电站发电设备。如果安装 11GW 储能容量的设备，发电站不需要进一步提供储能容量，其可用电量就可超过 617GWh。考虑所有变量，5% 的平静期和 87h 代表着所需能量的规模。得出的结果必须要考虑数量级和容量 - 功率的次序。数据支持比较：当前最大抽水蓄能发电站在德国 Goldisthal，与 1060MW 的电力，大约 10GWh 的储能容量，对应于 10h 满载。

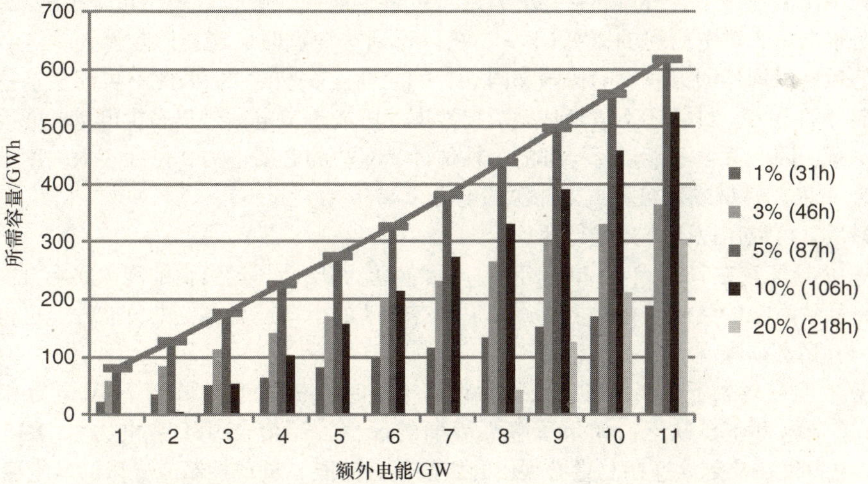

图 4.4　峰值负载功率站替换所需的存储容量（主导方案，2030 年）

在 2040 年 + 的主导场景中，如果 28GW 电力完全替换存储，容量又进一步地增加并且峰值总量达到近 1700GWh（见图 4.5）。在这种情况下，平静期时长的 20%，即 218h 对应必要的能力就显得重要。平静期的可预测性是至关重要的，因为储能设施必须有足够的储能容量并且填满，从一开始，联机存储电力并尽可能充满。因此显示的值代表一个最坏的情况下，平静期限制了预测主导场景的时间。以今天的技术选择，尤其是压缩空气储能系统可以用能源数量表示，这与抽水蓄能储能形式一致。在德国，潜在的抽水蓄能储能几乎耗尽，这意味着现有发电站最好的发电功率和储能能力可以在一定范围内增加。各种新建筑项目在奥地利和瑞士规划。

必要的岩床和形态也限制了潜在的存储在德国的压缩气体，虽然这一条件有着极其可观的潜力，在德国北部平原大约为 3TWh（Wolfhart 和 Büsgen　2007）。

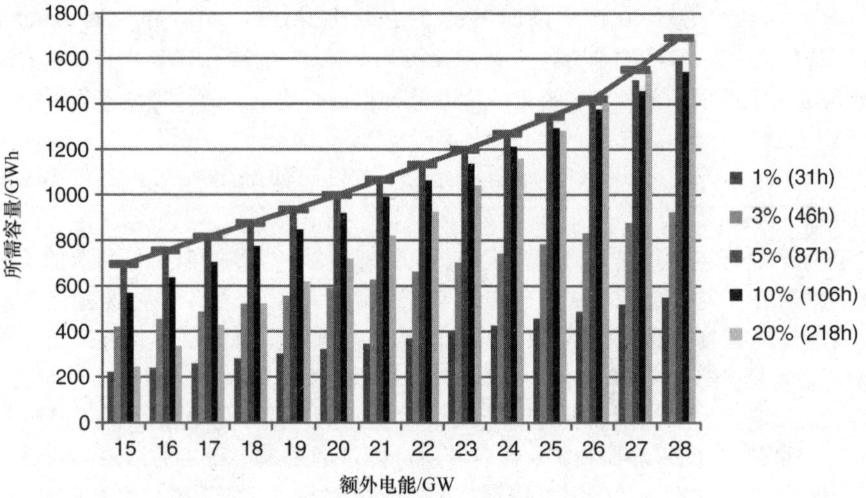

图 4.5 峰值负载发电站替换所需的储能容量（主导方案，2040 年 +）

在给出的估计中，进口燃料和电力来自可再生能源，它包含一个可观的能源数据，特别是根据第 3 章中所提的 2040 年 +，在讨论到这一点时已经排除。然而，这必须考虑平静风期以同样的方式影响德国邻国（特别是荷兰和波兰）。因此不可能从这些国家进口额外的电力。目前还不清楚从撒哈拉沙漠太阳能热发电站进口多少电量，能看作安全的电量。因此甚至不能进行详细的定性估计 28GW 的必要电力，可在多大程度上减少 2040 年 + 进口燃料或来自可再生能源的电力。

最后，可以用以下方式进行评价：

— 主导场景在 2030 年和 2040 年 +，可再生能源反馈超过负荷的现象将上升。这一结果将导致潜在的储能。相比之下，如果没有最新的出口或者存储的可能性，可再生能源电价补贴必须限制。

— 在主导场景下，当执行以天作为计算单位时，获得的 2030 年 7GW 电力和 2040 年 +18GW 电力正在缺乏。如果看着平静期的极值，2030 年 18GW 电力和 2040 年 + 35GW 电力正在缺乏。这些总量必须由升级换代、储能、负载控制或进口的措施覆盖。

— 如果这一需求被储能完全覆盖，存储容量大约在 2030 年时有 600GWh，2040 年 + 有 1700GWh，这需要持续可能的平静风期。这种技术能力远超过当前德国现有技术水平范围。如果可以提供传输能力，存储设备的位置可以放在邻近的国家。第 5 章将进一步更加详细地讨论未来选择的技术。

— 可再生能源的进口量，可以认为是影响可预见发展的一个关键安全因素。这种情况下，必须考虑到欧洲大规模天气状况和输电容量。本研究的准确性——针对粗略评估的结果——认为是不好的结果，邻国不会有巨额剩余的可再生能源，同时德国也呈现较大的缺口（Hoffmann 等人 2010）。

4.1.2 估计储电量

为了估计剩余可用存储电量的经济效益，进行一种优化计算。该计算包含一种基于成本的发电站储电量和时间限制，是反映电量存储水平的方法。这种计算没有发电站的使用限制，因为几乎没有燃煤发电站报废，并且在2040年+只有峰值电站，允许简化计算。计算的目的是经济地评价大规模进口剩余可再生能源所产生存储电量的影响，同时比较必要的投资成本。

在优化模型中，存储填充的水平有固定的开始和结束时间点，假定可用容量的50%可用于存储电量。类似于4.1.1节，每24h的12个典型天（“典型日”）用来说明1年的情况。因为时间依赖性，288h内对存储电量的水平同时进行优化，因为每小时连续的求解优化是不可能的。这种方法表达了一年内的完全预测，以确定最优存储电量和发电站蓄电量。目标函数是对应的传统发电站发电成本最小化，以供覆盖负载使用。

不同的存储容量将会影响一年的发电成本，应优化生产成本与投资成本相比较。为此，一方面是按功率和容量比例所组成的蓄电存储系统投资，另一方面是可能替代峰值负载的发电站。基本条件对应着完全覆盖峰值负载要求的合适发电站，并且只与投资成本的变化有关。假设绝热压缩空气储能（AA－CAES）与总效率的70%作为储能技术。与当今可用的热透性压缩空气存储原理不同，没有必要的额外燃料，因为在压缩存储的过程中燃料就已经创建了。600欧元/kW（功率部分）和3欧元/kWh（容量部分）是投资成本。到2020年，投资成本的目标是800欧元/kW（Solfhart和Büsgen 2007；Kruck 2007）。这里假定，成本将会降低到当前发电机在各种条件下的成本。假设燃气轮机发电站投资300欧元/kW，压缩空气存储作为一种可替代的投资。所有的投资成本决定了每年的花费，是为了比前一年更节省成本。考虑将8%的报酬回报率期限设置为20年。此外，20年后有剩余，因为存储技术服务周期和燃气轮机的使用寿命是40年。对于一次性折旧，相当于初始投资50%的剩余价值仍然存在。这一比例的投资成本分布在投资期间使用年金的10.19%，因此年金投资成本达到投资总额的89.27%×10.19%=9.09%。

两个备选方案是存储尺寸的计算：

— 备选方案A：存储容量对应8h满载的各种情况，这意味着峰值负载发电站不能完全取代。因此确定每个存储容量大小的额外发电站电力仍然是必要的。

— 备选方案B：容量对应4.1.1.3节中描述的维度情况，这意味着每存储1GW电能，在各种情况下能够替换1GW发电站的功率。

图4.6表示了在主要的2030年方案中，年度发电成本的下降随着年金投资成本的变化。需要考虑的是，纵轴有不同的刻度，因为额外的投资成本比已有的发电成本高出一个数量级以上。总发电成本减少（存储系统的优势），可以减少或补偿存储电量所必要的投资成本。此外，备选方案B会造成存储较低投资成本的上升，这是由替换峰值负载发电站所导致的。

图4.7显示了一个类似于2040年+主要方案的结果。从图4.7中可以看出，备选方案B是经济化最初的两种情况。除了15GW或16GW的额外电能，另外13GW或12GW的发电站发电设备也是必要的，从而覆盖28 GW的最大电力缺口。由可替代，发电站峰值负载的存储容量和来自可再生能源更高的反馈相比，到2030年，能源存储系统的优势在必要投资成本的范围内。存储单元可以装载成本接近于0的发电盈余，这将

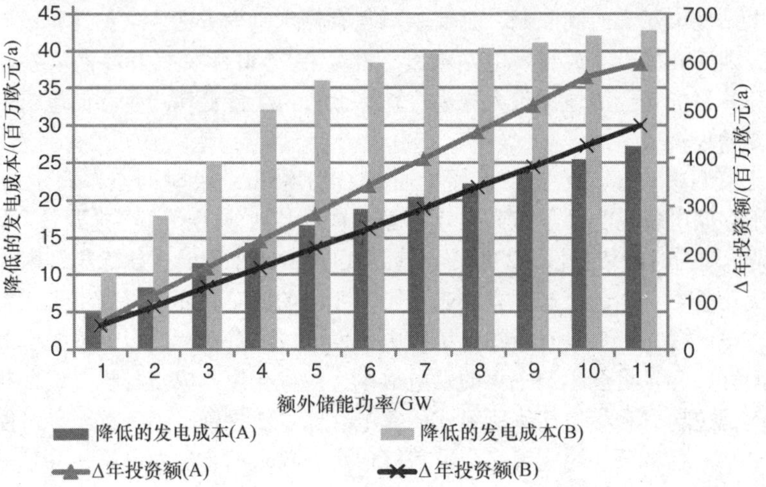

图 4.6　存储容量年度发电成本和投资的减少（主导方案　2030 年）

会显著降低发电成本。根据图 4.5，备选方案 B 所需的存储容量相当于大约 700GWh/15GW。经济上，即使结合不同的存储技术，在德国这种能力是可行的。如果使用海外仓库等设施存储，投资也必须考虑额外的电网扩展。

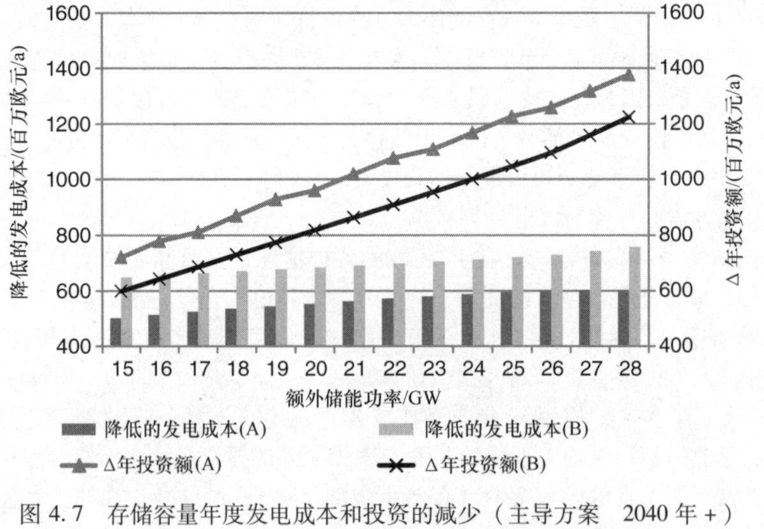

图 4.7　存储容量年度发电成本和投资的减少（主导方案　2040 年 +）

储电量优化所得出的结果低估了实际存储电量的值，因为忽略了极端条件，由于适当的反馈和加载的配置文件只考虑了季节性平均典型天（“典型日”）。特别是在这些情况下，市场价格会远高于供应短缺产生的边际成本。这里使用一个基于短期边际成本的基本模型。无弹性价格需求建立了电力负载模型，最后发电站的优势决定了市场价格。因此，没有高于最贵发电站边际成本的价格。但是这些价格对于峰值负载经济效率和存储电站是至关重要的，峰值负载发电站最重要的不是获得任何覆盖。存储电量可以产生阻尼效应从而导致影响市场价格的积极结果。然而值得注意的是，一整年完美预见性的假设将导致存储设施的储电形式在实际中无法实现。

总之，从长远来看，如果有足够的剩余电力功率和可行的需求，电量存储设施在经济上是可行的，并且这些存储的容量可用于基本的日常均衡。详细的评估需要峰值价格模型，而这通过未来长期场景建立是极其困难的。

4.2 评估基于优化的泛欧低碳电力能源供应战略的储能需求

4.2.1 一般性质和边界条件

能源情景分析表明，直到今天没有可靠数据可用于对未来能源供应方案总的储能系统需求。其主要原因是非常复杂的。储能系统的能力在很大程度上取决于发电机组、发电机的地理分布和不同地区之间电网互连的能力。仅当所有给定的存储容量可用于回答这些问题时，可以从这些数据中推导出答案。

必须从可再生能源发电机和燃料发电厂来定义发电组合的波动。此外，有必要定义发电总量和电力消耗两者平衡所发生的区域。由于大量的不确定性和所需的详细数据，特别是关于天气和电力系统组件的成本数据，其计算复杂度是非常高的。现有研究通常在不同的国家确定一定比例的可再生能源发电机和基于这些假设的存储容量计算，以确保在任何时间点的电量平衡。

因此，在欧洲标准化上面，遵循着一个极端并且简化的存储容量的计算方法。假设的方法如下：

— 假设发电能力和跨国输电线的一种“开放式下乡”方法。正如人们今天所做的，配电网和负载的实时地理分布是假定存在的方式。地理上解决了连续7年的气象数据，并且是在极端天气条件下做的处理使用，提供太阳辐射、陆上和海上风力条件。

— 合理处理储能系统，时间分辨率为1h，在为期7年的时间里，执行所有的计算。

— 对于发电厂，在100%的可再生能源情况下，仅陆上和海上风力发电机及光伏发电装置是需要考虑的。

— 通过研究或者欧洲委员会评估，来采取风力发电和光伏发电的最大潜力。同时存储电能的容量并不限于任何技术。

— 两种不同类别的存储系统被用来优化以区分不同的特定投资成本和效率的优化。抽水蓄能水电站是选择成本和效率的“短期”存储设备，但也可以实现其他存储方式，包括电池、电动汽车或需求侧管理。对于“长期”的储能系统，成本和效率的选择根据氢的储能系统来定。

— 欧洲、北非和近东地区被分为22个地理区域。虽然模拟的方法将能够搜索到所有区域电网之间的互连，但是依然选择了61个区域之间的连接以限制计算时间。

选择的方案必然是在一个极端的情况下，人们不期望基于这种情况下对未来能源供应的实现。未来的能源供应结构包括，即使在100%可再生能源的情况下，可控发电装置，如水力和生物质能。使用这些可控电源，会降低储能设备的需求，也将降低整体发电成本。因此，从这里给出的结果可以看出，在极端的情况下，只有光伏和风力发电设备可以使用，包括欧洲不同地区之间的智能互连。

4.2.2 潮流计算

为了限制总的计算工作量，使用了一种简化的潮流计算方法。计算的结构如图4.8所示。

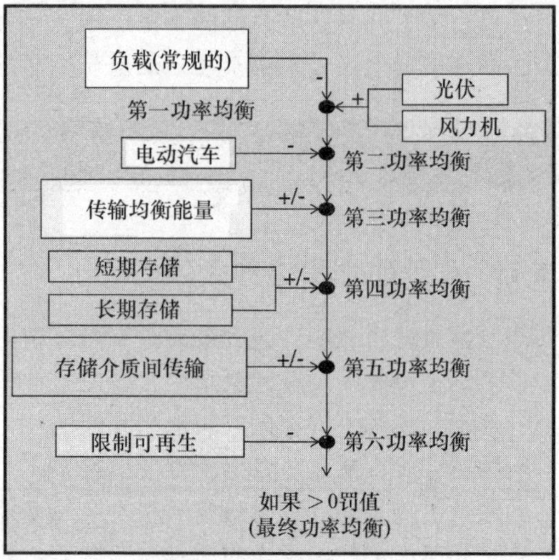

图4.8 单位时间步长各区域的潮流计算示意图

第一步中，在每个时间步长（持续时间1h）为区域的负载均衡，伴随着风力机和光伏发电机的实际功率输出。用于流动性部门的供电，可以通过直接使用电动车电池的电源，或者通过使用氢气能源形式，这是在第二步中均衡功率时所要考虑的。这种均衡是所有独立领域所不能用的。然后，在电能过剩或者短缺的情况下，如果所连接的区域可以处理这一优势，那么可以通过电网传输到邻近区域。“邻近区域”是指任何区域，目前正在考虑通过特高压直流输电线相连。所有连接的区域都被称作能量交换。正如人们假设的特高压直流输电线，地区间的能量流都可以精确控制，独立于其他地区的电网负荷。交流电网的功率传输会导致阻抗分布在电网中。这显然是更复杂的，并需要考虑每个时间步长的总电网。通过高压直流电网的整平后，每个区域中的本地存储系统用于平衡。优先使用短期存储。仅考虑在短期存储的最大功率，并进入长期存储的计划中。使用本地存储系统后，所有邻近地区（第五功率均衡）拉平短缺或过剩的能量做出进一步的尝试。如果这个结果仍然在各自的区域存在过剩或短缺，能源来自可再生能源发电的发电机记录下剩余的短缺。对于剩余的短缺电能，系统成本将增加非常高的罚金。这保证了最佳的解决方案，通常是系统配置能够完全覆盖所需的负载。

理想的情况下，计算的所有领域，包括电网连接，将在每一步完成后优化所有潮流。但是这是非常耗时的，本书选择了这种一步接一步的方法。也允许电网连接数量限制，没有放大太多的变量数。总体而言，能量的分布仍然是很现实的问题，因为以这样的方式，尽量减少储能系统的使用，将导致额外的费用，由于其有限的生命周期，并最大限度地提高效率（输电线优先），从而降低了可再生能源发电的发电机所需能量。总的效率越低，从光伏发电和风力发电得到的功率越多，同时也需要再次追加成本。

4.2.3 系统优化

系统优化搜索的最佳组合安装包括风力和光伏发电能力，在欧洲所有地区的短期和长期储能能力（充电功率、放电功率、能量总量），包括北非和近东的输电线容量。7 年期间，所有地区的气象数据在每 1h 步长的基础上进行模拟。这也包括在所有地区的电力消耗数据，包括假设电迁移率份额。要优化的参数包括：

— 已安装的光伏发电容量（GW）。

— 已安装的风力发电容量（GW）。

— 地区与地区间的电源容量高压直流输电线（GW）。

— 充电电源容量短期存储（GW）。

— 放电功率容量短期存储（GW）。

— 短期存储的存储容量（GWh）。

— 充电电源容量长期存储（GW）。

— 放电功率容量长期存储（GW）。

— 长期存储的存储容量（GWh）。

用遗传算法进行优化。一些参数设置（个人）是随机生成的第一代。每组参数被用于作为一个时间步长模拟 7 年的系统仿真。结束时，在某种程度上被假定为负载产生额外的成本。对系统的总成本，包括服务器提供服务的额外负载开销进行了总结。通过最好的总成本数据设置参数，用来生成新的个体，代表了新的系统设计方案。为了产生新的个体，从进化的角度进行，比如生存、优胜劣汰、突变和跨越中使用等。

此外，在朝着最后优化的基础上，以迄今为止最好的结果作为一个起点，即一种广泛使用的由 Nelder 和 Mead 发展的单纯形算法应用计算（Nelder 和 Mead　1965）。这使得对当地最佳局部优化。该算法也可以“决定”每个区域是否通过一条高压直流输电线连接到其他区域。结果表明，几种不同的系统设计方案，其每千瓦时的成本比较相似。因此，如果系统的设计参数偏离意味着不同的优化运行，这并不奇怪。

图 4.9 显示了欧洲地理地图上运行的早期的示范结果。它给出了一个很好的综述，包括模型的考虑元素和空间分辨率。

4.2.4　成本数据及其他假设

表 4.1 和表 4.2 表明，已被用于模拟的成本和生命周期数据。对于发电机，根据不同的研究，在未来 30 年，可预见的经济规模效应和进一步发展，在现有的技术基础上，使用成本数据应该是可以实现的。因此，假设期待未来的成本数据，同时也没有更特殊的假设。

假定短期存储系统是根据当今的水泵水电站成本设计的。所允许的最大存储容量是放电功率的 8 倍，满功率最大放电时间为 8h。允许选择的充电功率、放电功率和存储容量，独立地为每个地理区域优化。8h 的放电量和类似电源充电和放电系统的投资成本将在 1000 欧元/kW。这是众所周知的，大多数国家没有足够的安装短期存储必要量的抽水蓄能的潜力，但它是假设的存储容量，也可以提供其他技术，比如电池、电动汽车或需求侧管理（见表 4.3，见第 5 章中的相关技术描述）。

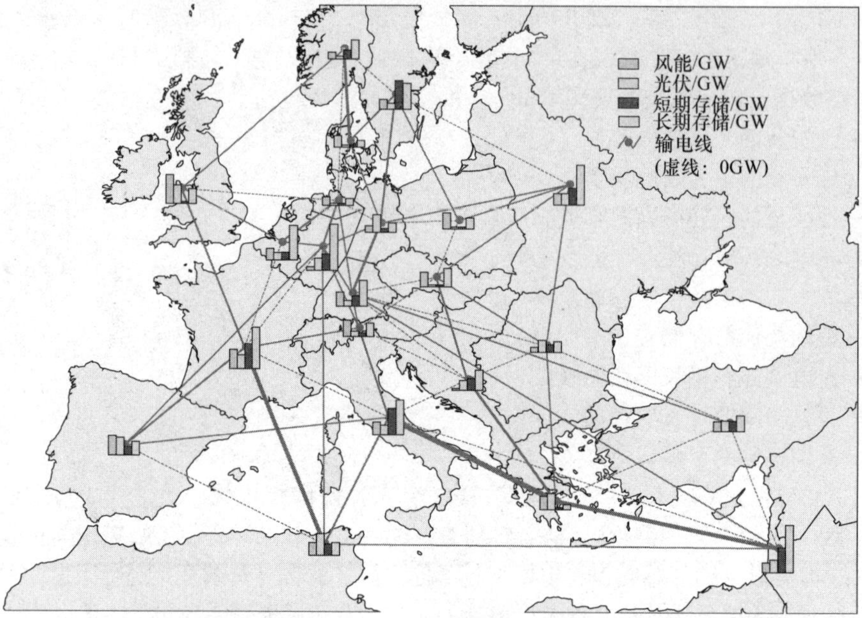

图 4.9 可视化的测试运行和显示结构，泛欧洲模式长期空间分辨率和类型的结果

表 4.1 一般性财务数据

参数	假定值
利率	8%
保养及维修	投资成本的 1%

表 4.2 发电机的定义

参数	假定值
风力发电机	1200 欧元/kW 装机功率 20 年寿命
光伏发电机	1100 欧元/kW 装机功率 20 年寿命

表 4.3 短期存储系统的定义

参数	假定值
存储系统的充电效率	90%
存储系统的放电效率	90%
充电接口成本	300 欧元/kW
放电接口成本	300 欧元/kW
存储容量成本	50 欧元/kW
存储系统寿命	40 年

电解和氢气的燃气轮机中的储氢系统，是面向数据的长期存储系统的技术。存储容量被限制为最多 60 天内的完全放电功率。充电功率、放电能力和存储容量独立优化

（见表4.4）。

表4.4 长期存储系统的定义

参数	假定值
存储系统的充电效率	70%
存储系统的放电效率	50%
充电接口成本	400欧元/kW
放电接口成本	400欧元/kW
存储容量成本	1欧元/kW
存储系统寿命	40年

假设在不同的地理区域内进行高压直流架空线的连接。在开始和结束的电力电子变换器中效率估计为99%，每1000km的输电线损耗为6%。进行跨区域连接电网的成本计算。在总成本的计算中，没有考虑电网区域本身的成本（见表4.5）。

表4.5 高压直流输电线的定义

参数	假定值
每个工作站功率变换效率	99%
传输效率	每1000km 94%
每个工作站功率变换器的成本	75欧元/kW
输电线成本	185000欧元/(GW×1000km)
输电线寿命	40年

4.2.5 第一次模型结果

第一次运行的模型显示了它的适用性。然而该模型仍然处于发展阶段，有一些参数需要进行详细分析之前，它会产生良好的结果。这里介绍的第一个结果是非常初步的。尽管如此，它们表现出什么样的结果是可以从模型期待的。假设整个欧洲和北非作为建模区域和某些部分可能的技术（参见图4.9），电源的成本估计约为17欧分/kWh，这可以解释第一次估计量级的未来能源系统成本只包括风力发电和光伏发电、储能和电网连接，并通过进一步分析重新确认。装机总容量为完整的区域见表4.6。图4.10显示了消费装机容量。

表4.6 欧洲电源包括北非和近东的所有可用技术的平均结果概述，电力供应仅来自风能和太阳能的100%

参数	结果
风力发电能力	1457GW装机
光伏发电能力	1210GW装机
“短存储”放电功率	2404GW装机
“短存储”存储容量	5680GW装机（2.4h满负荷）
“长存储”放电功率	1978GW装机
“长存储”存储容量	741107GW装机（15.6天满负荷）
每千瓦时的发电成本	17.1欧分/kWh

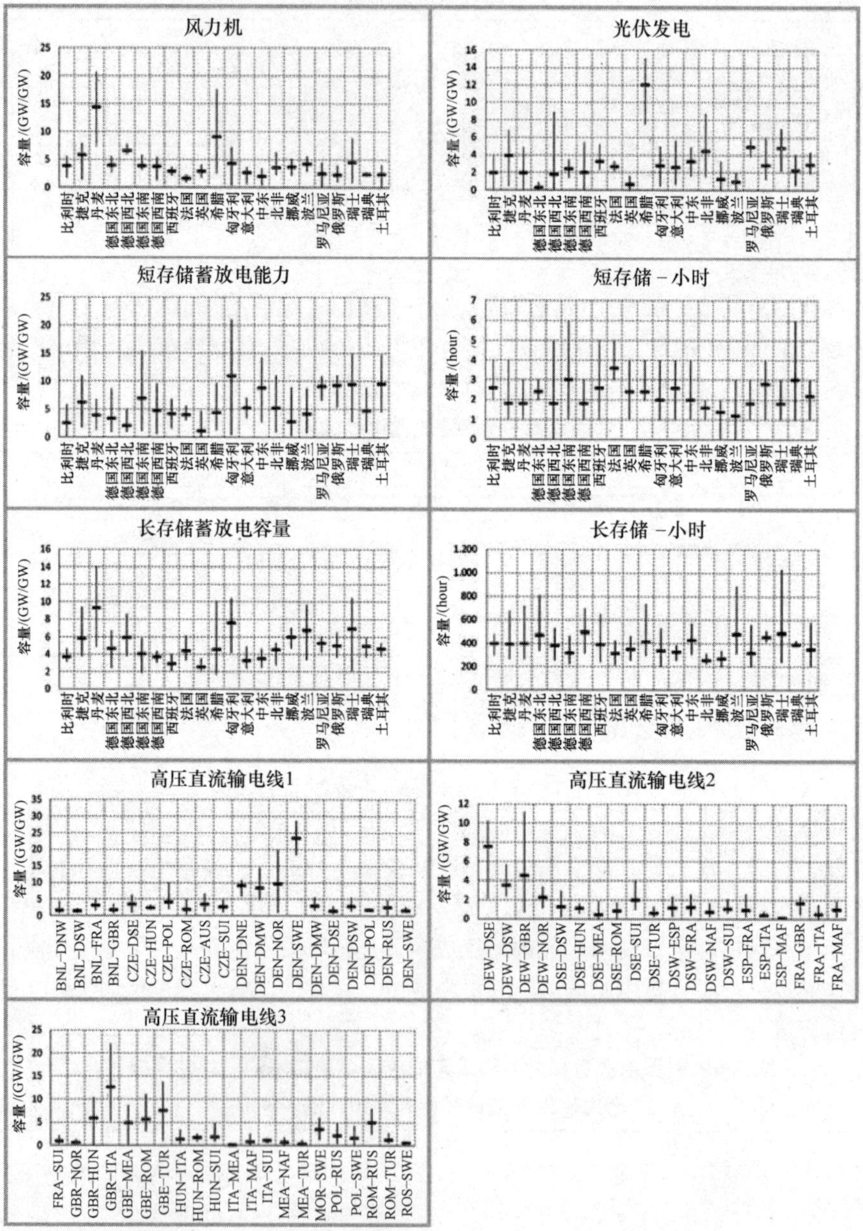

图 4.10　对光伏发电、风能以及短期和长期的存储容量在欧洲的发电量结果概述，包括北非和近东在内的所有可用的技术中，100% 的电力供应来自风能和光伏发电。仅标准化在不同地区的平均功率消耗

表 4.7 中的结果是最好的情况下，计算所有运行中的特定边界条件。

表 4.7　欧洲所有模拟运行的最佳案例系统设计和运行结果

总体结果			
电力成本	17.1 欧分/kWh	总投资	59730 亿欧元 59730 亿欧元
风力机		光伏	
装机容量	1425GW	装机容量	1270GW
满负载可用时间	2759h	满负载可用时间	2000h
已用/可用功率	88.8%	已用/可用功率	91.6%
总投资份额	25.6%	总投资份额	20.9%
短期存储		长期存储	
放电容量	2198GW	放电容量	1860GW
放电/充电能力	1.3	放电/充电能力	1.1
GWh 能力	5050GWh	GWh 能力	680600GWh
满负载时间	2.3h	满负载时间	366h
当量全循环	86 个周期	当量全循环	0.4 个周期
总投资份额	17.9%	总投资份额	26.8%
输电线			
装机容量	1822GW		

4.2.6　结果讨论

结果表明，来自可再生能源的完整供应是可能的，在这些场景中显示了相关储能系统。随着模型的进一步运行，再往后有可能表明，储能系统的应用降低了总的发电成本。初次运行结果表明，欧洲具有较强的电网互连并不一定会在所有领域产生最低的发电成本。一些国家如果做出了自己的市场，可能实现较低的发电成本。如果在个别国家认为是水电能力的限制，这样的结果可能会有所不同。

该模型的第一个结论是有前景的，是关于能源系统分析的潜在贡献。这是完全不同于传统方法的一个例子，但对于未来潜在能源系统的特点，可提供完善有趣的见解。

4.3　小结和结论

在分析场景中，能量和功率所需均衡的分析表明，在发生紧急情况下，特别是在场景中的线索研究，在缺乏静态平均水平条件下，计算出的安全功率为 2030 年的 7GW 和 2040 年 + 的 18GW。在极端的情况下，使用数据观察的差距表示为 2030 年的 18GW 和 2040 年 + 的 35GW。此外，在该情况下，从市电电网反馈到可再生能源的供电都超过了负载。计算结果中的4TWh（1.4%的可再生能源燃料）和21TWh（4.7%的可再生能源燃料），是不能在系统中使用的。差距已经完全覆盖，根据过去的情况表明，估计总容量为2030年的600GWh和2040年+的1700GWh存储单元必须实施。来自可再生能源系统中确定所需的存储容量为2030年剩余电量的5%，而在2040年+，这取决于安装的额外电源，5%和20%的情况下确定所需的容量。需求是较低的，这在某种程度上可以从进口的可再生能源安全电力中得到。

以压缩空气存储为例，且不考虑峰值价格，储能的投资成本是一个高于在2030年保存的发电成本数量级。对于2040年+，如果可以取代适当的峰值功率发电站，额外存储容量的总功率15GW是经济的。计算基于典型的自然天。将潜在的峰值价格也考虑进去，它不能做在分析中，存储应用的经济效益预计将会增加。

泛欧建模方法表明，采用完全新的方法和模型进行系统分析，可进一步观察潜在未来能源系统的特点。与17欧分/kWh成本的大小顺序已预先估计能源系统使用两种类型的储能器，即一个长期储能选择和一个短期波动的可再生能源（风能和太阳辐射）的结合存储，以及足够的电网连接。建议第一种模式运行使用存储设施，以降低发电成本。对所有国家而言，强大的电网未必是成本最低的解决方案。一些国家通过建立自己的市场可能会降低成本，这些结果都必须在进一步分析之后才能证实。尽管如此，第一次测试运行是有前景的，生产的电力来自风能和太阳辐射，鼓励使用均衡和比较的方法来进一步分析未来能源系统与特定储能系统的应用。

第5章 电能与电力均衡化技术

在讨论过通过使用附加技术来提供负载均衡、异地电力传输以及储能电力等具体的电能与电力均衡化的需求后，接下来将概述对应的相关技术。5.1 节提出了一个分类的体系。在5.2～5.4 节根据“电能至电能”“电能至其他形式”以及“其他形式至电能”几种不同的储能技术对每一个相关技术分别进行了讨论。5.5 节概述了需求响应和需求侧管理的选择，包括捆绑技术。5.6 节的分析揭示了个体储能技术的生命周期成本。这些都是在不同的具体任务下，涉及电能和电力均衡的背景下讨论的。对于能够提供高渗透的可再生电力和均衡能力的系统的一个重要的要求是各项技术的可行性。因此5.7 节用来分析在可能的范围之内相关技术的未来发展可行性，并根据2.2 节的指标考虑了对环境的影响、资源的利用以及系统的特点。

5.1 电力储能系统的分类以及系统提供的正向和反向的电力控制

储能需要专门的技术，通常有效性与低成本是无法兼顾的。因此需要对储能的不同选择进行详细分析并选择适宜的技术来满足需求。储能系统的目的是用来提供正向的和反向的不同时间尺度的控制源。“储能”用来描述可以为系统网络提供正向的或反向的控制源，也包括传统储能系统以外的技术，包含电能使用和提供电能。

一些储能技术可以有很多种运用方式。从经济和技术的角度上来比较储能技术，两者是相关的，可以用来定义适宜的储能技术运用方式。有必要使用不同的分类方法来指定储能系统的应用。3 种不同的分类方式对应每类3 种分类的定义如下所示：

A. 储能系统的类型和位置。

B. 电力供应的持续时间和频率。

C. 储能系统能量的输入和输出方式。

A 类用来区分储能系统的位置和安装的主要方式，具体分类如下：

A1. 双重运用的模块化储能系统。

A2. 仅供电网的模块化储能。

A3. 集中储能系统。

“模块化储能”是指由相对小的基本单元组成的储能技术。这些基本单元可以被连接组成更大的系统，但是随着储能系统规模的增加，效率和成本并未显著减少。通常，同其他安全性问题相比，对于电池的具体位置是没有特殊要求的。

相反的，“集中储能”技术是指安装在特定的区域，对安装场地的地理环境结构有特殊的要求（例如，抽水蓄能系统需要安装在不同层次的流域之间），并且这些技术典型的特征在于随着系统规模的增大，效率增加，能源动力和存储容量相关的成本会降低。这类典型的系统安装能力都在100MW以上。

“双重运用”说明安装储能系统的主要目的不仅仅是用来提供电网服务。这种储能系统可以用来提供某种特殊应用，比如移动性。电动汽车的电池不仅可以被应用到电网服务中，而且它们的主要目的还是为了确保可移动性。这类储能系统的区别首先在于运行方案要考虑他们对于系统服务的局限性，另一方面这些储能系统通常已经得到它们主要应用方的资助，不需要再重新由系统服务方进行资助。

B类有如下3个子类别：

B1.“几秒到数分钟”：短期储能

B2.“逐日”：中期储能

B3.“几周到数月”：长期储能

“短期储能系统”能够在需要时立即提供能量。启动几秒后便能够提供最大动力并维持最长一刻钟时间。这使得这些储能系统可以为电网提供初级控制动力或作为一个高频负载应用的中间储能系统。后者可以是用来提升重物的起重机，或者是有轨电车和地铁的加速和制动系统。短期储能系统的能量功率转换比率一般少于0.25h。[能量功率转换比率（E2P）指系统安装的储能容量kWh除以峰值功率kW]。因此，这类储能系统有很高的充放电能力，依照实际应用的需要，可以在一天内完成大量的充放电循环。

中期储能系统的E2P比率为1～10h，因此专用负载在这类储能系统上显著减少。并且，限制了一天之内的充放电循环次数，很少有超过一天两次的。这些储能系统很容易区分一天之内不同的电能消耗。典型示例如有些储能系统在晚间充电并且在高峰用电时间（中午和下午/傍晚）提供额外的电能给电网。这些储能系统也可减弱可再生能源预测与实际产生电能之间的偏差。然而，如果没有足够的可再生能源提供，这种中期储能系统不能够确保更长时间如几天到数周时间的供电安全。

为了确保为某些场合可靠地提供电能，需要“长期储能系统”。E2P比率在50～500h的系统可以提供能量长达几天至数周。自然而然，每年的能量循环次数是非常有限的。这需要价格低廉的储能媒介来允许储能系统替换。此外这类系统的自放电能力必须非常低。

最后，这类系统还可以根据“能量在储能系统的输入和输出”来分类：

C1.“电能至电能”：正反双向的能量控制。

C2.“其他形式至电能”：正向的能量控制。

C3.“电能至其他形式”：负向的能量控制。

这种分类是依照“储能系统”在能量供应中作为可以提供正向和反向控制能量的要素严格定义区分的，根据这种定义，“电能至电能”的储能系统可以为电网提供正向和反向的能量控制。它们可以从电网中获取电能以充电，同时也可在需要时为电网提供电能。正因如此被称为储能系统。与此同时，能源和反向的能量控制也可由其他技术转换而来。

“其他形式至电能”技术向电网提供正向的能量控制，既可以关闭电力负载，这对于电网等同于增加发电能力，又可以为电网提供额外的储能。后者包括所有的传统发电厂，可以在不同的时期利用煤、核能、水力或生物质燃料提供正向的能量控制，可以提供负载控制关机，例如通过需求侧管理策略或控制电动汽车的充电。

“电能至其他形式”技术使用电能并将其转换为具有较低能量水平的能量载体，这种能量水平可以低至零，相当于关闭了可再生能源。然而，这类还包括从电力产生的热量或由电产生的化学燃料，如氢气或甲烷。

将“其他形式至电能”与“电能至其他形式”进行组合的储能技术就可以像“电能至电能”储能系统一样为电网提供服务。因此，从相关成本和技术潜能的角度对这些技术进行比较是十分必要的。此外，在判断不同的储能技术时还有一些其他相关要素需要考虑。最常用的相关要素如下：

— 投资成本。

— 生命周期成本（LCC）。

— 环境生命周期分析（LCA）。

— 构建约束。

— 整体能源使用效率。

— 对供电系统的整体影响。

— CO_2 释放量。

— 国家能源自主权。

— 社会和政策的接受力。

根据上面讨论的 3 大类，表 5. 1 ~ 表 5. 3 列出了各种可用技术。

表 5. 1　电能存储系统分类（正向和负向的控制系统）

“电能至电能”储能系统			典型时间范围/EIP 比率		
			“几秒到数分钟”储能系统 <0. 25h	“逐日”储能系统 1 ~ 10h	“几周到数月”储能系统 50 ~ 500h
结构类型/典型功率	双向的模块化储能系统	1kW ~ 1MW	— 电动和插电式混合动力汽车双向充电器 — 电网连接光伏电池系统（如铅酸、锂离子、钠硫、氧化还原液流、锌溴电池）		
	电网用模块化储能系统	1kW ~ 100MW	— 飞轮 — 铅酸蓄电池 镍镉/镍氢电池 — EDLC（“超级电容器”） — 锂离子电池	— 铅酸蓄电池 — 钠硫电池 — 氧化还原液流电池 — 锌溴电池 — 锂离子电池	— 氧化还原液流电池（?）
	集中储能技术	100MW ~ 1GW		— 压缩空气（非绝热或绝热） — 抽水蓄能	— 氢 — 抽水储能

表 5.2　正向控制的技术分类

"其他形式至电能"能量正向控制			典型时间范围/EIP 比率		
			"几秒到数分钟"储能系统 <0.25h	"逐日"储能系统 1~10h	"几周到数月"储能系统 50~500h
结构类型/典型功率	双向的模块化储能系统	1kW ~ 1MW	— 完全关闭电动汽车和 PEHV 充电	— 热力储能式热电联产机组 — 电力负荷的需求侧管理（DSM）（完全关闭） — 电动汽车和 PEHV（停止充电）	
	电网用的模块化储能系统	1kW ~ 100MW		— 沼气发电厂	— 沼气发电厂
	集中储能技术	100MW ~ 1GW	— 常规动力发电厂的旋转质量和蒸汽储备	— 天然气发电厂 — 燃煤发电厂 — 水力储能 — 热力式太阳能热电厂	— 褐煤发电厂 — 核能发电厂 — 水力发电厂

表 5.3　反向控制技术分类

"电能至其他形式"能量反向控制			典型时间范围/EIP 比率		
			"几秒到数分钟"储能系统 <0.25h	"逐日"储能系统 1~10h	"几周到数月"储能系统 50~500h
结构类型/典型功率	双向的模块化储能系统	1kW ~ 1MW	— 家电制冷或制热，包括热泵 — 需求侧管理（家用和工业） — 冷却装置 — 电动车和插电式混合动力电动汽车（PHEV）单向充电器		
	电网用模块化储能系统	1kW ~ 100MW	— 可再生能源发电机停机（风能、光伏）	— 氢直接使用（例如在交通部门） — 由二氧化碳和氢气制甲烷或甲醇 — 可再生能源发电机停机（风能、光伏）	— 氢直接使用（例如在交通部门） — 由二氧化碳和氢气制甲烷或甲醇
	集中储能技术	100MW ~ 1GW		— 氢直接使用（例如在交通部门） — 由二氧化碳和氢气制甲烷或甲醇	

一般来说，属于某种“持续时间和频率”范畴（“几秒到数分钟”“逐日”或者“几周到数月”）的所有技术都是直接竞争的。通过智能化管理，模块化储能系统可以像集中式储能技术一样为电网提供相同的服务。

5.2　用于电力均衡和电力供应的“电能至电能”储能技术的技术说明

本节主要讨论在电网中用于电力平衡和电力供应的不同技术选择。首先对不同的电能储能技术进行了探讨，这些技术的分类参见表5.1。

在介绍不同的储能技术细节之前，先介绍不同储能技术所能达到的典型能量密度。表5.4中的比较结果显示，化学的储能系统，还有一些热力储能系统，可达到迄今最高的能量密度，尤其是在以液体方式的存储下。

表5.4　不同储能技术的体积能量密度概述（一阶近似）

储能类型	单位体积能量密度/(kWh/m^3)
机械能储能	
势能（例如360m高度差抽水蓄能）	≈1
动能（例如飞轮）	≈1
电能储能	
静电场（电容）	≈10
电磁场（线圈）	≈10
热力储能	
显热（例如水@ΔT = 100K）	116
相位的变化（例如水蒸气）	636
化学能储能	
锂离子电池	≈300
液态氢	≈2400
汽油	≈12000

5.2.1　“机械能”电能储能系统

通常中央储能系统的装机功率超过100MW，并且连接在高压或超高压的电网中。

5.2.1.1　压缩空气蓄能

压缩空气储能（CAES）系统使用动力将空气压缩，并将其存储在高压下。当需要储能系统提供动力时，通过解压压缩空气驱动涡轮发电机发电。压缩空气储能系统可以有额外的热力储能（绝热型CAES），或者它们可以利用空气膨胀过程中所需的热量，避免传统燃气轮机在轮机上结冰（非绝热型CAES）。后者因为丢失了压缩热量，效率在55%。而高温储能的绝热CAES可以实现高达70%的效率（应当指出的是，目前仅在研发阶段实现，没有真正的系统部署实现）。空气压缩时产生的热量损失很高，压缩空气通常存储在地下洞穴中，特别是在塌陷的盐丘中存储是一个吸引人的技术和经济的解决方案，但是存储压缩空气的 CAES 可能位置区域也受到一定的地质构造限制。在德国的北部地区就有大量的盐穴地带，这正好与风电的主要潜力相符合。有在全球范围内两个绝热 CAES 项目运作，有几个主要计划在 2016～2018 年在德国建立绝热 CAES 的示范工厂。根据表 5.1，CAES 属于集中的"逐日"储能系统。

5.2.1.2 抽水蓄能电站

抽水蓄能电站如今是电网中的骨干，几乎提供了所有电网使用的储能容量。水流通过重力的作用推动涡轮发电机（正向控制能量的动力生成）或者利用水泵（消耗能量将动力存储在上部的存储湖中属于反向的能量控制）在上部存储湖与低部盆地之间流动。上游的湖泊可能是天然形成的湖泊或者是人工抽水形成的人工湖。一个典型大小的抽水蓄能电站需要的人工湖可以提供或需求大约 8h 的全功率动力，发电量可以在很宽的功率范围内连续控制。旧的系统中泵是很难控制的，可能在工作或者没有工作。抽水蓄能电站为了适应所需的负控制功率，需要利用不同的水泵或发电站并联发电，调节电网的功率消耗（水短路）。这些都会造成很低的工作效率。随着电机、水泵以及电力电子最新技术的出现，使得泵的功率连续可调成为可能，整个系统的效率可以达到 80% 左右。

通常情况下，抽水蓄能电站如今多用于平稳预测用电与实际用电之间的差异以及在其中进行能量交易。这通常包括在夜晚从电网中买到便宜的电力，并且在一天用电的高峰期间再将电力卖出。人工湖系统在没有自然辅助的前提下，通常可以提供 8h 的峰值动力，但是这种规格在低风速的天气条件下远远不够满足提供足够的电力需求。这种情况需要比现如今存在的水库远大得多的水库以及相应的大坝和自然降雨的辅助。现存的系统需要用泵进行改造成为抽水蓄能系统。其中一个重要的问题是在没有下游低部合适的盆地的条件下如何来获得一个足够大的蓄水池。长加压管道可能是一个解决方案，但是有必要先对各个方面的成本效益进行详细的分析核算。根据表 5.1，抽水蓄能电站是集中的"逐日"或"几周到数月"的储能系统。

5.2.1.3 水电储能系统

巨大的水电储能厂在自然降雨等辅助的条件下，可以长期对电网进行平稳供电。这些可以通过优化的操作策略，将可能需要一些额外的涡轮发电机，但是不需要泵，因此也不需要下游低部的蓄水池。优化策略只会在波动的可再生能源长期没有产生足够电力的时期产生电力，其他时期系统将不会产生电力或者产生少量功率的电力，例如用来确保下游流域的最小水流量。这将减少操作时间的数量而自然降雨等辅助条件是相同的，所以有必要增加安装功率。这一情况完全和在斯堪的纳维亚和阿尔卑斯山的非常大的水电储能系统相符合。从表 5.2 可以看出，水电储能系统属于集中的"逐日"或"几周到数月"的正向的控制权的储能系统。

5.2.1.4 飞轮

飞轮用旋转体的动能储能。因此，飞轮存储的能量正比于旋转速度的二次方与旋转体的转动惯量。目前市场上的产品由多种不同的技术实现。按照旋转速度进行分类：低速飞轮在5000r/min以下，中速飞轮可以达到25000r/min，高速飞轮可以接近100000r/min。旋转速度的增加并不意味着储能的增加，因为随着转速的增加旋转体的半径必须减小，否则旋转体的材料将无法承受受到的离心力。中、快速飞轮采用复杂的复合材料，这种材料也应用在现代飞机上。储能系统中的飞轮不存在机械耦合。飞轮一般用于释放电力的发电机。

飞轮作为经典的大功率储能设备，可以在很短的时间内释放很大的功率，这一点与电化学双层电容相似。飞轮的功率等级取决于功率电子器件和所安装的电动机/发电机，寿命周期几乎是无限的。飞轮的主要缺点是有很高的自放电率，这是由于旋转体与轴承之间的摩擦损耗，因此一般采用真空保护和低摩擦轴承。根据产品的差异，一般飞轮会在数小时之内损失掉50%的储能。如果每天进行多次的充放电循环，这不是主要相关处，但是将飞轮作为长期的储能设备是很低效的。

在表5.1的分类中，飞轮被作为动力储能系统中使用的模块化储能技术。

5.2.2 “电力类”电能储能系统

5.2.2.1 电化学双电层电容器（“超级电容器”）

电化学双电层电容器（EDLC）填补了具有几乎无限循环周期寿命的电力电子电容器和过滤器与高能量密度的充电电池两者之间的空白。EDLC通常被称为“超级电容器”，尽管这本来是一个品牌名称。EDLC结合了电容和电化学设备的属性，在静电场中储能。然而，EDLC具有液体电解质，使用的离子形成电容器的第二个“极板”。一个极板是由高度多孔的碳材料制成的，内表面积非常高，在电解液中溶解的离子在活性表面形成负电极。放电过程中，离子在碳表面移动，在内部没有产生电化学反应。储能的过程是一个简单的离子至表面或远离表面的物理运动，这就是具有长达50万~100万次循环周期寿命的原因。系统使用液体电解质，液体电解质不是100%的稳定，溶解在碳表面上。这个过程的反应率是与电压和温度密切相关的。EDLC的寿命取决于操作条件，但在任何情况下都是有限的。成型产品的能量密度通常在4~6Wh/kg，但功率密度非常高，可以超过10kW/kg。再加上较高的循环寿命，这种技术为短时间内高功率、高循环次数的需求提供了条件。典型的放电时间为10s，因此EDLC可以被使用在混合动力电动应用中，以支持发动机再加速或再生制动。除了它们的能量密度低外，EDLC的价格相当昂贵，EDLC的价格在10000欧元/kWh，因此在电网的EDLC中的应用领域主要用于电能质量稳定，而不是用于存储大量电能。

在表5.1中，EDLC被指定为用于模块化储能技术的“电力”储能系统。

5.2.2.2 超导线圈

电容器通常在静电场中储能时，线圈通常在电动力领域中储能。储能大小依靠在线圈中的电流大小。因为电能的损失与电流的二次方成正比，在工业应用中线圈作为能量的存储只有在超导线圈的情况下才有意义。超导在线圈中电阻为零，因此在储能时线圈本身没有损失电能。超导需要非常低的温度，经典的超导材料在低于4K温度下，高温超导材料的温度范围在 30K ~ 80K，这都需要液氦或者液氮。为了保持流体的液态型，需要持续工作的冷却系统，这也都将导致能量的损耗。

尽管超导线圈从科学的角度来看是一项有趣的技术，但是从商业应用的角度上实现大量的储能是非常困难的。因此，这项技术并没有被列在表 5.1 中。

5.2.3 电力“化学”储能系统

5.2.3.1 铅酸蓄电池

铅酸蓄电池技术是一种在全球范围内有着最高装机容量的电化学储能技术，例如车辆发动机的起动电池、不间断电源、叉车以及牵引应用的起动电池都是铅酸蓄电池提供的。一些 10MW 的范围，高达 50MWh 的大型的电池系统在过去都是基于铅酸蓄电池技术的。

铅酸蓄电池主要的材料为铅、硫酸和塑料。能量密度低至接近 25 ~ 35Wh/kg，能量效率平均可以达到80% ~90%。固定的铅酸蓄电池可以达到6 ~ 12 年的使用寿命，循环周期为 2000 次，在一些特殊的应用场合，循环周期次数可以达到 7000 次。当今电池每千瓦时的成本根据质量不同在 100 ~ 250 欧元/kWh。工业电池的回收配额接近 100%，再生铅可以再次应用到电池的生产中。主要有两种不同的技术被使用在铅酸蓄电池的制造中：内部充满液体电解质的铅酸蓄电池和复合气体的阀控铅酸（VRLA）蓄电池。阀控式密封铅酸蓄电池可以降低维护成本，对电池组件的通风条件要求不高，而液体电解质的铅酸蓄电池在固定应用中可以达到更长的使用寿命。

世界各地广泛建立基于铅酸蓄电池的大型电池系统，来解决当地的供电质量和供电问题，这包括稳定电网扩展或稳定频率的电池系统，其中最大的电池系统是在德国柏林的 BEWAG。1986 年在柏林建立的 BEWAG 有着 17MW 和 14MWh 的装机容量，该系统用于柏林西部海岛电网的频率稳定。该电池系统的能量吞吐量为额定容量的将近 3 倍，或者说差不多 7 年内超过 7000 次等效循环。一些其他相似的系统也曾被计划建立，但是由于德国统一和连接了西柏林的欧洲输电协调联盟（UCTE）电网，在 1990 年以后不再需要额外的系统。

铅酸蓄电池的能量密度低、功率密度低并且生命周期有限，但由于基本材料成本非常低，因此该技术在未来几年中在固体电池市场仍将保持主导地位。

根据表 5.1，铅酸蓄电池技术是一种模块化的“电源”，它可以用于在“几秒到数分钟”范围，但最好用作“逐日”储能系统。

5.2.3.2 高温钠电池

由于工作温度高达 300℃，钠氯化镍（$NaNiCl_2$，ZEBRA）电池及钠硫（NaS）电池与其他电池技术相比是不同的。这类电池使用的是钠离子传导的固态电解质，活跃部分为在液体电解质（$NiCl_2$）中固态或液态的钠或硫。如果电池冷却将无法再进行操作。热循环的次数应尽可能小来避免热机械应力，这需要保持温度来补偿热损失。这可以靠电池循环产生的内部能量或者加热电池来实现。典型情况下如果电池一天进行一次循环，维持温度是十分容易的事情。一个商用 16kWh 的钠氯化镍电池组保温热损失约为

100W。钠氯化镍电池主要用于移动应用，如电动汽车或公共汽车，钠硫电池仅用于固定应用。

钠硫电池是最有前途的固定式大型电池储能系统。循环寿命在10000周期范围内，材料的成本非常低。尤其是在日本，一些几兆瓦、50兆瓦时的用于支持电网的电池系统已被安装运行。主要的技术挑战是固态电解质 Na^+ 的电导率、垫片以及电池整体管理和安全问题。

参见表5.1，钠硫电池是模块化的“逐日”储能系统。

5.2.3.3 锂离子电池

锂离子电池起源于便携式应用，如笔记本计算机、手机和掌上计算机。锂离子电池具有所有充电技术中最高的能量密度（超过200Wh/kg），同时具备高达90% ~95%的效率，效率仅次于EDLC，高于其他所有的储能系统。锂离子电池也能达到很高的功率密度。

锂离子电池技术是一种复合技术，使用多种不同的复合材料。不同种类的阴极和阳极材料以及隔板和电解质配方，制造的电池有着很宽范围的性能特点：能量密度、功率密度、安全性、循环周期以及使用寿命、或高或低的温度范围等。大量材料的组合导致发展的多样性或者新建和改进的电池系统。许多公司按照不同的材料组合。到目前为止，不能说有哪种材料的组合会是将来锂电池技术的发展方向。除了便携式应用和电动工具的市场需求以外，电迁移率是锂离子电池技术发展的主要推动力。电池技术的改进和汽车市场的规模效应所造成的经济改善也支持锂离子电池在固定应用中的引进。电动汽车和电网双支持的应用是当今关注的焦点。锂离子电池表现出足够的循环寿命，除了正常行驶外，也适用于负载均衡或其他电网服务的应用。

锂离子电池的主要挑战是安全和成本问题。对于汽车行业，预计到2020年电动汽车电池价格降至约200欧元/kWh，会产生大规模生产。对于固定应用，由于冷却或能量密度要求较低，成本可再降低20%左右。锂离子电池比铅酸蓄电池更具竞争力的因素是其放电时间低于1h。这是因为锂离子电池可以提供几乎100%的最大电流能力，而铅酸蓄电池只能提供最大电流1/3的放电能力。

在表5.1中，锂离子电池被定义为一种模块化储能技术，用于“电力”，同时也属于“逐日”储能系统。

5.2.3.4 镍镉（NiCd）电池和镍氢（NiMH）电池

和铅酸蓄电池一样，镍镉电池技术也是传统的电池技术。镍镉电池具有很高的机械鲁棒性，可以达到1000个循环寿命周期。并且和所有可充电电池技术相比有着最好的温度特性。缺点是镍镉电池更昂贵，并且效率比铅酸蓄电池低。除了成本和效率问题外，电池中的有毒镉是市场的进一步扩大和使用固体电池市场的主要障碍。尽管目前在阿拉斯加运行中的最大电池储能系统（峰值为40MW，15min内放电6.5MWh）使用的是基于镍镉电池的电池单元，预计在未来20年内可能被锂离子电池替换。

镍氢电池被开发以取代使用有毒的镉。镍氢电池技术有着更好的能量密度和功率密度。在过去的10年中，它已成为混合动力电动汽车的领先技术。几十万辆混合动力汽车，尤其是来自日本的汽车制造商，都配备了镍氢电池。但是其基本材料成本过高，要在大型固定应用中必须显著降低成本，而这很难实现，因此镍氢电池还主要停留在移动应用的场合。

根据表5.1，镍镉电池和镍氢电池主要是模块化储能技术或“电力”储能系统。

5.2.3.5 氧化还原液流电池

氧化还原液流电池不同于传统电池，因为它们的活性物质在充电和放电的状态是溶解在液体溶液中的。通常稀释盐溶液的过程也称为电周期⊖。所溶解的活性材料都存储在罐中，连续或按需泵入反应装置，进行电化学充/放电过程。反应装置本身结构包括在其表面发生溶解还原或氧化离子、集电体、电解液和极板。在概念上与可逆燃料电池相当类似，因此该技术也被称为“液体燃料电池”。氧化还原液流电池的总充电/放电效率几乎高于氢气储能系统两倍，可以在75%的左右。

由于离子在溶液中的溶解度是有限的，最常见的全钒氧化还原液流电池系统的能量密度与铅酸蓄电池类似。这种技术的最大好处是，可以非常方便地缩放容量，这种电池的能量容量可以通过增加容器的大小改变，而氧化还原液流电池的额定功率可以通过缩放叠加改变大小。因此，能量容量和功率额定值可以彼此独立缩放。

如前所述，钒是目前最流行的氧化还原液流电池材料。由于钒以硫酸作为溶剂在4个不同的氧化态是稳定的，它可以被用于2个电极：一个电极使用 V^{2+}/V^{3+}；另一个电极使用 V^{4+}/V^{5+}。如果电池完全充电，只存在 V^{2+} 和 V^{5+}，在完全放电状态是 V^{3+} 和 V^{4+}。开路电压大约在1.2V。还有一些其他组合的化合物，例如 Fe/Cr、Br_2/Cr 或 $NaBr + NaBr + Na_2S_4/Na_2S_2 + NaBr_3$（Regenesys），但是除了钒制产品以外在市场上没有其他成熟的产品。目前主要的技术挑战是膜对活性物质离子的渗透性。如果该活性物质混合时，电池会失去其用于存储电能的能力。由于钒被应用在两个电极上，所以全钒氧化还原液流电池不存在这样的问题。钒的主要问题在于价格成本昂贵，要想将氧化还原电池应用到超过一天的储能系统必须先有效降低成本。循环周期10000次已被证实是实际应用中的需求水平。需要特别注意系统中的传统部分，包括储藏容器、温度控制和管道。另一个常见问题是泄漏。但积极的方面是，氧化还原液流电池活性物质材料的回收是相当简单和高效的。

锌溴电池也被列为氧化还原液流电池。但是即使在充电状态下它的电极也是液态的，而放电后电极并不是这样。在放电过程中，锌以金属锌的状态被镀在电极上，因此堆栈中只能释放出有限数量的材料。经过一定容量的吞吐后，堆栈中充满了锌，不可能独立改变能量容量和额定功率的大小。这项技术并不适用于超过几小时的放电时间，因此锌溴电池没有真正成为氧化还原液流电池中的一员。

⊖ 从系统的观点来看，溶剂不是电解质（尽管这种形式被经常使用）。电解质的作用是把电化学系统的电极作为离子的导体，同时作为电子绝缘体。在氧化还原液流电池中，隔膜用来分离的正、负电极的液体活性材料。

见表5.1，氧化还原液流电池被划分为模块化“逐日”储能系统，也许在未来如果发现新的材料组合，也可作为“几周到数月”储能系统。

5.2.3.6 氢气储能系统

氢储储能容量有两大特点：25% ~40%的低效率（电力转换为氢再转换为电力）和非常低的储能容量成本。氢气由电解生成，有很多技术可以使用，可以在60℃左右的中等温度下工作，也可以在1000℃范围内工作，或者直接在30 ~200bar㊀的高气压下直接操作，以避免额外地使用空气压缩机。使用燃料电池或氢气涡轮机将氢气再转换为电能，储能系统在100MW的范围内更应采用的是氢气涡轮机而不是燃料电池。

如果将塌陷的盐穴在压力为50 ~200bar的条件下用于存储氢气，成本是最低的。岩盐洞穴的开采成本约为40欧元/m^3。成本根据地点、地质条件以及用来排放盐水的距离不同而不同。根据以下假设，可以实现非常低的小于0.50欧元/kWh的投资成本[见下式（5.1）]：在充满氢的条件下氢气压力是100bar，而气垫气体必须保持50bar（必须留在洞穴中以保持足够压力的气体），氢的热能为3.5kWh/Nm^3，并且氢转化为电力的效率为50%。

$$\text{投资成本}=\frac{40\,\dfrac{\text{欧元}}{\text{m}^3}}{(100\text{bar}-50\text{bar})\times 50\%\times 3.5\,\dfrac{\text{kWh}}{\text{Nm}^3}}=46\,\frac{\text{欧分}}{\text{kWh}} \tag{5.1}$$

与投资成本不低于100欧元/kWh的电化学电池技术相比，氢储能系统的投资成本是非常小的。因此，氢是除了水电外仅有的适合用于长期储能的技术。然而，氢存储系统的经济性主要取决于在充电过程中的电能成本。由于整体效率较低，存储2.5kWh的电力必须至少支付1kWh的电力。这种储能系统的业务计划，主要取决于电力价格假设。有专家设想使用可再生能源系统将可变的成本趋为零，使得电力成本降为零。如果氢储能系统的充电可以实现非常低的电力成本，这项技术将变得非常有吸引力。然而可再生能源系统的固定成本很高，因此在核算时必须算入总价。多余的电能期间零成本存储的假设意味着，电能必须在其他时期以较高的价格出售，以保证系统的再融资。

氢储能系统的技术潜力是巨大的。在德国的Huntdorf工厂中以非绝热压缩方式的300000m^3的压缩氢气而不是压缩空气，在100bar的气压下有25GWh的储能容量（假设有50%的转换效率转换为电能和50bar的剩余气体的压力维持足够的压力）。在德国的所有的抽水蓄能水电站总计有40GWh的存储容量，这表明即使是单个储能系统的巨大的存储容量。目前在德国用于全国储备的天然气储能系统有44个，总容量为200亿m^3。使用这种储能容量的氢的可用电力为35TWh，这足以提供德国约21天的电力消耗。

根据表5.1，氢储能系统是集中的“几周至数月”储能系统。

基于氢气产品的其他下游技术是甲烷或甲醇的合成。两者都需要使用二氧化碳（CO_2），

㊀ 1bar = 10^5 Pa。——译者注

无论是从压缩源还是从空气中。这也可以作为在其他应用中以气体或液体燃料的形式使用能量。将燃料再次转换为电能只有在有额外热量使用的分散式供热和发电单元中有意义，否则合成甲烷或甲醇的额外损失（从氢开始转换的效率为80%）将增加系统的总损失。但用来自再生能源的燃料来为运输部门服务是一个不错的选择。

表5.3指出，来自可再生氢的甲烷或甲醇可以在模块或集中的储能系统中产生，可以作为“电能至其他形式”的技术，可用于“逐日”或“几周至数月”储能系统。

5.3 为负载均衡和电能供应的“电能至其他形式”储能技术的技术说明和储能潜力

除了对使用高峰负荷电站（热电站）的测量或者利用再生能源储能方案来平衡电力吞吐的波动的方法外，需求方也可以影响负载管理的形式促进平衡（Grimm 2007）。通过各种手段增加整合的波动吞吐电站（风能、太阳能）使得电力供应由需求导向转换为生成导向。因此，需要研究和评估生成导向的电力供应和影响需求的策略，并考虑一个同样可能的集中解决方案。

需求侧管理（DSM）和需求响应（DR）可以根据用户的需求提供转移分散终端用户的负载的潜力，例如私人、商业或工业用户。德国E-能源项目开发的电子交易平台可以根据终端用户的需求决定是交流还是交易电力中介平台。

负载可以由两种不同的机制原则影响。一方面，终端用户可以人工反应去适应激励（例如价格信号，需求响应），这涉及所有电器设备的终端用户。另一方面，一个自动化的负荷控制是这种可能的设备，延期使用和调制操作模式意味着在日常家居/商业生活（可有可无的负载）没有损失舒适性、经济性和限制（需求侧管理）。因为目前无法对用户的反应机制进行评估[⊖]，分析主要集中在对自动控制系统的潜能上。

接下来，分析工业部分（预期最高的负载转移潜力）、移动电子设备的未来领域和家用部分［大型家电产品（洗衣机、洗碗机、滚筒式烘干机）、移动电子设备和热泵］对负载波动吞吐的可能贡献。确定适宜的可拆换的负载，并进行评估。此外，按照需求侧管理的方式给出了对最大电力在10MW的热电联供电厂的初步估计。

5.3.1 工业部分需求侧管理

Klobasa（2007）考察了电力密集型产业的负载管理潜力。Klobasa的结论基于以下能提供电能柔性的行业：水泥行业、造纸行业、横断面技术（空调）、营养行业（冷库）、基础化工、有色金属以及金属制造行业。

最大可拆换电能是行业的一个分支，在一个时刻可以被连接或断开连接的最大功率。对所有工业来说一天可以进行负载管理的潜能接近3GW，这是对于整个德国的初步估计，个别行业在区域和地理上的集中和分布并未考虑在内。

⊖ 基于2012年9个月的现场经验的E-DeMa项目，预计有更加详细的结果。

作为特殊的合同用户，工业大部分描述的潜能都已经被使用了。在原则上为工业用户提供不同条件交付和不同费率，这意味着电力供应商已经意识到节能和电力潜能交换与用户进行商业谈判的条件，因此无法期望电力供应商对工业部门的关注显著增加。Klobasa（2007）也指出工业的潜能在未来几年内不会显著改变，这些值因此在未来 2020 年、2030 年、2040 年的几年内被假定为常数，唯一的例外是铝行业。对于这个分支行业，它基本配备高错峰潜力，业内观察家假定到 2020 年发电能力的很大部分将被转移到国外。这种情况的主要原因是在德国的一次能源价格高。正因为如此，推测在这一领域（Klobase　2007）减少转移的潜力超过 70%，从目前的约 0.3GW 降至 0.1GW。

总之，本节是根据一个参考资料得出的结论，缺乏进一步详细调查研究。工业负载的负载管理评估是一个开放调查和讨论的课题。

5.3.2　移动电力提供的均衡

通过对负载分布的分析，得出了电动汽车提供均衡能量的潜力，这将导致在一个不受影响的情况下的收费行为。这些负载的记录拟定了真实的乘用车的运动模式，并在 Rehtanz 和 Rolink（2009）的研究中有更详细描述。图 5.1 显示了平均的标准化为单一乘用车辆在单一工作日内未受影响的充电和 3.7kW 的负载能量下的负载曲线（Rehtanz 和 Rolink 2009），根据不同的充电设施和不同的场景结果，无论车辆是仅在家充电（家）或还在工作场所中充电（家庭和工作场所），还是另外在公共场所充电（广域）。

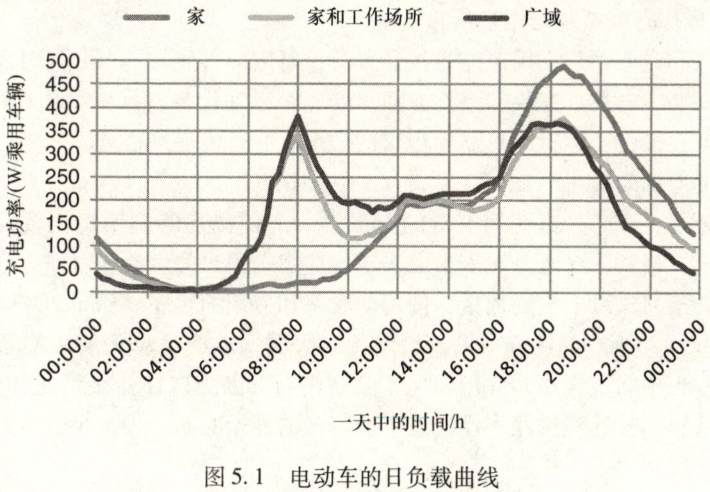

图 5.1　电动车的日负载曲线

下列基本假设适用于所有 3 种情景。每辆汽车每天的最大行程被限制为 100km，车辆的电池储能要足以完成日常流动性要求（平均约 30km），这种前提下几乎可以使得一天内的充电完全可以推迟，假定车辆能耗是每百千米 20kWh。此外假定车辆仅在至少 1h 的停留时间内进行充电，采用这个数字是因为在更短的泊车时间内，车辆接入的工作量太高。如果这一时间被缩短到 15min，只会对结果曲线产生细微的影响。

从图 5.1 中可以看到，如果充电行为不受影响，所有 3 种情景下车辆大多在早上 4

点左右进行充电。

从图 5.1 中可以看出，一百万辆电动车在 1 ~ 2h 中有可能会释放 350 ~ 500MW 的电能（峰值负荷）。然而在一天的过程中，此值变化必须至少满足的条件是所有车辆的充电必须在某一确定的时间点，如早上 5 点。由于充电的时间可以在一天中进行变化，因此可以进一步调节消耗到能源供应，尽管必须为这种情况制定一致的负载管理。

不同于传统的大型家用负载（如大型家电产品），电动汽车的功率在一天的过程中是上升的。

5.3.3 家用部分需求侧管理

5.3.3.1 需求侧管理在家用部分的技术优势

终端用户原则上被指定为一个家用用户。能源产业法定义的终端用户指电力消耗少于 10000kW/a。

需求侧管理模型用来计算预测家用部分的负荷转移（Kreutz 等人 2010）。需求侧管理模型的目标函数包括在 4.1.1.1 节中描述的输电网级别的剩余负荷曲线的平滑。这将导致与可以在一天内提供小量波动范围的火力发电站所覆盖的剩余负荷有着更平滑的曲线。对于这一点，必须使用较少（昂贵的）峰值负荷电站或储能系统。

当选择合适的在家庭中的电器自动负荷控制时，必须满足两个条件：

— 设备必须有足够的年能量消耗和显著的功耗。

— 转换操作必须被终端用户所接受。

对于私人和商业用户，用户能否接受负荷控制措施可能是一个必须考虑的问题，这尤其适用于照明、电视、音频和烹饪方面。制冷和冷冻设备占家用平均耗电量的 19%，虽然这些设备在操作压缩机时只需要短暂的功率，并且消耗量很低。此外这些措施将降低这些设备的能源效率。

这些大型家电产品占家庭用电量的 15%。和先前描述的应用组比较，转移这些负荷要容易得多。当然，对电力的需求取决于这些终端用户的生活和习惯，这取决于洗衣机、洗碗机、滚筒式烘干机的数量、使用的频率和应用的顺序（Gaul 2009）。

按照 Gaul（2009）的调查结果，指定各组大型家电产品每天使用的频率分布和应用顺序。在模拟中假定程序的应用顺序不会被中断，因为这样会导致能耗效率的降低。因此转移负荷意味着转移洗涤、漂洗或干燥程序的开始时间。表 5.5 中为大型家电产品的使用频率和能耗。

表 5.5 假定的大型家电产品的需求侧管理（2020 年、2030 年和 2040 年以后的时期）①

	设备等级（%）	每日使用频率（%）	每个程序序列的电力消耗/kWh
洗衣机	93	48	0.9
滚筒式烘干机	38	25	2.5
洗碗机	62	40	0.7

① 项目启动后无中断。

由于目前的研究（见第3章）预测热泵应用会有显著的增加，而热泵又具有相当高的能耗，这部分的消费者也被包含在计算中。考虑到消费者的接受能力，可以预料到只要终端用户的热需求被满足，终端用户对个人的热泵负载管理不会有异议。对于日负荷曲线的模型，根据季节的不同，标准化为1000kW/a。这样热泵在冬天和过渡的季节运行24h，在夏季只在06:00~22:00被使用。按照当前的配电网的管理程序考虑到热泵，模拟需求侧管理每天进行3次截止时间，每次至少2h来降低负荷。作为边界条件，每2次截止时间之间至少2h。

设置以下假设为热泵的需求侧管理内容：

— 预测整个德国所有热泵的年电力消耗：

- 2020年：4.4 TWh（Nitsch和Wenzel 2009）。
- 2030年：6.1 TWh（Nitsch和Wenzel 2009）。
- 2040年+：6.4 TWh。

— 每个热泵的年电力消耗：6000kWh。

— 每个热泵的最大电力消耗：2kW。

将来将被纳入电网的电动汽车也建模为电力消费者。假定电动汽车的数量，从2020年需求100万辆增长到2040年以后的2000万辆。假定电动汽车推进市场是成功的，并且需求量很高。对于电动汽车需求侧管理的影响，未受影响的负荷曲线以及设定的假设和注意事项，在5.3.2节有详细的描述。这两种情况下的政策研究和领先方案（见第3章）作为模型计算的基础。一个日平均和极端的3天被用来评判2020年、2030年和2040年+的每一年。假设考虑到在负荷转移时没有时间和相关能力的限制，比如所有负载完全可用上述指定的时间进行负荷转移并且终端用户有很高的柔性和接受能力。

需求侧管理是重复迭代的。首先考虑热泵的截止时间，因为它假定终端用户不受控制措施的影响。然后将所得的剩余负荷作为第二步的基础，即电动汽车的负载转移。最后，大型家电产品的负荷用来填补前两步无法填充的剩余负荷曲线。优化的优先权将可能作为进一步调查研究的一部分。

一个需求侧管理模型初期情况的典型表示如图5.2所示，即德国2040年+领先方案：未受影响的可再生能源的电力吞吐和预期的总负载曲线。上述的数据清楚地显示了与总负荷相比，每一个负荷组的电力需求比有多高。在2040年+领先方案下大量的可再生能源转换电厂反映了在一天的过程中有一些时间电力的吞吐提供的电力是高于负荷需求的。

图5.3显示了在2040年+领先方案的需求侧管理模型模拟结果，负荷需求高于可再生能源吞吐时间段的负荷被移入到可再生能源吞吐电力较多的时间段。这个例子也同时清楚地表明德国的电力负荷需求与峰值时间的电力吞吐相比还是很小的，这意味着还有很多时间段需要储能系统填补或者额外的电力可以被出口。作为最后的手段，如果储能系统不需要再补充，并且没有电力出口的可能，就需要再关闭一些可再生能源的发电站。

表5.6中，参数ΔP_{max}用来描述2020年、2030年和2040年+两个场景政策资源和

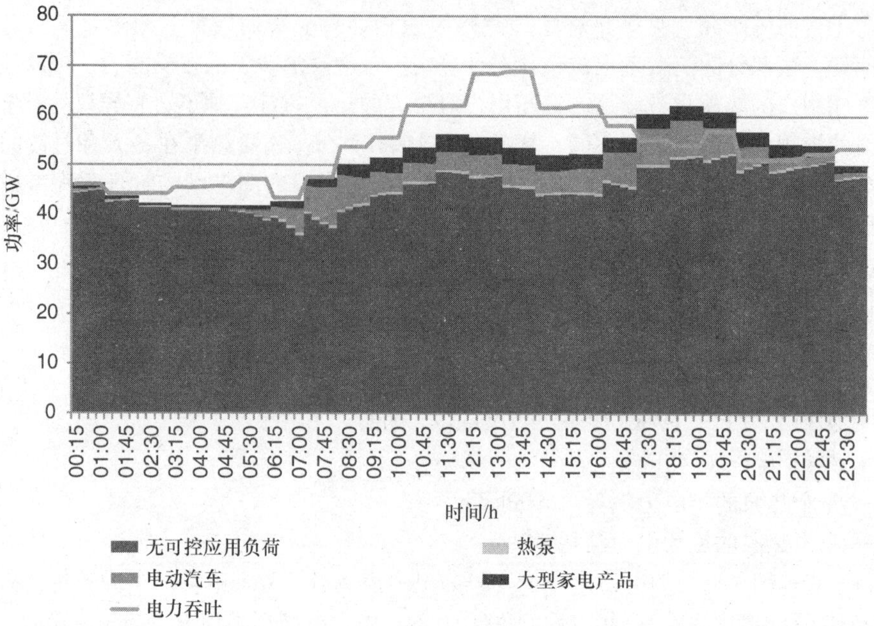

图 5.2 无需求侧管理的德国 2040 年 + 领先方案的可再生能源的电力吞吐和负荷曲线

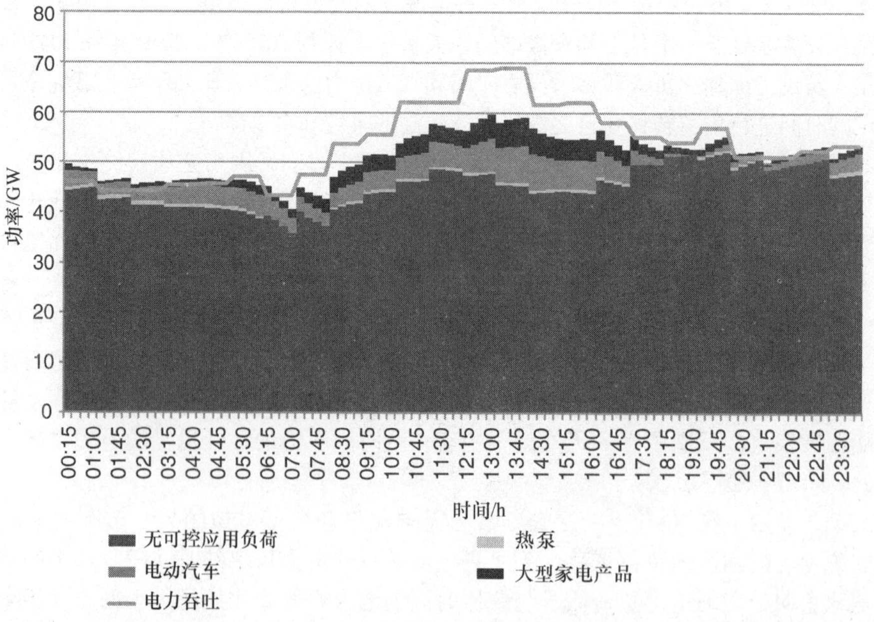

图 5.3 有需求侧管理的德国 2040 年 + 领先方案的可再生能源的电力吞吐和负荷曲线

领先方案中最大的模拟峰值负荷。热泵、电动汽车和大型家电产品使用的电力达到最高峰值 ΔP_{max}。

表 5.6 政治资源和领先方案下剩余负荷的日平均最大转移能力

		ΔP_{max}/GW
2020 年	领先方案	3.0
	政策资源情况	3.0
2030 年	领先方案	4.3
	政策资源情况	5.0
2040 年 +	领先方案	7.5

由于热泵和电动汽车使用的增加，可转移的电能 ΔP_{max} 到了 2040 年 + 将从 3GW 增加到 7.5GW。该计算假定在一天中一个完整的可转移负载，然而由于用户的限制一天中真正可以使用的电能只有一半。只有在需求侧管理的机制，包括个别设备，以自动化和用户友好的方式顺利运行，才能利用这种差异。

按照假定的情况，需求侧管理在家用部分已经被证明，可以在一天内有助于提高输电网级别的电力平衡的水平。负载转移只被在配电网级别执行。由此重要的是调查研究负载转移变化的程度，防止在配电网中出现过载的情况（见 6.1 节）。需求侧管理中次要考虑电网容量和能力，以确保电力供应。

使用需求侧管理可期望的经济效益也必须在细节上评判（见 5.3.3.2 节）。

5.3.3.2 家用部分需求侧管理可期望的经济效益

特别是在 2030 ~ 2040 年 + 的领先方案下，可再生能源的电力吞吐量在某些情况下超过电网负荷，这确定了负载转移的最大潜力（见 5.3.3.1 节），即需求侧管理在能量供应过剩时转移的电力的大小。这也显示了可以额外被需求侧管理使用的可再生能源电力吞吐量的比例（“RES 额外使用”）。该值是参考了可再生能源的总的电力吞吐量。该百分比提供了小型火力发电厂使用需求侧管理的电力吞吐量。为了确定需求侧管理家用部分引起的电力成本和 CO_2 释放量变动的百分比，建立模型以确定一年中 12 个典型时间（整个四季中间的工作日、周六、周日）的常规发电站每小时的工作情况（Waniek 等人 2008）。基于“典型”时间每小时负荷曲线，考虑了发电站的限制，比如最小的操作和停机的持续时间以及起动成本。该发电站模型的数据库包含了当今在德国安装的所有大型发电站（接近 370 个），并且针对将来的情况进行了相应调整和补充。在第 6 章中使用电网节点模型，除了燃料类型信息外，建设年份和装机功率也被分配在各个发电站中。因此，使用的发电站仿真也可以为电网计算提供必需的特定电力输入和输出。市场模型是以边际成本对投标者行为的决定性影响为前提的。峰值定价的影响，例如在电力短缺的情况下战略投标人的行为没有考虑在内，这意味着峰值负荷电厂的价值被低估。然而，这反过来又以平等的方式影响相关的技术，例如高峰负荷发电站、储能系统或负载管理，在相关的技术之间的比较没有明显的错误出现。表 5.7 包含了在没有转移负载的基本时间或容量限制的情况下政策资源和领先方案的模型计算结果（参见 5.3.3 节）。

可以表述为以下主要趋势：

— 在 2030 年和 2040 年 + 的领先方案下，大量的可再生能源无法在电力系统中消耗，采用需求侧管理可以分别额外增加使用0.7%和1.5%的可再生能源的电力吞吐量。这些精确比例的电力不需要再通过常规发电站发电。

— 需求侧管理可以降低发电成本，到了2040年+最大节能将近14%。

— 除了正面的效益，直到2040年+，CO_2释放量也会持续增加。造成这种情况的原因是，在对剩余负荷进行平滑处理时，使用越来越多的基础发电站，这就导致发电站在与棕色硬煤混合时，CO_2排放量增加。在2040年+方案中，CO_2释放量的减少是通过改变基本负荷的组成来实现的。

模型计算结果表明，需求侧管理以各种方式为家用部分用电带来好处，例如对输电网电力平衡和成本节约的贡献。为了总结分析在一天内家用部分负载可转移的潜力，发电成本的降低用来和在德国家用电力部分完成需求侧管理产生的额外费用进行比较。

表5.7 政策资源和领先方案下平均每天的参数

		ΔP_{max} /GW	额外资源的使用（%）	发电成本（%）	CO_2释放量（%）
2020年	领先方案	3.0	—	-2.4	3.4
	政策资源方案	3.0	—	-1.1	0.2
2030年	领先方案	4.3	0.7	-2.7	4.4
	政策资源情况	5.0	—	0.1	1.3
2040年+	领先方案	7.5	1.5	-13.9	-7.5

对必要的基础设施的最低需求包括控制信号传输到家庭的基于负载管理（聚合）的中心位置，然后从那里再传送到单个可控设备。原则上，对于成本估计的推导需要区分确保传输到用户的室外基础设施还是室内基础设施。假设，室外的基础设施将可以从2020年起提供。供电设施（PLC）或互联网使这种情况成为可能。需求侧管理并不意味着边界成本，因为可以使用现存的系统。

室内的通信是完全不同的。必要的通信模块（网关）作为控制信号的中央节点，例如在必要时通过PLC或无线电设备传送控制信号。如果此技术在家庭中不存在，额外费用包括额外的内部通信所需的基础设施。

在2040年+示例方案中，使用需求侧管理可以将发电成本节约将近13%，对应的年度金额约6.5亿欧元。若以装备最高水平的可控设备（93%的家庭装备了洗衣机，还有一些家庭有额外的大型家电产品、热泵和电动汽车）考虑，3720万的家庭将有资格配备需求侧管理系统。因此，每个家庭每年将节省约18欧元。然而这个值可能由于市场的峰值价格转向更高，市场的峰值价格无法建立模型。技术实施，包括必要的基础设施的投资和正在进行的合同管理、会计制度，并进一步执行需求侧管理的运营成本支出，因此不应超过这一数额。用户可能会由于需求侧管理造成一定程度的经济损失，这意味着只有在完全的自动化情况下才能有比较高的接受率。

总之，需求侧管理机制对电力平衡需求的贡献在将来是被需要的。这一机制的价格对于每一个家庭来说非常有限。如果该估计值18欧元与每年平均约1000欧元的家庭电费账单相比，家庭电费账单中大约1/3是实际能源成本，很明显一个纯消费的转变可能无法创建一个将近超过10%的值，根据这个特定的计算，有可能只有6%。在需求侧管理和管理电动汽车的背景下，所有设备和管理实体（聚合）之间的通信是电路的重要性。只有在未来具备了管理所有设备的标准化信息和通信技术（ICT）系统后，才可有这样有效率的管理计划。

5.3.4 可再生能源的停机

根据为电网提供负控制功率的技术分类表5.3，可再生能源的停机也是一个技术选项。这可能是几秒到几分钟，甚至是日常的需求。与燃料发电厂相比，可再生能源发电如果被拒绝提供负控制功率，几乎没有节省成本。因此，停机的成本主要相当于由折旧成本造成的发电成本。然而成本显然是可预测的，并且可再生能源发电的停机速度是非常快的。未输送到电网的每kWh成本或多或少相当于根据可再生能源的吞吐量支付给系统操作者。虽然光伏发电机可以在几毫秒内降低其输出功率，它却需要10s时间来使风力机停顿。

常规发生事件可以由储能系统处理，而可再生能源系统的停机可以作为突发事件的一个选项。从技术、经济和法律的角度来看，此选项是必不可少的。目前，如果电网超载，风力机会减少它们的输出功率。没有类似的选择，即当总发电量失衡时导致电力交换的价格有显著的负差。一般来说，电力交换的价格负差应不超过由可再生能源产生电力的价值。然而为实现这样的策略，就有必要开发适宜的程序来确定由单个发电机不馈入电网的电量。这不是简单的事情，很有可能要使用区域参考气象数据和发电系统公认的技术特点来计算发电的能源损耗。

5.3.5 化学燃料如氢气、甲烷或甲醇的发电

一个越来越重要的讨论主题是使用化学燃料作为大规模储能系统，可以被馈入不同行业的能源消耗。基本上所有化学燃料发电的方法都是以将生成氢气作为第一步。因此在5.2.3.6节中关于氢气生产的一般假设在这里也是有效的。

对化学燃料优势的讨论是值得的。通常的想法是使用现有的储能和配送燃料的基础设施，无论是气体还是液体燃料。这类燃料的总消耗量是非常高的。为了得到一个无CO_2排放的能源提供，需要一个CO_2的中性替代品替代化石燃料。由于潜在储能容量巨大，化学燃料应该加以研究使用。

生产氢燃料（或直接使用氢）的技术流程是众所周知的。必须记住，这些过程通常以氢作为原料，效率高达80%左右。只有从传统的化石燃料发电厂或生物质发电厂集中CO_2压缩源时才能达到这个效率。如果从空气中获得CO_2，总效率将以约0.8的因数降低。对于下面的分析，假定有可用的集中CO_2。

与其他电能存储技术相比，来自可再生能源的液体燃料（比如甲醇）优势在于其能量密度非常高。对可再生的甲烷（CH_4）来说，可用现存的基础设施是最大的优势。可再生的甲烷可以像天然气一样分布和使用。主要优势在于生产和使用可再生燃料初期

没有任何额外的基础设施负担，任意规模的生产单位可以在任意时间安装、启动技术。

然而，可再生燃料的整体效率是低的，特别是如果它们被用来再生电力。从电力到电力的效率很难超过30%。因此，可再生燃料的发电仅在所有经由电网配电的发电方式都被使用和配备恢复氢气至电力的纯氢的储能系统的使用却都毫无意义时使用。

可再生燃料是除了氢和非常大的抽水蓄能系统以外每月储能系统的唯一选择。

5.4 电力均衡和电能供应的“其他形式至电能”的储能技术描述

5.4.1 带热储能的热电联产供电厂

越来越多的分散热电联产供电厂（CHP 供电厂）为聚集分散发电功率提供了可能性。两种不同类型的热电联产发电厂都集中在：μ 型热电联产供电厂的发电功率可以达到10kW，以局部热电联产供电厂为供热中心结合当地热电网可以达到最大10MW的电能。下面的假设和条件构成了决定转移潜能的基础：

— μ 型热电联产供电厂以单行的方式运行，不能进行调制，但必须依赖一个时钟(连接或断开连接)。

— 局部热电联产供电厂以调制的方式运行。为了覆盖更多的热量需求，额外使用高峰负荷锅炉。这种高峰负荷锅炉是能够为相邻的局部热网提供单行热能（如果热电联产供电厂正在维护或修理)。

— 所有的供电厂都是热控制的，终端用户的热需求在任何时间都是必须被满足的。

— 所有的供电厂都有足够尺寸的热存储。

— 对于两种类型的供电厂，附带的热存储需要在满负荷运行操作时在4h内被完全充满，也可以在高热需求的情况下4h内被完全清空。

— 由于在一年中对于热的需求是不同的，夏季和冬季的结果也是不同的。

— 所有的供电厂也可集中协调。

设备类型的转移势是根据装机功率分别按比例确定的。此外正向和负向的转移潜力是有区别的：正向转移潜力表现为可以提高发电量；负向转移潜力则表示减少发电量。最终通过研究得到的预测用来作为基础以确定未来的转移潜力。

当以随机混合与时钟作为基础时，所有 μ 型热电联产供电厂装机功率的约50%电能在冬季是可用的。这意味着 μ 型热电联产供电厂接近50%的电能用在操作中。因为在夏季对于热的需求仅是用来准备热水，因此 μ 型热电联产供电厂在一天中几乎很少进行操作，假定有装机功率约5%比例的电能没有协调的部分。如果有中央协调部分，在冬季和夏季中所有的 μ 型热电联产供电厂一天中有最多4h时间内装机功率的100%是可用的。在负向的协调下，在冬季或者夏季中，所有 μ 型热电联产供电厂也可能将功耗将至为零。

冬季一天中所有的 μ 型热电联产供电厂正向和负向电能潜力为装机功率的50%。在夏季中的一天，只有很小的负向电能潜力（约为5%），因为大多数的电厂不会在同一时间内运行。在一个适当的协调下，正向电能潜力可以达到所有 μ 型热电联产供电厂装机功率的 95%。在这两种情况下，需要考虑用于填充和排空的存储时间顺序。

根据加热中心的规模，局地热电联产供电厂在冬季没有协调下是以满负荷状态连续运行的。它们不受任何时钟的限制，在规格大小受到相关区域的热需求的影响。因此在冬季是没有正向电能潜力的。

与 μ 型热电联产供电厂类似，可以通过协调将局地热电联供电厂的电能生成设置为零。在冬季中局地热电联产供电厂的负向电能潜力为总装机功率的 100%。应当指出的是这个功率可以在很长的时间内提供，因为热量的需求可以通过适当的峰值负载锅炉提供。然而尽快将局地热电联产供电厂重新投入运行的吸引力是经济效益的原因。

在夏季，局地热电联产供电厂由于很低的热需求并不运行。这意味着，没有负向的电能转移潜力。然而也可能在协调下将所有的热电联产供电厂同时进行输入。因此有所有热电联产供电厂装机功率 100% 的正向电能潜力。这种电能只能提供 4h，因为热存储需要在 4h 后重新填充。

根据 Nitsch（2008）的预测，μ 型热电联产供电厂和局地热电联产供电厂的总发电量在 2020 年可以达到 30TWh，在 2040 年可以达到 41 TWh。这里面假设沼气被大量使用。假定到 2040 年上升到 45.5 TWh。假设 2020 年分散热电联产供电厂的总电能达到 11GW。总发电量上升的百分比是被用来确定 2030 年和 2040 年装机功率的基础。结果为 2030 年的总安装电能为 15GW，2040 年以后为 17GW。然而这些数字依赖于建筑的保温性，其对热需求和所使用技术的热电转换比率有很强的影响。

在表 5.8 中，列出了对于德国在 2020 年、2030 年和 2040 年 + 的 μ 型热电联产供电厂和局地热电联产供电厂的总发电量以及装机功率。应当指出的是，Nitsch（2008）中的 2020 年的总发电量和装机容量建议的热电联产供电厂的平均运行时间非常低。

基于这些值，假定局地热电联产供电厂的操作时间为 μ 型热电联产供电厂的 2 倍，因此在表 5.8 中以 P_{μ} 和 $P_{local\ heat}$ 的功率值表示。

在表 5.9 和表 5.10 中，列出了前述确定的德国热产联产供电厂的转移功率。表 5.9 中，显示了发电量的可增加量。表 5.10 表示正向的电能潜力伴随着负向的电能潜力。负向的电能潜力的数量表示发电量可以被减少的量。冬季和夏季的数据均被列出。

表 5.8　热电联产供电厂的总发电量和装机功率预测（ <10MW）（Nitsch 2008）

	热电联产供电厂的总发电量/TWh			热电联产供电厂的装机功率/GW		
	μ 型热电联产供电厂 W_{μ}/TWh	局地热电联产供电厂 $W_{local\ heat}$/TWh	总计 W_{ges} /TWh	μ 型热电联产供电厂 P_{μ}/GW	局地热电联产供电厂 $P_{local\ heat}$/GW	总计 P_{ges}/GW
2020 年	11.0	19.0	30.0	6.0①	5.0①	11.0
2030 年	16.0	25.0	41.0	8.5①	6.5①	15.0①
2040 年 +	18.0	27.5	45.5	10.0①	7.0①	17.0①

① 该值基于 Nitsch（2008）的数据通过计算得到。

表 5.9 热电联产供电厂的正向转移功率（<10MW）

	μ 型热电联产供电厂正向转移功率/GW		局地热电联产供电厂正向转移功率/GW		μ 型热电联产供电厂和局地热电联产供电厂正向转移功率/GW	
	冬季	夏季	冬季	夏季	冬季	夏季
2020 年	3.0	5.7	0	5.0	3.0	10.7
2030 年	4.25	8.1	0	6.5	4.3	14.6
2040 年 +	5.0	9.5	0	7.0	5.0	16.5

表 5.10 热电联产供电厂的负向转移功率（<10MW）

	μ 型热电联产供电厂正向转移功率/GW		局地热电联产供电厂正向转移功率/GW		μ 型热电联产供电厂和局地热电联产供电厂正向转移功率/GW	
	冬季	夏季	冬季	夏季	夏季	冬季
2020 年	3.0	0.3	5	0	8.0	0.3
2030 年	4.25	0.4	6.5	0	10.75	0.4
2040 年 +	5	0.5	7	0	12	0.5

结果显示，只有 μ 型热电联产供电厂可以在冬季实现正向的转移潜能，而局地热电联产供电厂可以在冬季无协调下连续运行，同时没有正向的转移潜能。

可以在夏季达到非常高的正向转移潜能，因为电厂在夏季几乎没有任何操作。可以在夏季获得 10.7GW、14.6GW 和 16.5GW 的正向的转移潜能。然而由于可以在冬季观察到负荷高峰，发电量所能覆盖的用电量间隙更有可能在冬季出现上升。

从表 5.10 中可以看出，有一个非常大的负向转移潜能清晰地出现在冬季。在 2020～2040 年 +，总负向潜能从 8.0GW 上升到 12GW。与此相反，夏季由于热量需求很低，只有非常小的负向转移潜能。夏季的最大转移潜能到了 2040 年 + 的时期达到 0.5GW。

应当指出的是，本章中只有冬季和夏季的最大潜能预估值是被检验过的。过渡时期用来提供正向转移潜能和负向转移潜能之间的平衡，这意味着一个相似的潜能功率值可以被用来正向或者负向的转移。

需要强调的是不同年份的转移潜能是假设的，2020 年以外热电联产供电厂的发展是难以估计的，因为电功率为 50kW 的热电联产供电厂在目前仅处于市场导入阶段。

5.4.2 使用化石燃料、原子能、水力或生物燃料的传统发电厂

根据表 5.2，对电网的正向电能控制也可由传统发电厂提供。事实上，今天基础电能控制几乎完全来自传统发电厂和 24h 远期计划。

5.5 对需求响应和需求侧管理选择的结论

在 5.4 节中估计了用户负载和分布式发电的功率转移潜能。它的管理包括需求响

应、需求侧管理和虚拟电厂，这使得分布式发电和负荷每天都有可能发生变化。可应用的储能技术来自几种储能系统。因此，本节对所有选择进行了单独分析。

为了比较和评估在5.3.1节~5.4.1节中检验的部分，在表5.11中概略列出了其中最重要的参数。关于最大转移潜力，应再次指出，这实际上代表一个最大值，这是在高于平均水平用户认可的情况下达成的。表5.11中的值和评价是参考2040年+领先方案提出的，在那个时期新的技术将可能在市场上已被建立和推广。

从表5.11中可以看出热电联产供电厂实施了需求侧管理可以提供最大的转移潜能。最大的正向潜能远远高于可控设备的潜力，在冬季正向潜能可以达到5GW，在夏季可以达到16.5GW，冬季的负向潜能可以达到12GW。然而由于负载的相关性，冬季的值更依赖于热电联产供电厂在冷却时期的充分利用。

假设在未来几年内德国的电动汽车数量呈指数增加，可转移的电能潜力将非常巨大，因此这也是包含在需求侧管理中的重要部分。只要汽车不被使用，用户对电动汽车的接受能力会很高。然而这只是假设用户不希望他们的驾驶行为受到限制。

热泵在未来将只有非常小的潜能，约0.6GW。由于非常高的用户接受度，在需求侧管理中，热泵被视为比大型家电产品更重要。

表5.11 2040年+方案中个人领域的优先级

	最大转移潜能/GW	用户接受度
热泵	0.6	非常高
大型家电产品	1.9	低
电动汽车	6.0	高
工业负载	2.8	非常高
热电联产供电厂（<10MW）	+5/-12（冬季） +16.5/-0.5（夏季）	高

大型家电产品有很大的转移潜力，达1.9GW，但是假定用户接受度很低。大型家电产品对用户的行为有很大影响，因此用户接受度假定在一个非常有限的范围内。由于使用上的限制以及接受问题，在现实中电动汽车和大型家电产品在技术上只有一半的潜能是可用的。

因为需求侧管理已经存在于2.8GW潜能的工业负载中，有必要确保需求侧管理继续得到改善，并且新的开发过程可以添加在有需要时。用户接受度的存在得力于相当大的财政鼓励。

总体而言，在一天之内错峰潜力是16.3~23.3GW，但在实际情况中，考虑用户接受，大概不到10GW。因此在2040年+电力覆盖率缺口高达35GW的情况下，必须在未来电力系统的情况下作为一个必要选项考虑。

5.6 储能技术的生命周期成本分析

然而，已经讨论的几个储能技术，基于给定的信息，要选择“最好的”技术几乎是不可能的。定义储能技术性能的几个参数在本质上有很大的不同，因此难以相互进行评价。

表5.12～表5.14将显示和描述需要为每个储能技术定义的参数。参数需要彼此进行调整。例如，对于一个高品质的设备，成本高和生命周期长可能是最佳的选择，但成本低和生命周期短也可能是合适的。

事实上，在计算成本时必须考虑更多的参数，如购买土地的成本、系统的建筑或合适的温度范围。这里没有考虑这些成本，因为它们强烈依赖地点（土地），或者以相同的方式出现在其他所有技术（建筑）中。对于固定式应用，温度通常是不那么重要，因为储能系统在良好的控制条件下操作。其他方面例如资源的可回收或限制，是用于判断是否为适合储能技术的重要参数。这些将在5.7节中被讨论，它们在新的储能系统计划中对于单个经济决定的重要性很小。

然而，只有在应用程序本身定义良好的情况下，才能进行技术的比较，且根据表5.12选择了特定储能技术和最优的参数。表5.13列出了储能应用中需要定义的参数。

考虑到所有这些方面，一阶近似使得以欧元/kWh计算从储能系统送入电网的储能系统成本成为可能。计算值是向电网出售电力时赚取的价钱，它不包括可以出售给电网所购买的能源成本。

基于这种方法可以在所有相关方面对不同的储能技术进行比较。例如，通过计算需要被损耗掉部分能量的购买成本考虑低效率，也考虑了储能技术的生命周期。

找出储能系统是否可以以经济为基础运行的方法还没有出现。这不仅需要分析成本，还有系统可能获得的收益。根据表5.13，对于一个给定的系统定义，收益应该与特定储能技术无关。这种方法主要是根据5.1节不同类别的“逐日”储能和“每周至数月”储能来比较储能技术。

表5.12 定义储能系统的参数

参数	单位	描述
装机容量成本	欧元/kWh	定义每kWh的总装机容量 （独立于储能系统的电网使用）
储能系统的使用周期	年	直到储能系统需要被更换的生命周期
装机功率成本	欧元/kW	包括与电源相关的设备，如逆变器或发电机的所有费用 在充电和放电过程中所需组件的成本是不同的
电力相关组件的使用周期	年	电力相关部分需要被更换的周期 在充放电过程中所需组件的使用周期是不同的
效率	%	必须区分3种不同的效率值： — 充电效率（电网到储能） — 储能效率（储能过程中可能的损耗，例如气体压缩） — 放电效率（储能到电网） 所有这些都被定义为从过程中产生的能量与进入过程中的能量之比，包括所有辅助消费

（续）

参数	单位	描述
自放电	%/月	储能时的能量损失与储能容量的比值
放电深度（DOD）	%	逐日操作使用的容量百分比
储能系统的循环周期	#	在定义的放电深度下可以达到一个恒定循环模式的周期数
维护和维修成本	%/年	与保持系统最佳状态的总投资成本有关的费用，不包括组件在其使用周期结束后的更换成本

表5.13　储能应用的参数定义

参数	单位	描述
充电电能	kW	定义储能系统充电需要的电能
放电电能	kW	定义储能系统放电需要的电能
储能系统的有效电能	kWh	定义可以从储能系统提供给应用的电能
每日循环	#/天	定义每天储能系统有效能量放电（使用）的次数
系统生命周期	年	储能系统需要的周期
资本成本	%	用于计算年金的资本成本率：预期资本回报率和通货膨胀率之间的差异
电力成本	欧分/kWh	储能系统购买电力的平均速率。计算储能系统的运营成本需要计算系统的电力成本，即系统效率链中损失的能量

在电气、电子和信息技术学会/能源技术学会（VDE/ETG）研究的框架中已经进行了这样的储能技术比较（Bünger 等人　2009）。该研究中的一些典型结果将在下面讨论。根据表5.14将要对3个不同的参考情况下下进行讨论。只有一些预选的技术在不同的情况下进行了分析。

表5.14　不同储能技术之间的经济参考情况比较

参考因素	简要描述	充电电能=放电电能	有效电能	逐日循环次数
长期储能（几周至数月的储能）	几乎没有风能的长期储能（200h双向满功率运行）	500MW	100GWh	0.06（1.5次循环每月）
输电网的负荷平衡（“逐日储能”）	典型的现存大型抽水蓄能水电站（例如Goldisthal）	1GW	8GWh	1
低压电网的调峰（“逐日储能”）	调峰和负荷平衡的储能系统	100kW	250kWh	2

在图5.4~图5.6中棒条的宽度用来表示假设在一个非常强的市场增长情况下，预期的成本降低潜力，起始于当前的成本，终止于专家预测的大约10年后的成本。数据

基础来自文献研究和预期知识。降低成本的潜力是基于现有和已展示的技术，并且不呈现全新的技术发展。对于已经确定的技术来说，带宽小于刚刚进入市场的技术。最后棒条左端的结束端表现了假定技术达到完善的发展和考虑到经济规模效应后的成本。

对于“长期储能”的参考情况，只有抽水蓄能系统显示出相对低的成本（见图5.4），然而对于可以安装如此巨大的抽水蓄能系统没有明确的愿景。因此，与地下溶洞结合的储氢技术是最现实的选择。由于特定储能介质的高成本，压缩空气储能系统不适合于这种应用。

“负荷平衡在输电网”的参考情况代表了这一类现存的大型抽水蓄能电站，例如Vianden和Goldishal。结果表明，可以与绝热压缩空气储能系统从成本的角度相媲美。然而与抽水蓄能电站新建人工湖相比，压缩空气储能系统对于环境的影响明显小得多。储氢系统由于它们的低效率在日常储能系统中很有竞争力。不过，这个结果在很大程度上取决于假设的将需要购买补偿效率损失的电力成本。

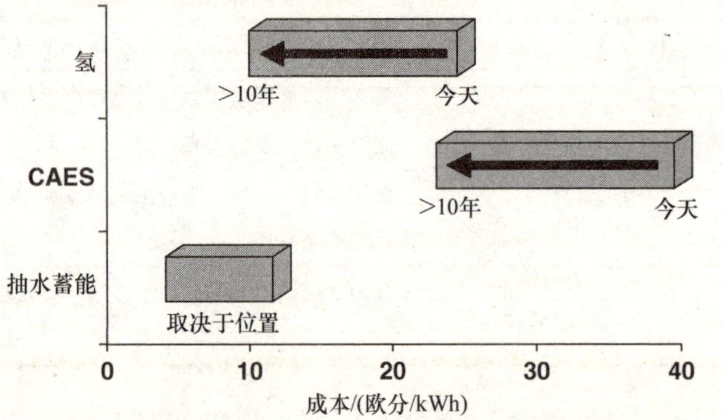

图5.4 “长期储能”参考案例中交付每kWh生命周期成本的比较
（系统寿命：40年；资本成本：8%；电力成本：4欧分/kWh）

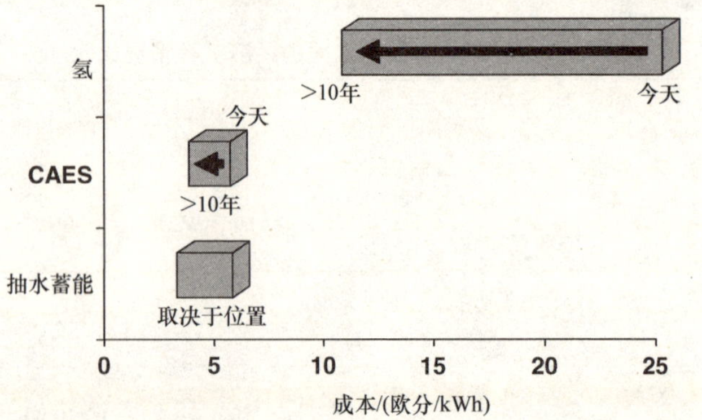

图5.5 “输电网的负荷平衡”参考案例中交付每kWh生命周期成本的比较
（系统寿命：40年；资本成本：8%；电力成本：4欧分/kWh）

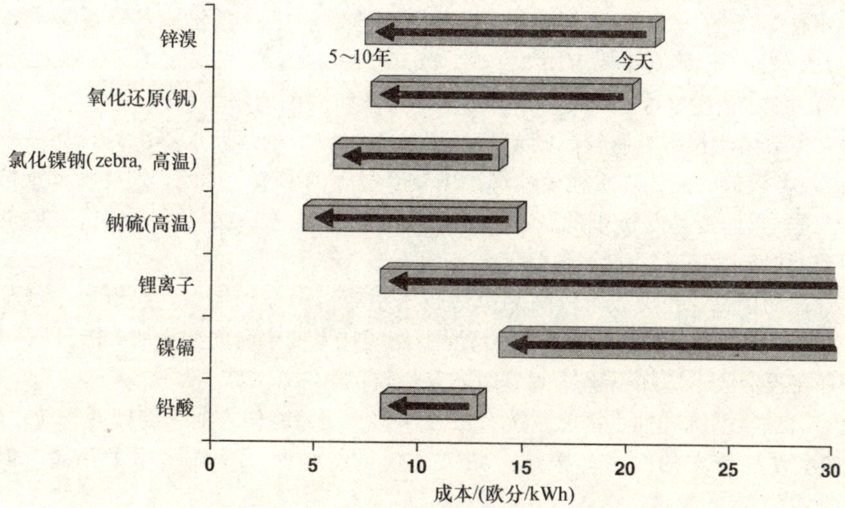

图5.6 “低压电网调峰”参考案例中交付每kWh生命周期成本的比较
（系统寿命：40年；资本成本：8%；电力成本：4欧分/kWh）

这里没有显示的计算表明，电池技术有8~12欧分/kWh的中等至长期潜力。这种电池系统必须从几个较小的单元以高度模块化的方式设计。然而在成本上大约是抽水蓄能系统的2倍。

对“低压电网调峰”的参考案例来说，所有不同的电池技术都能满足需求。结果表明，钠硫电池技术在成本上最具潜力，其次是铅酸蓄电池。锌溴和钒氧化还原液流电池也比较接近，但它们在技术发展和现场经验上落后几年。因为规范要求每天两个周期，具体费用最好在5欧元/kWh范围内。

为了分析所选择参数对结果的影响，进行了灵敏性分析。结果仅是定性显示了哪些参数需要留意（见表5.15）。

表5.15 两种不同的参考案例和技术灵敏度分析的定性结果

参数	“输电网级负载平衡”参考情况，“抽水储能”技术	“低压电网调峰”参考情况，“铅酸蓄电池”技术
效率	低到中等	低
电力成本	中等到高	中等
每装机容量消耗	高	高
一天之内的循环次数	高	高
资本成本	中等	低
自放电	未分析	非常低
维护和维修成本	未分析	非常低

该分析侧重于储能系统类“电网用模块储能”和“集中储能系统”，这同时也是

“电能到电能”类的一部分。通常对“双重用途的模块化储能”技术分析是非常困难的，因为成本过于依赖其主要应用。

除了前面讨论过的问题，成本分析揭示了一些重要的通用结果：

— 大多数储能技术具有较高的初始投资成本和较低的运营成本。只有那些寿命相对较短或效率较低的储能技术在生命周期内具有显著的成本。因此，对生命周期成本而言，资本成本是非常易受影响的。在发电来自可再生能源，如风力和光伏发电的情况下，是可以比较的。

— 寿命周期长、投资成本较高的电池技术很难与寿命周期短、投资成本较低的电池技术竞争。例如，在资本成本8%的情况下储能技术的生命周期增加1倍，从10年到20年只有在投资成本增加不超过44%时才是经济的。

— 只有储氢系统和抽水蓄能系统有机会作为长期储能任务的单纯储能系统。然而，在德国抽水蓄能技术的潜力却很小。储氢系统虽然有地下储气库用于存储，但效率很低。

— 越来越多地看到大部分的电池储能技术在未来几年的成本预测在每天2次的情况下是在5~10欧分/kWh的范围内。这表明，随着一些不同的电池技术的发展并最终去看究竟哪种技术可以满足期望是值得的。

5.7 未来技术的环境问题、资源利用和系统特性的可行性评估

对于发电和配电的相关辅助技术，如储能和电气网络，一个主要问题是其在未来能源系统的可行性。这里的主要目的是考虑在能源系统长期使用的有关方面将妨碍辅助技术在未来的应用。

首先来解释用来定量评估的方法和数据，然后对环境影响、资源利用和系统特性进行分析，最后总结讨论分析结果。

5.7.1 定量评估的方法和数据应用

评估技术，特别是与环境和资源适用性有关的技术，是生命周期的计算。该技术着重于辅助的储能技术。对所有辅助技术进行完整的生命周期评估，包括储能系统和电网的升级和扩展，超出了本书研究的范围。用已出版的文献对生命周期的评估审查和分析来代替。除了杂志上的文章和报告，数据主要来源于被广泛应用的Ecoinvent数据库（版本2.2，Ecoinvent 2010）并使用SimaPro生命周期评估软件进行处理。基于此数据集，将生命周期数据应用于项目集成过程[㊀]中产生的2050个背景过程和能量系统，进行了生命周期的技术筛选（欧洲委员会2008b；ESU和IFEU 2008，参见3.1.3节）。后台进程预计到2050年，这为研究对象，分别落实到Ecoinvent数据库，包括铝、铜、镍、

㊀ “新能源外部性发展可持续性”——由欧盟委员会在第六框架计划的综合项目。

铁、钢的生产工艺，冶金级（MG）-硅、锌、水泥和平板玻璃以及电力混合欧洲输电协调联盟和铝的生产。ESU 和 IFEU（2008）的文献中描述了相关细节。对于本研究的影响分析，如果没有关于未来技术发展的可靠估计，则假定目前的技术在未来保持不变。如果对未来的发展情况有可靠的估计，就要考虑这些因素。

5.7.2　环境影响

5.7.2.1　评估方法及假设

为了评估技术选择对环境的影响，在可能的情况下进行了影响分析和相关外部成本分析。外部成本的估计值可以考虑到纯市场反应成本以外的系统优化目的。在分析中研究了两种类型的技术：储能技术和电网。为了使得技术的结果便于比较，采用以下功能单元：

— 对于储能技术：在整个生命周期提供电能（kWh）。

— 对于配电和输电线：安装电源线每 1m 的基本单元。

评估环境影响有两种方法。第一种就是在 ExtenE 项目系列开发的被称为影响途径的方法。从物质的排放量开始，估计浓度的增加。这些都是用于流行病学研究中的暴露-反应函数来评估个体的影响，最后尽可能获得外部成本值。影响途径评估的优点是，这种影响可以归结于来源。不同的效果评估有具体的影响。例如人体健康的影响就区别于个体疾病，采用货币的价值来尽可能地考虑由于疼痛、痛苦和时间的损失造成的直接个体损失（Hunt 和 Markandya 2001）。这些是意愿支付研究以及生产损失和保健支出的间接经济影响的理想推导结果。表 5.16 显示了疾病和人类健康的影响在计算中使用的货币估值。

表 5.16　以对人类健康的影响及其评估作为研究采用方法的例子

	风险组	物理影响 /[1/(μg/m³)]	具体影响单元	具体的货币价值 /(欧元/影响单位)
初级和中级的无机气溶胶 <2.5μm				
预期寿命减少 - 慢性影响	所有的	6.51E-04	YOLL①	40000
限制活动日净额	所有的	9.59E-03	天	130
工作损失天数	所有的	1.39E-02	天	295
小型活动受限天数	所有的	3.69E-02	天	38
初级和中级的无机气溶胶 <10μm				
增加死亡风险（婴幼儿）	婴儿	6.84E-08	例	3000000
慢性支气管炎新例	所有的	1.86E-05	例	200000
呼吸疾病住院	所有的	7.03E-06	例	2000
心脏病住院	所有的	4.34E-06	例	2000
药物使用/使用支气管扩张剂	儿童	4.03E-04	例	1
药物使用/使用支气管扩张剂	哮喘患者	3.27E-03	例	1
下呼吸道症状（成人）	成人患者	3.24E-02	天	38
下呼吸道症状（儿童）	所有的	2.08E-02	天	38

（续）

	风险组	物理影响 /[1/(μg/m³)]	具体影响单元	具体的货币价值 /(欧元/影响单位)
臭氧［$\mu g/m^3$］（基于总和超过 35 ppb②）				
增加死亡风险	所有的	2.23E-06	YOLL	60000
呼吸疾病住院	所有的	1.98E-06	例	2000
小型活动受限天数	所有的	7.36E-03	天	38
药物使用/使用支气管扩张剂	哮喘患者	2.62E-03	例	1
下呼吸道症状不咳嗽	所有的	1.79E-03	天	38
咳嗽天数	所有的	1.04E-02	天	38

来源：Preiss 等人（2008）。

① YOLL：生命损失的年数。

② $1ppb = 1 \times 10^{-9}$。——译者注

由于生命周期筛选的数据被用来评估，并且因此分布在整个欧洲的相关的排放量，采用了在地理区域和排放高度上均为平均值的破坏因素（Preiss 等人 2008）。在 EMEP 模型的基础上，评估了详细的运行因素："多层大气扩散模型模拟长距离输送空气污染"（Tarrasón 2009，第 3 页）、水平分辨率为（50×50）km^2（同上）以及详细的数据分析受体，假设目前的地理分布以及各自的暴露反应功能和具体的货币价值（见 Preiss 等人 2008）。因此，对人体健康、农作物损失、表面物质损失和生物多样性丧失的影响都包括在内。在上述文献中还可以找到包括剩余影响类别影响以及使用明确的货币价值影响。为了表明最具争议的评价变化的影响，例如 Desaigues 等人（2006）提出的长期接触颗粒物造成的生命损失年数的估计，每年损失在 25000～100000 欧元，采用的是灵敏度分析。

为了评价气候变化的影响，采用由德国环境局在其外部成本评估方法建议的中间值 70 欧元/t $CO_{2,equivalent}$㊀（Umweltbundesamt 2007）。该值代表了对所谓基金模型进行的评估所产生的边际损害成本的"最佳猜测"（Downing 2005）并被推荐（Krewitt 和 Schlomann 2006）。对于敏感度的分析，建议使用 20 和 280 欧元/t CO_2 的值（Umweltbundesamt 2007）。考虑到的分析物质包括经典的空气污染物 SO_2、NH_3、非甲烷挥发性有机化合物、氮氧化物、一次粒子以及温室气体、有毒物质和放射性核素。

作为第二个方法，为了涵盖进一步的影响，使用了一种广泛应用的生命周期影响评价标准方法"CML 2001"。详细分析了这些影响，使相关技术的各个方面都被讨论到。使用这种方法，可以覆盖各种影响类别：非生物枯竭、酸化、富营养化、全球变暖、臭氧层耗竭、人类毒性、淡水水生生物毒性、海洋水生生物毒性、陆地生态毒性和光化学氧化。在每个类别中选择一种物质作为参考，其他物质的潜在影响相对这个参考物质进行估计。在此基础上，推导出各种因素，使之能够用标准物质的当量表示每一类物质的潜在影响。因此，对于所有物质的潜在影响，可以假设平均隐含条件按类别进行汇总。

㊀ 如果没有不同表示，2000 年用于环境影响评价的基础年。

根据 CML 2001 方法的基本假设，使用以下时间范围：100 年作为全球变暖趋势（GWP100）和无限的时间跨度作为毒性效应的时间界限。臭氧层的消耗被假定为稳态。个体影响的结果不进一步聚合。

5.7.2.2 平衡技术环境外部成本

图 5.7 显示了依靠影响途径方法评估的储能技术和替代技术的外部成本，使用的数据来自 Ecoinvent 2.2 数据库的扩展数据，假定将来的能量系统在新能源外部可持续发展的项目下（Ecoinvent 2010；NEEDS 2010）。假设使用的镍氢电池循环寿命为 3000 次，锂离子电池为 4500 次，两者的重量能量密度分别为 80Wh/kg 和 200Wh/kg。假设生命循环周期的评估结果（Rydh1999），铅酸电池的数量包括继发过程（99%）和原生铅产品（1%）（26.8g 铅/kWh_{el}）和硫酸（4.2g 硫酸/kWh_{el}）。由于没有可用的完整氢气储能数据，氢燃料站氢电解评定的数据是来自新能源外部可持续发展（Maack 2008）。评估值表示在 2050 年排放产生的成本[㊀]。

结果很明显，SO_2 的释放量将是使用储能单元造成的最大影响。例如，在镍生产过程中镍氢电池[㊁]和电解槽产生高 SO_2 直接排放量的情况。由于铅酸蓄电池和锂离子电池更为相关的能量平衡和镍氢电池的结果是如此之高，条状图显示可提供 10 欧元/MW_{el}。尽管电力系统中可再生能源所占比例较高，但一些 CO_2 的排放量仍然存留在生命周期中，特别是由于材料的生产过程。镍氢电池和铅酸蓄电池的高 CO_2 排放量可以通过提高循环生命周期显著降低。锂离子电池、抽水蓄能和电解槽的结果都同样高，高山地区采用抽水蓄能比非高山地区表现出对生命周期的影响更低。此外，根据新能源外部可持续发展生命周期数据库（NEEDS 2010）的结果，光伏发电系统，在一种情形下可以为较低的效果，另一种情况下也可为较高的影响效果，对离岸风力发电也是一样。这些都与电厂的过度安装有关。然而，每生产的电能单元在使用减少时，增加的效果越明显，因此认为电厂的总电力生产是过度安装的情况。总之，这里也表示天然气联合循环电厂的外部成本，带有燃烧后碳捕获和存储（CCS）技术预计到了 2050 年（NEEDS 2010）也会很高，但低于镍氢电池，与铅酸蓄电池每千瓦时的电力生产或分别存储和交付在大约相同的水平。气候变化的效果仍在燃气电厂的结果占主导地位，尽管燃烧后的碳被捕获和存储。

假设评估价值为 280 欧元/t CO_2，特别是 CCS 技术燃气联合循环电厂的额外成本将以 3 倍的因数增加。储能技术的排列将因此仅有细微的变化。反之，假设价值为下限 20 欧元/t CO_2，CCS 技术燃气联合循环电厂的额外成本将以 2 倍的因数减少。这种情况下，排名主体上仍然不变。图 5.7 中绘制的误差棒代表假设所讨论的边际气候变化、损害成本和生命年损失的最大范围。然而，尽管这些代表了分析中的主要不确定性，但误差棒没有考虑进一步不确定性。然而，结果可以用于得到一个不同的技术对环境的影响方面的优势和劣势的印象，显示外部成本产生的量级。

㊀ 为了突出成本，从今天开始到 2050 年，假设直到 2030 年国内生产总值的增长率为 2%，此后为 1%，收入弹性为 0.85。

㊁ 由于没有其他数据，1kg 的笔记本计算机电池的镍氢电池的数据采集自 Ecoinvent 2.2 数据库。

除了储能系统的使用，能源供应系统中的变化有必要扩大不同电压等级电网功能（见6.1节）。根据平衡策略，电压的需要可以是更高或更低。如果选择的策略是过度安装光伏发电和风电场，就必须考虑这种扩展，因为它增加了远程太阳能和风电场的功率，从而提高了所需的电网容量。储能方案不是必需的，因此除了储能系统外部成本以外，还对外部成本进行了电网连接分析。图5.7显示了建设输电和配电线路相关的外部成本估计。线路表示的是Ecoinvent 2.2（Ecoinvent 2010）中定义的现代网络的平均技术。外部成本计算到当前技术一直使用到2050年的情况。高压电网的估计效果主要取决于气候变化的结果，原因是钢铁和铝的生产过程中CO_2排放量很高。误差棒指示正如上面所讨论的运用敏感性分析气候变化影响和生命周期损失的最大变化值（见图5.8）。

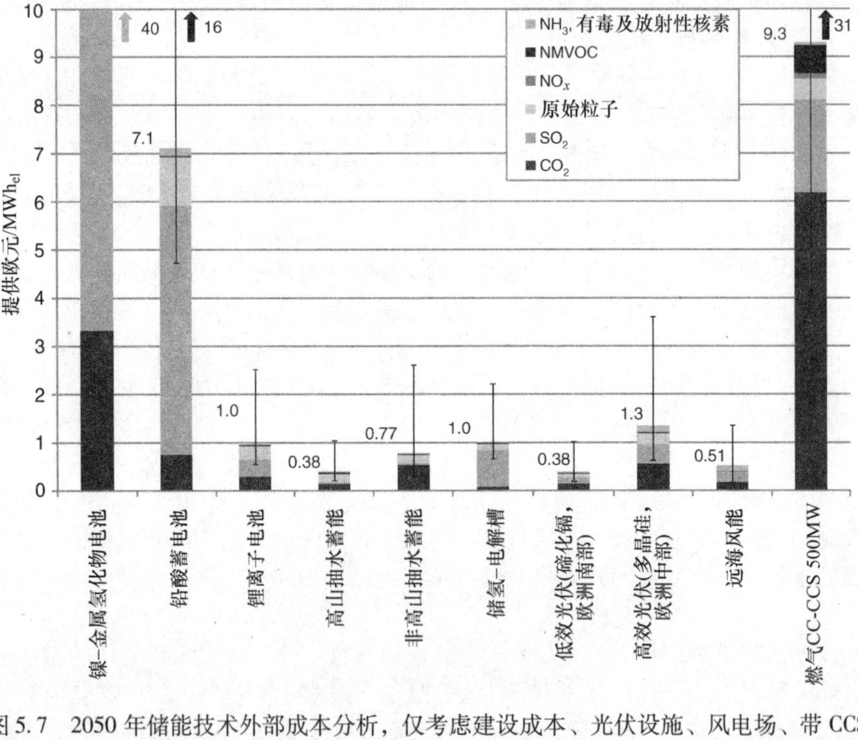

图5.7　2050年储能技术外部成本分析，仅考虑建设成本、光伏设施、风电场、带CCS技术的燃气联合循环电厂，考虑到整个生命周期以欧元/MWh表示［储能基础设施的价值不包括操作阶段，因此在估计中没有考虑到由于储能而造成的电力损失。然而，这可以很容易地从通过假设特定的技术计算出用于电力生产的值。使用储能效率为80%的海上风电场电力将导致额外的外部评估成本，为0.51×0.2≈0.1欧元/MWh$_{el}$。在镍-金属氢化物电池的评估中，采用的是笔记本计算机电池的Econivent数据库中的单元过程。对于铅酸蓄电池，只有铅和硫酸的生产过程被考虑，根据材料的需要每kWh$_{el}$数据来自于Rydh（1999，第23页）。其他的过程直接来自于新能源外部可持续发展生命循环中的结果（光伏、风能、燃气电厂）和各自的Ecoinvent单元过程（所有其他的）］

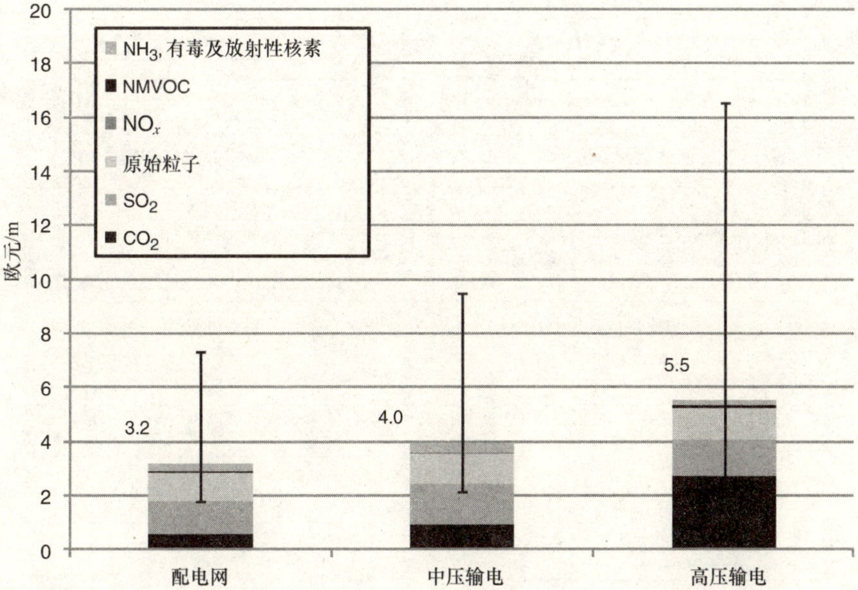

图5.8　分析的输电和配电线路2050年的建设额外成本（欧元/m），计算寿命为30年（数据取自Ecoinvent2.2。钢铁生产的数据在德国的条件下进行了调整，假设桅杆之间的距离为500m）

5.7.2.3　平衡技术的差异化对环境的影响

图5.9显示了假设所用的2001年CML评估框架评估结果的影响分类。除了相关的储能技术[⊖]，光伏和风电场以及新能源外部可持续发展（2010）计划的其他燃气电厂也被考虑：在外部成本分析中也考虑带燃烧后CCS技术的燃气联合循环电厂（500MW）、燃气轮机（50MW）。个体的影响显示使得环境影响差异化发展。

对比评估外部成本通常只包括小的边际效应，不包括关键的环境损害（见2.2.1节），影响类别的评价显示潜在的结果，还包括重要的影响具有潜在不可接受的影响，如富营养化、酸化、土地使用、损耗的臭氧层和温室效应。

抽水蓄能发电站和电解氢在所有的分类中显示了最大的优势。锂离子电池的性能比这些技术差，但和电解槽在一个相似的水平而且优于其他选项，除了在富营养化和淡水水生生物毒性类别。铅酸蓄电池具有较高的影响，在酸化地区特别是淡水水生生物毒性、陆地生态毒性和光化学氧化。燃气发电厂在非生物枯竭、臭氧层破坏和全球变暖类别中占主导地位。建设更多的风能和光伏发电站特别对海洋水生和陆地生态毒性有影响。

⊖ 镍氢电池技术已经在这里被忽略，因为它与铅酸蓄电池和锂离子电池的选择不相关，并且将主导结果。

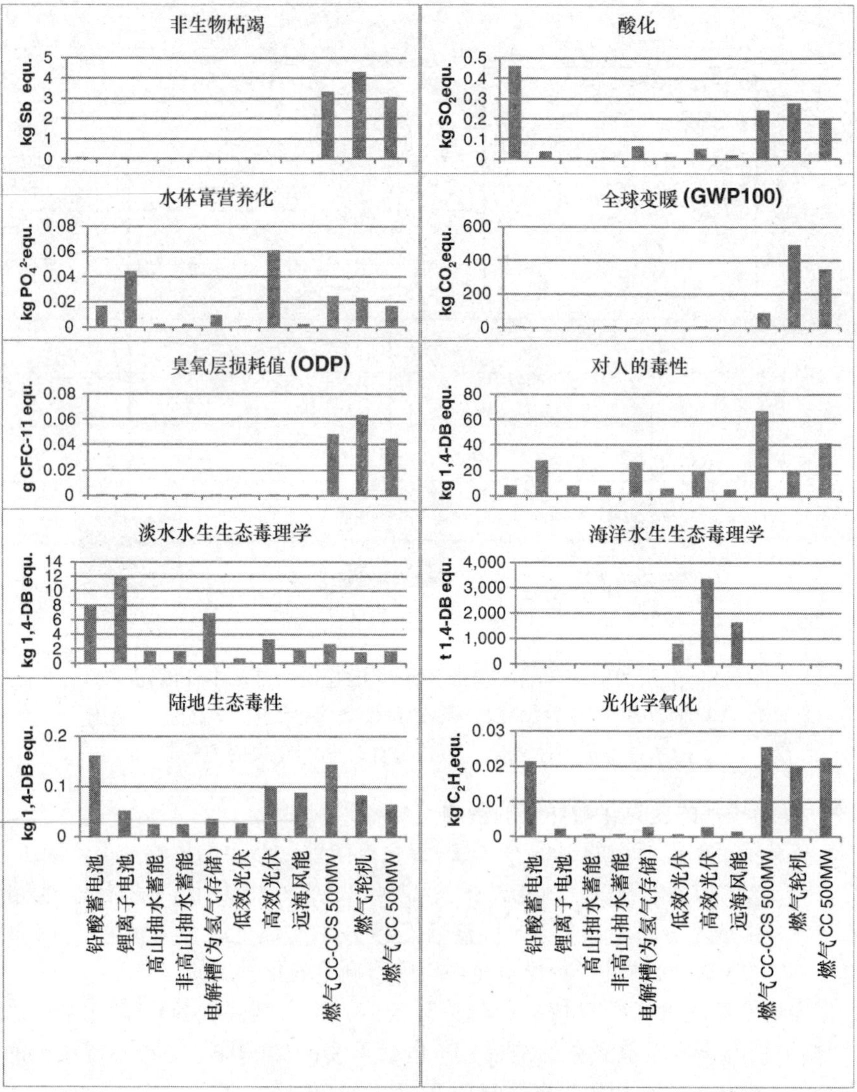

图 5.9　现有的储能技术，光伏和风能以及使用燃气的 3 种方式对环境每 MWh_{el}的影响。这一假设是基于 2050 个条件预测的，即新能源外部可持续发展项目中“非常乐观”的情况下，假设有 80% 的电力来自可再生能源（见 3.1.3 节）

5.7.3　资源利用

5.7.3.1　需要资源的类型和数量

许多矿产资源都被用于储能和输电与配电线路。正如人们已经看到的，储能技术、储能、输电和配电线路的生产与环境有相关的影响，这些都是当电力主要由可再生能源提供，而可再生能源是 SO_2和 CO_2 排放的主要来源。

表 5. 17 概述了电池在生命周期内产生每千瓦时电量使用的矿物数量。表 5. 17 中的信息可以预测在目前的市场上电池技术发展现状下，未来的能源系统中需要各种矿物材料的程度。锂离子电池、铅酸蓄电池和钒氧化还原是固定应用场合中最重要的选项（见 5. 2. 3 节），本研究最重要的金属为铝、锑、砷、钴、铜、铁、铅、锂、锰、镍、锡和钒。

需要知道的是这些材料中很多也在电解氢气槽、燃气轮机、燃料单元和其他应用中被需要。因此相关的材料比上述还要多。下面将讨论材料扩展的情况，相对于储备与生产比率和供给侧的关注点。这些图示是在资源可用性和生产一般数据的基础上产生的。

表 5. 17　考虑整个生命周期中用于不同类型电池的矿物重量百分比，来源于 Rydh 与 Svard（2003，第 172 页）和 Rydh（1999，第 23 页）的研究

物质	镍镉	镍氢（AB5）	镍氢（AB2）	锂	铅酸	氧化-还原（钒）
铝	0. 019	0. 5 ~ 2. 0	0. 5 ~ 1. 0	4. 6 ~ 24		
镉	15 ~ 20					
铈		0. 43 ~ 5. 5				
钴	0. 60	2. 5 ~ 4. 3	1. 0 ~ 3. 0	12 ~ 20		
铬	0. 017	0. 02 ~ 0. 08	0 ~ 1. 6			
铜				5. 0 ~ 10	0. 3	0. 8
铁	29 ~ 40	20 ~ 25	23 ~ 25	4. 7 ~ 25		
镧		1. 4 ~ 6. 6				
铅					61	
锂				1. 5 ~ 5. 5		
锰	0. 083	0. 81 ~ 3. 0		10 ~ 15		
钕		0. 96 ~ 4. 1				
镍	15 ~ 20	25 ~ 46	34 ~ 39	12 ~ 15		
镨		0. 32 ~ 1. 3				
钛			2. 2 ~ 3. 9			
钒			2. 2 ~ 4. 7	15 ~ 20		5. 6
锌	0. 060	0. 092 ~ 1. 6				
锆			3. 9 ~ 8. 7			
锑、锡、砷					2. 1	

5. 7. 3. 2　目前相关矿产资源的可用性

表 5. 18 侧重于有关矿产资源数据。高价格表示矿产稀缺。当前的最高价格，是铂族金属，在百万美元每吨的范围。即使只有少量的这些金属是必要的，它也可能会导致生产成本很高。2001 ~ 2006 年价格增长最快的为镉（470%）、镍（460%）和锌（450%），其次是铜（350%）和钴（250%）。铝土矿、铬、铁、锰、铂、氧化锆的增

长速度也很快（>100%）。价格上涨的原因是金砖四国（巴西、俄罗斯、印度和中国）不断增长的需求。在过去的许多年，这些国家有非常高的增长率。

表5.18　价格、价格上涨、储备生产和储备基础生产比率

物质	价格(2006年平均)/(美元/t)	价格上涨(2001年年底~2006年年底)(%)	2009年储量—产量比率/年①	储量—产量比率的增加(1996~2009年)(%)	2008年的储备基础—产量比率/年②
锑	—	—	11	-30	22
砷	—	—	20	0	30
矾土	2700	110	134	-33	185
镉	3400	470	31	-10	61
铬	1400	130	15	—	41
钴	35000	250	106	-28	171
铜	6700	350	36	21	65
铁	72	170	70	-54	158
铅	1300	250	20	-14	44
锂	210	-15	550③	203	433
锰	280	130	56	-36	391
镍	25000	460	50	14	96
铂族金属			190	-13	204
铂	37000000	140			
钯	10000000	-18	—	—	—
钌	6200000	-24	—	—	—
锡	9000	83	18	-49	37
钛			127	70	233
钛铁矿	80	-20	131	76	241
金红石	475	0	85	-27	147
钒	—	—	241	-16	685
钇	10000~89000	—	61④	-81④	69
锌	3300	450	18	-4	41
氧化锆石	750	144	46	22	60

来源：BGR（2007）、USG（2010）。

① 储备地表示的那部分资源/储备基地，随时可经济开采或生产（见USGS 2010定义）。

② 储备基础同时显示（测量加表示）估计的资源储量（见USGS 2010定义）。

③ 2008~2009年极端的增长，特别是因为在所有国家存储的高速增长，到2009年生产会降低（见USGS 2010）。其他来源提到更高的数字，例如Roskill（2009）2400万t相比于USGS（2010）的990万t（也参见Angerer等人　2009）。

④ 2008年的值。

存储和生产比率可以使用作为资源可持续利用的指标。根据 Steger 等人（2005）介绍（参见 2.2.2 节），储藏量不得低于 60 年来防止系统崩溃。在可见情况下隐约出现储备短缺的是锑、砷、镉、铬、铜、铅、锰、镍、锡、锌和氧化锆。一旦这些材料的某一种出现短缺，系统需要加速转变，以防止向新系统过渡的器件出现重要技术的短缺和物价飙升。资源可持续发展的另一个指标是储量—产量比率的下降。仅砷、铜、锂、镍、钛、氧化锆的供应似乎是稳定的。所有其他分析的矿产资源储量—产量比率都在下降，这意味着根据 Steger 等人（2005）介绍，这些都是以不可持续的方式在使用。更令人担忧的是，矿物储备数量已经低于 60 年基线。图 5.10 显示了矿物储量—产量比率低于 100 多年的强烈变化。虽然钛的储量—产量比率永久增加到 100 年以上，钴只是偶尔穿越 100 年线，铁、钇、锰的值在过去几年有所下降。它们似乎已经分别稳定在约 70 年、60 年和 40 ~ 60 年。锡的储量不断下降，现在处于 20 年以下的低水平。

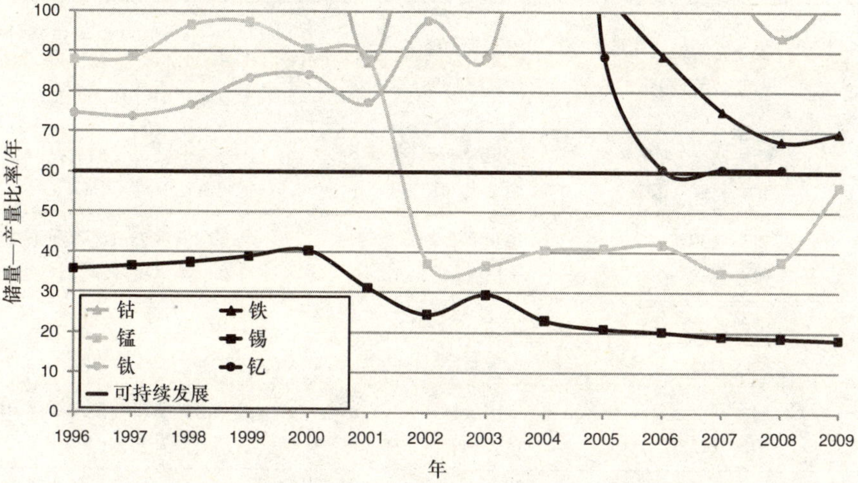

图 5.10 1996 ~ 2009 年矿产资源显示储量—产量比率低水平变化或显著减少

储备区域的集中区域及交付和收入链也是相关的。有多数矿产都存在大储量（探明储量的 70% 或更多）集中在仅有的两个国家的情况（见表 5.19）。铬（88%）、钴（74%）、锂（84%）、铂族金属（97%）、钒（76%）和氧化锆（70%）都是这种情况。这种情况类似于供应链中的集中度，在铂族金属、钇和氧化锆的情况下可以看出。在钯的情况中可以看到公司提供的高集中程度，俄罗斯公司 Norilsk Nickel 涵盖了 50% 的交付和收入链。

很难准确评估各国的合约性和政策性行为，然而与俄罗斯、乌克兰、巴基斯坦和印度相关的金属市场存在许多问题（Behrendt 等人 2007）。

对于某些矿物质的资源供应是没有问题的，如钛。与锂和钒有关的问题也相对较少，因为有大量的储备和储备基地。铜、镍和氧化锆，储量—产量比率/期间的估值增加为 36 ~ 50 年，正在或多或少可持续使用。然而在某些矿物中，特别是锂、钒和锆石，只有少数几个国家的供应链中存在着较大的区域集中度。

表 5.19 集中区域和企业的储备及相关矿产资源的交付和收入链的特点

（见 BGR 2007；USGS 2010）

矿物质	集中储备的区域（2009）①	集中交付和收入的区域（2005）	集中交付和收入链的企业（2005）②
锑	中国（37%） 泰国（20%）	—	—
砷	—	—	—
矾土	几内亚（27%） 澳大利亚（23%）	澳大利亚（34%） 巴西（13%）	阿尔科阿（美国，16%） 氧化铝有限公司（澳大利亚，9%）
镉	中国（15%） 俄罗斯（12%）	中国（16%） 韩国（13%）	Industias Penoles（墨西哥，5%） Zinifex（澳大利亚 3%）
铬	哈萨克斯坦（51%） 南非（37%）	南非（43%） 印度（19%）	Eurasian Nat. res. 公司（哈萨克斯坦，19%） 凯马斯集团（英国，18%）
钴	刚果（金）（51%） 澳大利亚（23%）	刚果（金）（40%） 加拿大（10%）	国际镍业公司（加拿大，8%） 能可集团（瑞士，4%）
铜	智利（30%） 秘鲁（12%）	智利（40%） 美国（8%）	智利国营铜公司（智利 13%） 必和必拓集团（澳大利亚，9%）
铁③	俄罗斯（18%） 澳大利亚（17%）	巴西（22%） 澳大利亚（20%）	CVRD（巴西 19%） Rio Tino（英国，9%）
铅	澳大利亚（29%） 中国（15%）	中国（31%） 澳大利亚（23%）	必和必拓集团（澳大利亚，9%） 道朗公司（美国，8%）
锂	智利（76%） 阿根廷（8%）④	智利（45%） 澳大利亚（24%）	GEA 集团（德国，24%） 夸拉尔（澳大利亚，24%）
锰	乌克兰（26%） 南非（24%）	中国（18%） 南非（16%）	Samacor（南非，19%） CVRD（巴西，9%）
镍	澳大利亚（37%） 新喀里多尼亚（10%）	俄罗斯（21%） 加拿大（14%）	诺里尔斯克镍业公司（俄罗斯，18%） 国际镍业公司（加拿大，14%）
铂族金属	南非（88%） 俄罗斯（9%）	—	—
铂	—	南非（78%） 俄罗斯（13%）	英美矿业（英国，34%） ImpalaPlatinum Hld.（南非，21%）
钯	—	俄罗斯（44%） 南非（40%）	诺里尔斯克镍业公司（俄罗斯，50%） 英美矿业（英国，18%）

（续）

矿物质	集中储备的区域 (2009)①	集中交付和收入的区域 (2005)	集中交付和收入链的企业 (2005)②
钌	—	—	—
锡	中国（31%） 印度尼西亚（14%）	中国（40%） 印度尼西亚（27%）	印第安纳州（美国，17%） 明苏尔（秘鲁，15%）
钛	—	澳大利亚（31%） 南非（20%）	力拓（英国，24%） 伊鲁卡资源（澳大利亚，20%）
钛铁矿	中国（29%） 澳大利亚（19%）	—	—
金红石	澳大利亚（48%） 南非（18%）	—	—
钒	中国（38%） 俄罗斯（38%）	—	—
钇	中国（40%） 美国（22%）	中国（99%）	—
锌	中国（17%） 澳大利亚（11%）	中国（25%） 澳大利亚（14%）	泰克明科（加拿大，7%） Zinifex 公司（澳大利亚，6%）
氧化锆石	澳大利亚（45%） 南非（25%）	澳大利亚（39%） 南非（33%）	伊鲁卡资源（澳大利亚，35%） 英美矿业（英国，18%）

① 对于钇：2008 年。

② 铁含量。

③ 估计更多的储备在阿根廷（例如，Tahil 2007；Angerer 等人 2009）。

5.7.3.3　平衡技术生产的资源潜力

在所有的平衡技术中，特别是电池有高的矿产资源需求。在此分析中最重要类型的电池是锂离子电池、铅酸蓄电池和使用的钒氧化还原液流电池。为了得到相对于可用矿物质需求的初步印象，参照 Rydh 文中的概念（1999，第 26 页）。表 5.20 显示了理论上可以实现的能源储备能力。括号中的数字表示生产储备率都保持在 60 年的情况下，这是假设的一个可持续发展速度。假设锂离子电池、铅酸蓄电池和氧化还原液流电池的能量重量密度分别为 200Wh/kg、38Wh/kg 和 25Wh/kg。

表 5.20　由 Rydh（1999，第 26 页）定义的理论上电池容量可实现的当前储备指标

物质	锂基	铅酸	钒氧化还原
钴	6.6 ~ 11（2.9 ~ 4.8）		
铜	1100 ~ 2200（ns）	6840（ns）	1700（ns）
铁	130000 ~ 680000（18000 ~ 94000）		
铅		4.9（ns）	

（续）

物质	锂基	铅酸	钒氧化还原
锂	36～130（32～120）		
锰	720～1100（ns）		
镍	95～120（ns）		
钒	13①～17（9.8～13）		5.8（4.4）

注：括号中显示的数字在储备的可持续利用情况下，储量—产量比率最低为60年（“ns”意味着无持续使用的可能，储备生产比例已经是60年以下），数字表示TWh可存储的电力。

① 钒为基础的锂聚合物电池，假设在相同的重量密度作为锂离子电池。

相对于已知的储备，理论上可以通过各种技术至少实现一些TWh级非常高的电池容量。至少，锂离子电池的估计值为6.6TWh_{el}，铅酸蓄电池为4.9 TWh_{el}，钒氧化还原电池为5.8 TWh_{el}。如果不需要钒或者锰，则可以增加锂离子电池的产量，因为这些是限制性的矿物质。相比较于2040年+在德国需要的1.7 TWh_{el}储能容量（见4.1.1.3节），这些数字可能更高一些但是在一个数量级。这表明这些技术不是系统中平衡电能和电源的唯一解决方案。在电动汽车使用锂离子电池的情况下，假设这些电量需要10kWh_{el}容量和100km行程，那么如果用于钴的6.6TWh_{el}估计是准确的，则可以装备6.6亿的汽车，这意味着大约每十个人一辆车。这是当前世界上客车的数量（参见Angerer等人 2009：2008年8亿的汽车；维基百科2011：6亿的汽车在2007年，增长势头很强）。假定储备锂代替钴结合的，因为具体类型的锂离子电池不需要或需要较少的钴，可实现的容量增加至35 TWh_{el}，电动汽车的数量可以实现根据上述假设增加至36亿。

如果假定储量—产量比率为60年或以上，以便有足够的时间切换系统，则储量将会不断减少（见表5.20括号中的数字）。在这种情况下，从长远来看这些技术似乎不再适用，因为它们不符合Sterger等人（2005）提出的可持续资源的使用标准（也可以在2.2.2节中看到安全实践期间的讨论可作为可持续资源使用的指标）。对于铜、铅、锰和镍，尽管它们表现出不同的趋势（见表5.1），但是储量—产量比率已经低于60年。如果钴、锂和钒等其他矿物的储量—产量比率保持在60年以上，理论上可以实现的容量仅微小于使用整个全部储备量（见表5.20）。

如果假设的储量为真的储量，此数值会变得更高。例如，对于钴这种“假设的和投机性的资源”（USGS 2010），估计的资源高于储备量150倍。对于钒，表现出来的资源量超过5倍的储量。对于铅，大约有20倍，对于锂，有2.5～3倍（Angerer等人 2009；Aul和Rittmeyer 2011；USGS 2010）。

除了绝对稀缺性的问题，必须考虑因资源政治造成的相对稀缺性，5.7.3.2节中阐述了仅集中在少数国家钴和锂的储备。

本节的粗略计算表明，如果电池技术在很长时期内没有什么变化，则矿物质的回收利用率很高。此外，应进一步分析对电池的可用性有限或无限制的电池替代方案。

5.7.4　社会的相关系统特性

除了环境影响和资源使用外，对于 2.2 节中的指标，进一步的相关方面是技术的系统特性，可以划分为供电可靠性、风险回避和选择权的开放性。从这些类别揭示的更详细方面来看，它们并不区别于环境和资源方面而是部分包含，例如环境污染的风险包含于“风险回避类别”。因此，先前两节的结论将在这里进一步讨论在更加重要的社会方面。此外，研究中的其他分析结论也被拿来讨论分析技术有关指标的性能。虽然这些指标的基础可以是部分的定量评估，但是这些指标是定性讨论的。

5.7.4.1　供电可靠性

按照 2.2.3 节中导出的指标，系统特性的第一个方面是供电可靠性。然而，有一些方面需要加以区别。

第一个方面是故障和供电质量。储能系统和所有均衡策略的核心任务是供电时间是否充足和它们应用的供电质量的提高。为了保证这一点，所应用的各种技术必须与特定的任务相适应。这方面技术的潜力和差异性可以在 5.1 节 ~ 5.5 节中找到，特别是表 5.1，对储能和供应系统相对于它们的典型能量和功率特性进行了讨论。能量特性显示理想情况下有多少能量被系统收集和提供，包括能量密度和数量以及相关的储能损失。功率特性用来表示在每个时间单元内有多少能量可以被提供，例如，能量可以多快速地被收集和提供。能量和功率的比值提供了系统可以被使用的典型时间尺度。讨论结果表明，个别技术的应用高度依赖于能量系统的需求。因此，在 4.2 节中的泛欧建模中，假设了两个典型的储能技术：长期储能和短期储能。

此外，储能系统或电源本身必须是可靠的，这就要求在出现故障的情况有足够的冗余。这一方面在越大的系统中越重要。在模块化系统，如单电池包，操作失败时可以关闭单个单元并维修，因为它们只占整个系统的一小部分。在集中的非模块化的系统中是不同的，例如，使用大型燃气轮机的系统。有时候，这些都必须完全从电网方面考虑。因此，为了确保冗余性，需要在系统中有大的备份单元。

供电可靠性的第二个方面是多样性。可用于能源供应和配电的技术的多样性随着系统的增加而增加，尽管它们支持从化石燃料到可再生能源的所有系统的制约。

能源系统的多样性程度与进口的依赖性密切相关。系统越多样化，越不容易受到资源短缺和各自价格的影响。在能源领域最重要的资源是电厂运行所需的燃料。然而，能源和电力均衡的替代技术，如储能系统，就是旨在减少这些化石能源的使用。因此在这方面，必须积极评价所有替代储能技术。然而，在欧洲不同地区有效利用最佳能通量或拓扑特征的大型中央系统仍然有能源进口依赖关系。例如，这可以通过安装在沿海地区的风电场、集中在欧洲南部的带热储能能力的太阳能发电站还是欧洲北部的大型水电站来实现。在这种情况下，无论是电力线还是其他的化学燃料比如气体燃料（沼气或氢气），都将通过转换装置转移到消费者。

另一个方面涉及生产设施所需的矿产资源。在资源可用性的分析中表明，由于相对的或者绝对的短缺以至于价格上涨，某些资源可能会变得紧张。因此，例如由于资源原产国的资源政策，大力提高资源绝对额的价格，将仅适用于本国内部的生产，欧洲的生产商将会面临竞争的问题。对于那些可以自由使用资源的国家的生产者，这将是一个十分严峻的问题。

技术多样性的优势在于，当被认为特别有希望的技术被证明少于期望前景时，可以使用替代技术。在经济和法规条框条件下的设计下，所有有前途的替代技术都有机会。表现不佳的替代技术都应从系统中强制剔除。

供电可靠性的进一步方面是公平和可负担得起。个体可以通过参与需求侧管理项目来调整自己对供电的需求，每个人都可单独参与。这些费用所产生的系统优势预期将通过支付低于常规费用返还给参与者。除了调整需求以外，个体基本上可以操作自己的储能系统。可用的储能潜能已经以热电联产供电厂的形式存在于一些私人住宅中。在这样的系统中，可以使用存储的热来暂时延缓热电力的生产。更有趣的机会可以用来帮助缺乏储能潜力的系统，比如汽车中的电池，特别是电动汽车，以及固定的分布式光伏储能使用的蓄电池。只要消费者向电力生产者支付的电力价格与为储能系统故障向电力生产者提供的额外费用之间的差异为正，使用这样的满足个人需求的系统才是有竞争力的。对于储能电池来说，如果光伏系统已经安装，补贴已经逐步取消，这种考虑尤其重要。额外的电池可以通过一种双用功能，额外地提供给电力系统。潜在的支持储能操作将在第 7 章讨论。可能会妨碍储能系统用来稳定电力供应的规律将在第 8 章中讨论。

就供电可靠性而言也有相关的参与选项，特别是在分散储能系统的区域，供电系统的参与和共同决定将在没有大的努力的前提下进行。正如上面已经讨论过的，一个基本选择是通过需求侧管理来参与，例如在家中应用智能电表。除了调整的需求，系统潜在的双重用途可以给市民更好的机会以促进电力系统的平衡，如电池应用在电动汽车和光伏发电站系统。然而这取决于能源供应商的合同情况，特别是对于电动汽车。可以设计合约结构，考虑通过促进电力供需均衡所有应得的收益。

5.7.4.2 风险规避

在风险规避领域，需要区分技术风险与环境风险。

对于技术风险，显然技术的描述是很宽泛和错综复杂的，技术是指为了支持电力供应可以用来储能的选择。因此，无法用一个通用的语言描述覆盖所有种类的技术风险。许多技术目前可用在发展的早期阶段。储能系统需要有保护性的安排，以确保能量不会被突然地以不受控制的方式释放。为了能够获得公众的信任并被接受，必须优先考虑设计储能设施，以便真正消除具有高损害性的技术风险。此外，应尽量减少现有的技术风险，包括在生产链中的风险。

从环境影响的分析可以看出，与储能技术相关最重要的环境风险特点是破坏可能性很低，但很多人都担心。这些在很大程度上已经在关于技术的环境影响部分进行了讨论。然而可以观察到特殊的生态系统风险，涉及酸化和富营养化。全球环境问题也可能与毒性相关。本研究的主要目的在于，找到用于实现平衡供电和需求的技术的装置，相比较于燃气轮机和混合燃料发电厂，即使采用了碳捕获和储能技术，这些被分析的技术表现良好。

5.7.4.3　选择的开放性

实施平衡战略，为未来的供电增加了选择。为了确保选项最大限度的开放性，系统转型的结构必须使发展和实施有前途的现有技术和新技术不受阻碍。因此，科研经费应该是面向提供系统的服务，而不是在具体的技术。

5.7.5　各种储能方法未来可行性的结论

分析的结果显示，通过可再生能源在电力部门的高渗透性和电力生产过程中积极的事态发展，储能设备设施建设的重要性关系到改善空气污染水平、减缓气候变化和资源短缺。随着主要运行可再生能源发电的电力系统的引进，当前系统温室气体排放量高的问题，将在很大程度上得到解决。然而，随着系统的变化，重要的是要认识到保护关键生态系统的重要性。除了生产工艺的改进，特别是与矿物质提供有关外，矿物质的回收利用对于防止分析辅助技术和其他高发展技术的问题是非常重要的。读者应该知道这里的分析只是对未来预计生产系统的一些当前可用技术的粗略筛选。新能源技术相关的资源使用问题和环境影响需要在进一步的研究中在生命循环周期数据的基础上进行更加详细的分析。为了覆盖储能技术和电网扩展技术更多的选择项，计算需要扩展。表 5.21 显示了分析得到的总结结果。

表 5.21　平衡技术的未来可用性的评估总结

	指标	评估[①]
资源可用性	可用储量—产量比率—高的和稳定的“安全实践周期”	储量—产量比率小于 60 年（系统转换所需的时期）：锑、铬、锡、锌、砷、铅、镉、铜、氧化锆石、镍和锰 储量—产量比率在降低：钇、铁、锡、锰、铝土矿、锑、钴、钒、铅、铂族金属、镉、锌
	技术生产所需的材料量	使用整个全球的储备，电池容量为 4.9 ~ 6.6TWh_{el}或者如果在锂离子电池中使用更少的钴，理论上可以实现 36TWh_{el}。这是 2040 年在德国使用的锂离子电池的 2 ~ 3 倍或更少的钴含量，估计容量的 20 倍所需的平衡的能源。考虑到资源而不是储备，将允许更高的容量 使用储备，以便保证至少 60 年的储量—产量比率，目前仅可用于钴、铁、锂和钒，理论容量仅略有减少。钴的最高相关的变化结果，以 2.3 的系数降低
	储备的数量[②]	储量—产量比率低于 100 年：锑、砷、锡、铬、锌、铅、氧化锆石、镉、铜、钇、镍
	价格变化	价格在 2001 ~ 2006 年增加了 >300%：镉、镍、锌、铜
	储备出现区域集中	两个国家 > 70%：铂族金属、铬、锂、钒、钴
	交付和收入的区域集中	两个国家 > 70%：钇（中国：99%）、铂、钯（俄罗斯：44%）、氧化锆石

（续）

	指标	评估①
环境影响	当今技术在2050年系统中每kWh电能需提供的环境的额外设备成本（人体健康、农作物损失、物质损失、生物多样性丧失）	锂离子电池、电解槽氢储能、抽水蓄能、满负荷小时数低而光伏发电和风力大，这可能会利用过安装改变 对于镍氢电池、铅酸蓄电池和燃气技术来说，即使与燃气联合热电厂配备碳捕获和储能技术相结合也是如此 所有的值，除了配备碳捕获和储能技术的燃气联合热电厂和非高山地区的抽水蓄能电厂，SO_2效应占主导地位
	根据CML 2001估值计划的环境影响的分类	最佳表现：抽水蓄能、电解槽 锂离子电池与电解槽类似，但水体富营养化和淡水水生生物毒性方面更糟糕些 铅酸蓄电池：酸化不良，淡水水生生物和陆地生态毒性方面差，光化学氧化 光伏（PV）和风能：对海洋水生和陆地生态毒性影响大（富营养化：仅PV多结晶硅，欧洲中部） 燃气技术：主导非生物枯竭、臭氧层破坏、全球气候变暖影响、人类毒性、光化学氧化、陆地生态毒性、酸化
供电系统的特性	供电可靠性-故障和质量	如果应用正确的技术供电质量会上升，因为这是评估技术的一项主要任务
	供电可靠性-多样性	随着分析的技术、新的技术选择项进入市场多样性增加
	供电可靠性-公平和可负担得起	分别设计法规和实施各自的商业模式，预期通过需求侧管理和潜力的安装和使用分布的储能单元的访问将是公平和负担得起的
	供电可靠性-参与	个体参与预期的要求，以实现所有潜能
	风险规避-技术风险	必须采取保护措施，实际上消除了导致不可接受的影响的储能的突然和不受控制的释放。获得当地居民的接受可能需要进一步的让步
	回避风险-边际环境风险	选择锂离子电池、抽水蓄能、氢储能（仅分析电解槽）和高利用率的其他光伏或风电场表现良好
	风险规避-风险潜在的不可接受的影响	在其他技术相比，特别是抽水蓄能发电厂、电解氢储能、额外的光伏（在欧洲南部的碲化镉）和风电场表现良好
	备选方案的开放	如果资金对所有备选方案是开放的，通常随着技术的增加而增加

① 以重要性递减的顺序列出的材料。

② 在2008年。

5.8 小结和结论

可以应用更多种技术来均衡电力系统中的电力和能源。考虑以下方面的特性可以提供不同的选择：

— 储能系统的类型和位置。

— 提供的持续时间和频率。

— 电能的输入和输出类型。

考虑到技术发展的阶段不同，技术的进一步发展可能显著改变哪种技术有前景来满足不同任务的评估。基于目前的成本水平，并预计在未来几年降低成本，可以得出如下结论：

— 对于长期储能，氢技术得益于低容量相关成本（大约可达到 10 欧分/kWh），相比于压缩空气能量储能（CAES）（大约可达到 23 欧分/kWh），而抽水蓄能每 kWh 储能成本则便宜得多（可达到少于 5 欧分/kWh），但是在德国适宜场地的技术潜能是有限的。氢的储能潜能很高。用今天的燃气储能系统来储氢会产生约 35TWh 的额外可用电力。另一种可能性是在其他具有较高潜力的欧洲国家（如挪威和瑞典）实现高储能容量，然后需要时进口电力。

— 对于负荷平衡，可以使用抽水蓄能发电站，但是压缩空气储能，特别是绝热的压缩空气存储，将成为一个令人注意的选择（两者都可以达到少于 5 欧分/kWh），电池技术也可以被用于负荷平衡，尽管它们要贵于压缩空气存储和抽水蓄能，可以达到 8 ~ 12 欧分/kWh。然而，它们可以另外提供主要储备。

— 对于配电网的调峰，各种电池技术是在相互竞争。假设最好的预测下，钠硫（NaS）技术将少于 5 欧分/kWh。它们已经开始在日本商业化运作了好几年。当今，铅酸系统还是最经济的系统。

储能潜力的双向使用和需求侧管理对于工业负载、热泵和大型家电产品都是重要的。此外，电动汽车和热联产发电厂将来可能会被证明是有趣的，因为它们的理论可提供的电力储能为 16 ~ 23GW。考虑到用户的接受性，潜能将减小到 10GW。需求侧管理因此将是一个电能均衡的选择项，虽然对于每户每年 18 欧元的估测经济收益比较小。

除了储能方案和高峰需求管理，还需要处理关停风能和太阳能发电厂的可能性。在一个可再生能源占有很高比例的能源系统，这将是绝对有必要有这个选择项可用的。这不仅仅是从技术前进的需求出发，同时也是从经济和法规的角度出发。

对不同储能系统未来可行性的分析表明，有必要仔细研究生产过程，这可能导致污染物的高排放量，尤其是在矿物处理时。以上显示的执行生命周期循环的筛选表明，在镍生产过程中的 SO_2 的高排放量对镍锰电池的影响非常大。与此相反，锂离子电池的情况较好。由于 CO_2 的排放量已经很低了，这些排放量预期获益较高。资源的可用性和矿产资源的利用，必须加以考虑。电池和其他一些相关技术，材料的采用从储量—产量比率的角度来看是不可持续的，而且使用的材料也是区域高度集中的，接近 70% 水平的已知储量在仅有的两个国家中。其他被使用的材料有较高的绝对市场价格或者经历了相对较高的价格上涨。钛是分析材料中没有问题的一个。目前只有锂、钒、砷、镍和氧化锆有一些问题。然而，锂电池、铅酸蓄电池和钒电池的大规模使用将需要很高的回收利用率，而且从长远角度来看，可能会使用替代品。对于系统的特性，尤其是小的模块化系统有相对积极的评价。大型中央非模块化技术，尤其是位于国外的技术，可能会导致对进口的依赖，并需要很大努力以达到足够的冗余。它们也将面临接受度的问题，可能发生公众反对大规模基础设施发展（例如，电网结构）的情况。在 2.3.2 节中讨论的系统变更如果要赢得全体民众的支持，需要民众参与决策过程。此外，应采取措施以减少突然失去对电源放电控制的技术风险。可再生能源占相当大比例的电力系统的发展需要混合技术才能平衡供需需求，需要技术的改进和新的技术。对于这一点，技术中立的资助计划是必要的，这样没有前景的选择将会由于缺乏足够的资金被阻碍。

第 6 章
电网技术和经济影响

安排储能设施是应用于如风能和太阳能等大型可再生能源电力系统一个非常重要的方面，另一方面是电力网络，必须适应系统对于能源较大波动的供应与需求的新要求。本章首先分析了在配电网（6.1.1 节）中负载控制的需求和对可再生能源及储能设备向输电网（6.1.2 节）的整合。接下来的内容重点介绍配电网（6.2.1 节）和输电网（6.2.2 节）进行合理扩建的成本。

6.1 包括电网需求的整体系统技术壁垒评估

6.1.1 配电网负载控制的接口

接下来的内容将讨论配电网与负载控制之间的接口部分，包括配电网对于负载控制［需求侧管理（DSM）］提供平衡电力的扩展使用有什么样的影响、如何控制负载控制应用于家用以及负载控制使用的最优条件。

为了日后能够实现可再生能源的高产量，需要检查集中和分散供电的需求。从全局的观点来看，供电的波动致使负载需要不断的调节，在这种方式下很少会需要平衡需求，即剩余负载是平稳的。负载转变受制于配电网的技术限制。

在配电网中分散能源转换区域（DECP）的增长代表对于电网使用者在计划和操作配电网中所面临的新挑战。分散能源转换区域的操作会带来能源流动和设备负载、电压保持和短路电源有效性方面的新挑战。

负载管理方式可以被应用在平衡配电网中，因此也避免了对于电网扩建的需求。目前，以总体系统为基础，该项应用会与平衡剩余负载相冲突。以下每一个案例中都会考虑到经济与技术两方面的应用。

图 6.1 说明了这种情况。以一个体系连接为基础，负载控制整体会干涉负载的行为。这个集合体可以为电力市场转换剩余负载或为释放电网提供转换潜力，这两种情况可能会相互冲突。

对于分散能源转换区域的操作可能导致上层电网因为负载附近的电力介入被释放。如果分散能源转换区域涵盖了用户电网区域的活跃和不活跃电力需求，上层电网的释放等级就会达到最大。然而，如果过多的能源通过分散能源转换区域被注入电网中，相反

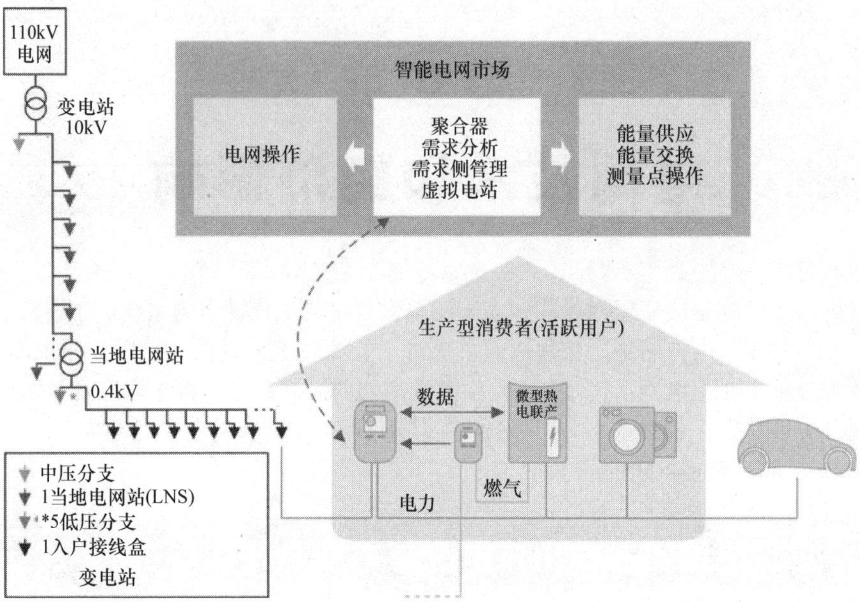

图 6.1 市场和电网中应用的消费负载和分布式发电系统图

地会注入上层电网中。不同电网连接中，在输电允许范围内的设备负载可以在反向注入时超过额定标准。

如果在低负载电网范围内发电机波动频繁上升，这可能导致对负载设备的电力潮流的逆向或者反向注入。高压光伏发电站和乡村风电场在发电之间的关联可能会引起电力潮流的逆向与负载的过载。因此，配电网必须在无负载情况下计量好运行状态和非运行状态下的波动发电。在这种情况下，波动发电的运行状态并不协调且很难预测，需要进一步对配电网进行测量。

电网负载的范围由电网的终端容量和稳定电压所决定。在较高负载的情况下操作波动发电会对供电产生影响。另一方面，在较低负载情况下对波动发电的操作会导致本地局部电压增高，这意味着对于额定电压，超过 DIN EN 50160 额定值的 10% 依然有效。为了减少分散能源转化区域对电压稳定的不利影响，需要通过发电区域对中压电网（MV 电网）的分散能源转化区域静态电压的稳定直接操作。为了提高用电区域的电压保持，对于可调节的本地输电网区域可以使用中等输电和补偿，例如静态无功补偿（SVC）或者转换能力。从开环到闭环的转换和对不间断供电设备（UPS 设备）的用户分线箱（HCB）的使用是优化波动电源的有效措施。

不同于电压保持，在电网分配中通过电力潮流的终端负载是独立的。不协调的负载在配电网中是的确存在的。不通过需求侧管理的不协调用电可以被单纯地认为具有随机性，而且会导致典型的平均日用负载下降。从配电网的角度来讲，相应的值就是对用电行为的最大值同步，而且在设备定位的过程中要考虑下级负载的最大值同步问题。

在不协调的操作中无法做到的高同步却在需求侧管理对于暂时性负载的影响中可以实现。较高的负载同步会引起配电网的高电力潮流，反过来会导致允许设备超过最大化值，电压端会被破坏（DIN EN 50160）。

为了检查需求侧管理和电网的接口，设备负载的敏感度和需求侧管理单元的电压保持、DSM - HU（纯）可控的负载部分都需要调查。为了调查需求侧管理对配电网的操作影响，现有的配电网配置可以作为典型。为了评估需求侧管理在设备负载和电压保持上的影响，需求侧管理保留单位在不断增加。进一步讲，DSM - HU 控制的内部负载也是可变的。

通过更改中压或者低压的数量，和当地电网站或者每个站的存储连接，可以显示实际城市和乡村电网的各自特点。城市电网比乡村电网有更高的数量和更高的负载密度。同时，乡村电网比城市电网有更长的线路。

表6.1 表示设备的额定功率和配电网典型配置的住宅子系统数量。当更高的电压接近时，每个住宅可用部分的额定功率会下降。这个值会在30kW 的存储单位显示（当熔断点达到43kVA 时依据33.3kVA 装置情况）：

$$g(n) = g_{\infty} + \frac{1 - g_{\infty}}{n^{x}} \tag{6.1}$$

表6.1 一个典型的分布式电网配置

	高压/中压变压器	中压线缆	中压/低压变压器	低压线缆
额定功率	40MVA	5.8MVA	630kVA	190kVA
连接的住宅数量	25000	2500	150	25
每户额定功率	1.6kVA	2.3kVA	4.2kVA	7.6kVA

函数 $g(n)$ 显示没有需求侧管理情况下用户的随机情况。住宅数量的相应功能参数为 $g_{\infty}=0.028$ 和 $x=0.75$，由配电网的测量值来保障。

因此，最大同步值 $g(n)$ 由从属于设备项目的用户数量来决定。作为一个保持单元，函数 $g(n)$ 的内容如图6.2 所示。同步值由需求侧管理负载情况决定。这意味着如果上级信息被召唤，所有的需求侧管理负载将同时开启。

住宅的配电源自电网连接能力（NCC）和 $g(n)$ 的产量。住宅电网连接能力总量为30kW。配电网可以分别在带有需求侧管理和不带需求侧管理两种情况住宅条件下确定。通过配电网中 DSM - HU 的比例来衡量不同的电力分配。

接下来将检测不同的设备和电压保持，以及 DSM - HU 可控负载情况下的负载情况。低压线缆和中压/低压变压器的最大允许负载是100%。对于中压线缆，因为中压线缆开路，最大允许负载是60%，在错误情况下不能超过120%。通过平行的高压/中压输电，高压、中压可以实现 $n-1$ 个安全保障。高压/中压80%的最大允许负载意味

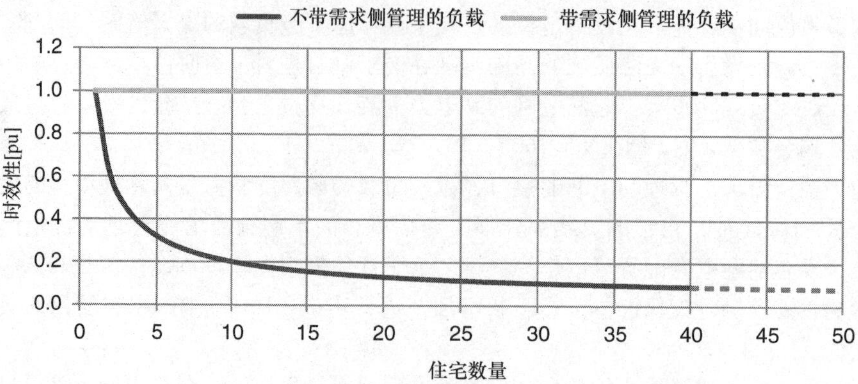

图 6.2 带和不带需求侧管理负载作用时效性分析

着如果输电失败，操作输电的负载最大值是 160%。低压用电的低压限制总数是 0.9pu[⊖]。当 DSM－HU 上升时，配电网中不同设备的最大负载也在上升。进一步讲，设备上升的负载使得可控负载进一步上升是与相关用电联系的。

当 DSM－HU 部分上升时，典型的配电网可以通过以下顺序来实现负载匹配：

1）高压/中压变压器。

2）中压线缆。

3）高压/中压变压器。

4）低压线缆。

超过标准负载的不同设备命令是基于随机用户行为的假设和电网规划的最大同步值。在更高的电压条件下，没有需求侧管理的用户会发生最强的混合临时性动作，这意味着低一级的电源必须被每一个用户快速掌握。在使用需求侧管理的条件下，不可能进一步假设。在设备定位的情况下，要使用最大化同步的下一级负载，而使用需求侧管理的情况下更容易发生标准负载超额。

当 DSM－HU 部分上升时，在低压电网中会产生更强的电压降。更高的可控负载与住宅的连接电源有关，可以使标准电压很快下降。在低压电网中，当需求侧管理上升时可以实现电压的标准界限。因此，设备的最大负载和配电网中的保持电压代表了需求侧管理超额使用的限制。

在图 6.3 中，给出了在需求侧管理内进行了存储单元操作限制，以及典型配电网单独电网络单元的存储单元可控负载。例如，高压/中压输电已经处于负载限制范围，如存储单元的 12.5% 显示其是可控负载 30kW 电源的 15% 部分，如 4.5kW。如果使用更高的需求侧管理部分，必须对最大的定位进行输电交换。

进一步要讨论的问题是要考虑配电网发展对于系统电力负载在变化环境下配电网负载自适应保护不断提高的影响。

配电网一定要能够整合分散的新能源，适应新负载，例如热力泵或者电动汽车，可以使用需求侧管理来提供平衡电力。在现在的条件下，通过相联系的同步增长可以很快

⊖ pu 代表标幺值。

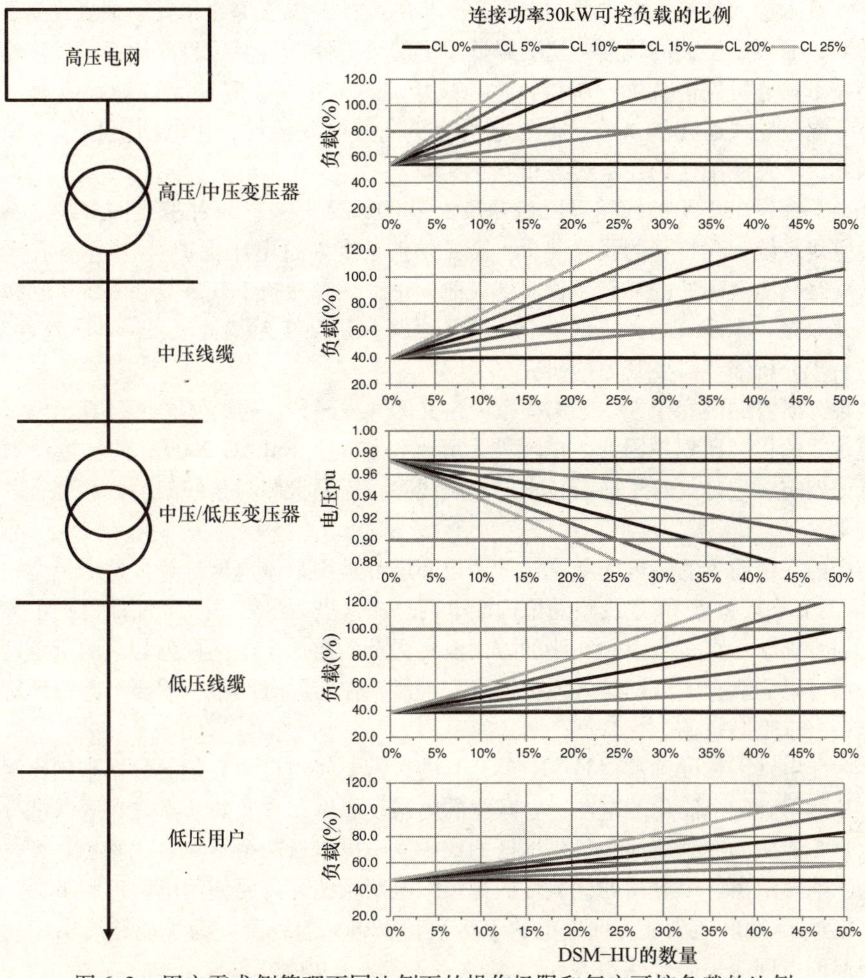

图 6.3　用户需求侧管理不同比例下的操作极限和每户可控负载的比例

地实现技术界限。需求侧管理的法规被自身的能力严格限制了。因此配电网从长远看来，会定位得更稳定、灵活。

发电和负载的协调在配电网中很重要。使用需求侧管理注入可再生能源可以通过协调现实更大化，并且没有破坏操作范围。为了这个目的，可以发展实用的自动化过程。

6.1.2　扩展输电网

今天的输电网主要包括 220kV 和 380kV 的架空线。高温导线可以增加输电能力，更高的电压等级（例如 750kV 覆盖网）、380kV 线路、气体绝缘输电线路（GIL）和高压直流（HVDC）输电网，可以在后续的技术中使用。然而，在许多技术的网状网络中缺少操作经验。可以在 Aundrup 等人（2010）的研究中找到相关细节信息。

在本次研究中，仅对 380kV 的线路扩展或高压直流进一步研究。一个 750kV 的覆盖网络在技术层面是可以实现的，但是进一步的高压，需要构建相对于独立线路更大的供电单元，而不是单独的线路，这会降低一定的可行性。与高压直流相比，气体绝缘输电线路技术并非更先进，进一步讲，这项技术成本会更高，只能完成最大值1km的试点线路。高温导线还在测试中，但是会引起更高的电网损耗，使电网更加接近稳定极限。因此，单独使用这种技术还是很有意义的。

在地下铺设380kV的线路可以传输最大1000MVA，这意味着需要许多线路系统来替代架空线系统。在特殊的线路部分，需要保护系统（过电压保护）。由于存在无功功率，长线路只能有额外的补偿装置。到目前为止，只有几条不代表复合系统中连接的短线已经建立在一个额外的高压水平上，这些线路总是保持无基数增长。基于这些原因，为了进一步分析细节需要其他的研究。

在现有研究的内容中，基于第2章中定义的开发路径，进行了电网计算示例，并进行了可仿效的扩展计划。因此，电网技术和经济影响（EnLAG 2009）的扩展计划完全由传统的架空线进行。对于前沿技术的发展线路，需要检测与传统架空线相配合的高压直流技术。

德国的一个简单的输电网和直接的用户环境都被用来做电网计算。这个模型代表了使用了31个节点和近50条线路的德国配电网。在这里，尽管电气特性都得到了大致的表现，但辨别独立真实节点和线路的方面没有提及。与这个电网模型相关的所鉴别的发展必须项可以看成真实电网扩展的关键点。当然，在实际电网中，需要考虑每种特殊情况下电网需求是必须的。

因为配电网上的准确数据是不对外公开的，需要使用自由有效的数据来创建配电网仿真，从而得到一个简化的电网。在减少的电网发展中，真实的节点是在区域进行简化的，这意味着例如在莱茵河和鲁尔地区的集中发电可以以两个节点替代表示。

为了能够给出一个合格的代表性的德国配电网系统，需要使用电网地图来估计线路长度。模拟了2008年南北方向输电的380kV和220kV的线路。为了能够成功识别大风注入引起的电网瓶颈需要使用Waniek等人（2008）的电网。

在此研究背景下，以2020年的一个基础性说法进行了电网扩建。为了这个目的，必须改变220kV线路至380kV线路，再将现在所建立的DENA（2005）和EnLAG（2009）发展方式整合到电网模型中。DENA（2005）和EnLAG（2009）是一定会发生220kV线路到380kV线路的转变。因此，2020年的基础性电网模型只包括了380kV的线路。

为了评估配电网的需求，要开展RES的两条发展线路和第2章所述的引导线路。第一条发展路线（RES）是基于2020年假说中安装的沿海大约22GW的和大约10GW的海上风电场，到2030年沿海预计安装大约21GW的和大约18GW的海上风电场。对于第二条发展路线，假设2020年沿海大约33GW的和大约9GW的海上风电场，2030年沿海大约36GW的和大约24GW的海上风电场，预计2040年+沿海大约38GW的陆上风电场和大约34GW的海上风电场。

至于负载开发方面，两条发展线路有明显的不同，会导致2020年和2030年RES大约 10GW 的高负载。表 6.2 给出了此次研究的基础工作中注入和负载的全局情况描述。从光伏发电站获得的电力都是非常低的，因为这些区域分布在整个电网节点中，因此降低了对负载的影响。在北部安装的装置在任何情况下都不考虑储能系统，因为没有关于当地的假设。南部地区的安装与风向相关，因此会避免向南增加的配电网能力。南边的位置会加大所增加的电网压力。增加的电网扩展对于德国以外的地区很有必要。

表 6.2　单独方案中已建成和已使用分布式能源系统容量

MW 方案	分布式负荷	分布式风力发电				光伏发电	
		陆地		海上			
		已建成	已使用	已建成	已使用	已建成	已使用
2008	85389	19019	15215	3225	2902	5936	118
政治的可再生能源 2020	88394	21613	17290	9641	8677	10851	217
政治的可再生能源 2030	87403	21436	17149	17579	15821	8318	166
主导方案 2020	74634	32940	26352	9000	8100	23160	463
主导方案 2030	72555	35870	28696	23800	21420	28350	567
主导方案 2040 +	83544	38000	30400	33500	26800	30500	610

为了真实地说明跨界电力潮流对于德国配电网上的输电潮流的影响，欧洲电网输电系统（ENTSO - E）2008/2009 冬季的例子成为了集合了电力能源变换的一个负载起点。这个假设得出了粗略的估计，因为未来的情形严重依赖于国际电力交换和可再生能源的跨境传输。因此，这些值只能被视为初始假设。电力能源的交换通过建网来进行国家平衡，最终通过独立的节点来配电。

基于这个模型的潮流结果，超过了德国国内以市场模型为基础的能源传输。这些国家的电力平衡见表 6.3。

表 6.3　不同国家之间的容量对比

MW①	NL	BE	FR	PL	CZ	AT	CH	DK_W	ES	IT
2008	-1477	-1924	4283	0	1116	-357	-394	1173	300	-6960
政治的可再生能源 2020	-1477	-1924	4283	0	1116	-357	-394	1173	300	-6960
政治的可再生能源 2030	-1477	-1924	4283	0	1116	-357	-394	1173	300	-6960
主导方案 2020	-1477	-1924	4283	0	1116	-357	-394	1173	300	-6960
主导方案 2030	-1477	-1924	6926	0	1805	-357	-394	1897	485	-6960
主导方案 2040	-1477	-1924	6926	0	1805	-357	-394	1897	485	-6960

① 正数：进口至德国；负数：从德国出口。

以 2020 年电网为基础，需要提出基于 380kV 265/35 - Al/St 架空线的两个发展扩展，并且要结合已选定的高压直流线路。电网基于（$n-2$）标准定位。基于这种情况，维护电网中的设备，设备的故障会导致电网运行的失败。电网的操作情况在（$n-2$）标准下使用可选的最优负载流。在这里使用可选的负载流允许来自电网管理人员的介入。

确定好的必要线路或者独立扩展的线路长度不会直接与真实电网相比较，尽管它们可以与其他相比较，并且对于大地区的线路建设会给出说明。当决定线路长度时，假设三相线最多可占用两个电路的最大值。至于高压直流，这相当于在一条线路上携带两个双极系统。

对于常规架空线的额外扩展，架空线可以通过（$n-2$）情况来实现进一步的系统。在并行运行的情况中，新增加的系统已经在较短伸长中得以实现。图 6.4 表示主导线路的一个扩展实例。表 6.4 表示所有情况下的相关线路长度。

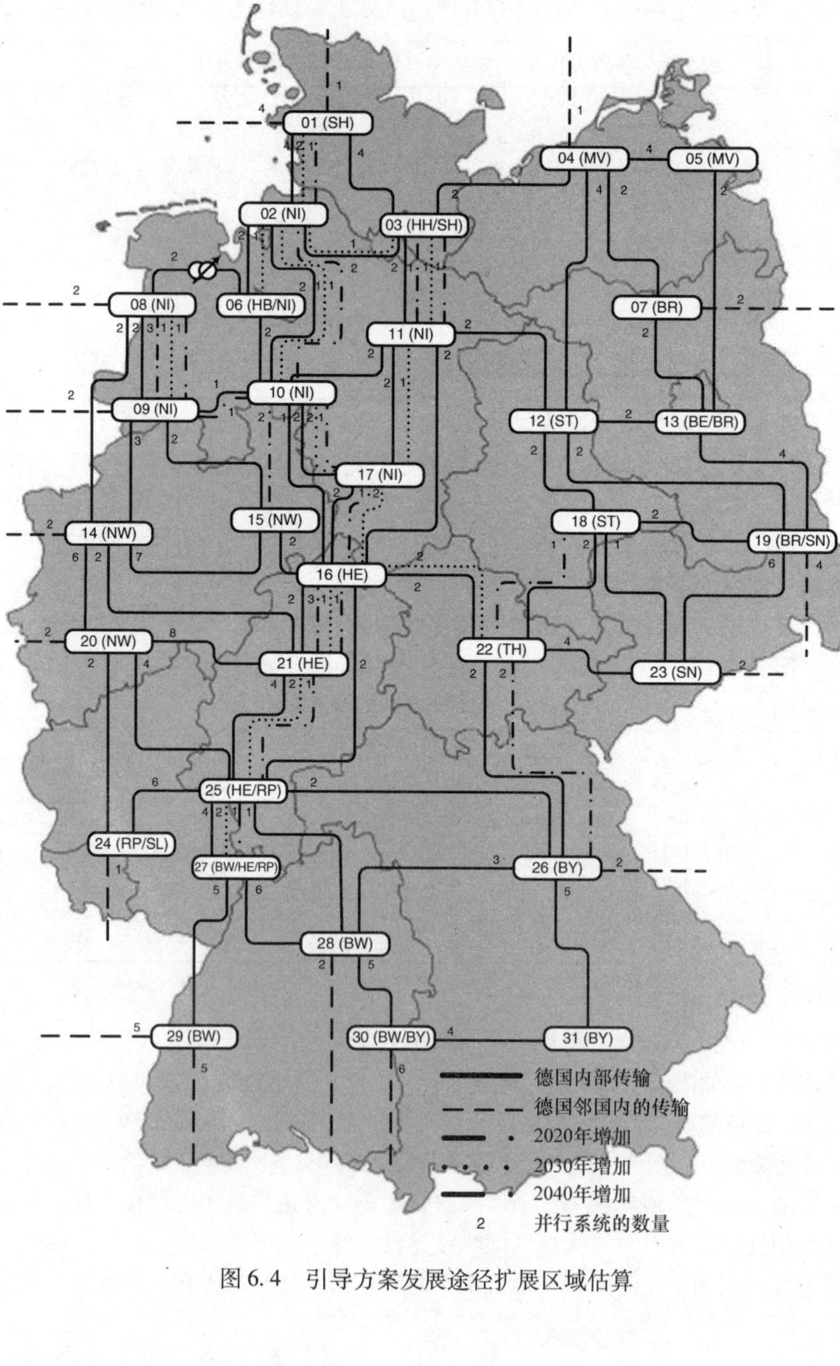

图 6.4 引导方案发展途径扩展区域估算

表6.4 扩展必要的路线长度

方案	系统长度总计	路线长度单系统	双系统
政治的可再生能源2020	2175	915	630
政治的可再生能源2030	2555	985	785
主导方案2020	1800	640	580
主导方案2030	3455	665	1395
方导方案2040 +	4375	1280	1545

2040年需要新建约3000km的线路长度，这会扩大电网长度，主要是在南北方向。

除了纯粹的传统扩展，高压直流的扩展在前沿技术中也被提及。这项发展路线作为一个参考情况被实施，因为如果用高压直流实现电网扩展必须考虑扩展方法和扩展成本。在高压直流的连接过程中使用±500kV和3000MW的两极方法。在（$n-1$）的故障情况下，假设两极中只有一极受影响，因此剩余磁极可以继续使用一半的输电功率。图6.5显示了2020年、2030年和2040年+的有必要的扩展。表6.5显示了主导技术中相关的线路长度。

表6.5 扩展必须线路

方案	系统长度/km	路线长度/km			
		三相电流		高压直流	
		单系统	双系统	单极	双极
主导方案2020	2135	220	360	1195	0
主导方案2030	3405	530	515	1845	0
主导方案2040 +	4715	760	695	1125	720①

①现存连接线路扩展长度。没有新的线路需求。

总结如下：

A. 为了处理后续沿海扩展的能量注入区域变换，扩展结果评估了大约3000km长期新建的线路。因为这些情况假设了典型的平均天数（典型天）和极值，可以进行70%最大风能的直线需要评估。很少有风能必须改变。进一步讲，与周围进行电能交换的基础情况假设了与边界的现代能源流向。在接下来的情况中，这些数值可能会更高、更灵活，会导致额外的线路增加。这两个方面解释了DENA II（DENA 2011）的巨大不同，会导致2020年对增加3500km线路的需要。本次研究假设电网不得不复制所有没有限制的极端市场、可再生和交换条件，即使这些情况很少见。

B. 从欧洲进口可再生能源，同时平衡邻国或者德国以外的储能使用，需要进一步扩展电网，这里还没有考虑，但是已经基于平衡技术或者进行了独立评估。这项研究主要集中在德国。与德国以外的地区进行平衡技术需要明确考虑与德国内部新加网络的需求。假设高压直流的输电，如4.2节所讨论的泛欧洲仿真显示了潜力现实与邻国的交换考虑。

C. 从技术上来讲，用传统的架空线扩展方式和高压直流是最显著的解决办法，它

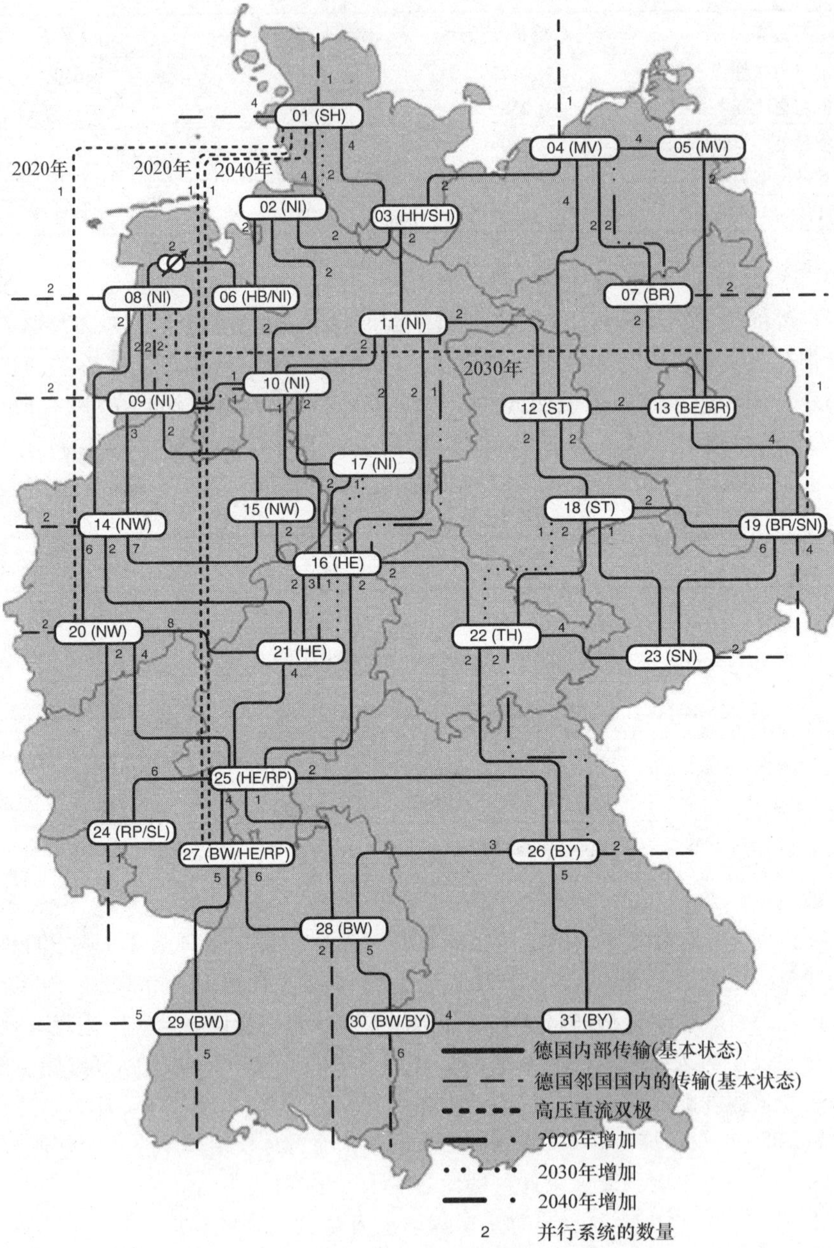

图 6.5　采用高压直流主导方案的必要扩展措施

既考虑了输电网的渐进技术可行性，也被认为前沿的可行性技术和同等条件下电网的稳定操作可靠性。在本项研究之外，也在讨论高压直流覆盖网络的进一步解决办法。对于这样一种办法，需要解决许多技术问题。中国的办法就是用 800kV 的高压直流与

6.4GW 的配电网相连，却不是欧洲的解决方案。这样的技术需要对欧洲能源系统在结构和控制上进行完整的重新分配。这样的讨论已超出本研究的范围，因为本研究的焦点在于大部分可再生能源输入的电力系统的平衡。

6.2　日常及季节性范围内均衡活动的经济影响

6.2.1　为了避免限制的配电网需求

对于整合波动发电到总供电网的扩展管理使用是受配电网限制的。如果因为需求侧管理实现一个标准操作，需要加强电网。由电网加强而产生的成本必须与需求侧管理的经济情况相平衡。为了实现这种可能，需要先解决以下问题：

—每个住宅电网加强的成本有多高？

—成本如何被 DSM - HU 所影响？

—传统的电网加强方法是否可替代？

配电网中不同设备的成本见表 6.6，显示了每个住宅的绝对值。在高压/中压输电中，还需要考虑必要的开关部分的成本。中压和低压线缆的成本包括材料和市内发动机的成本。

表 6.6　配电网设备价格（来源：Consentec 公司等 2006）

	高压/中压变压器	中压线缆	中压/低压变压器	低压线缆
价格	580000 欧元	52 欧元/m	22000 欧元	45 欧元/m
价格/户	23 欧元	173 欧元	147 欧元	900 欧元

为了能够确定每个住宅的线缆成本，假设中压线缆与当地电网站线路通过 500m 的中压线缆相连，每个当地电网站支持 150 个用户，在每个独立的住宅之间有 20m 的低压线缆部分。

因为从属于高压/中压输电的住宅（2000）的高数量，每个住宅设备的成本就是最低的。高压/中压的输电成本和每个住宅的中压线缆都证明会更高，尽管会因为住宅子系统的小数量降低一些绝对成本。因为在许多情况下只有一个住宅通过线缆部分供电，每个住宅的巨大成本会因为低压线缆的配电网而上升。

可以通过典型电网分析来评估必要的电网加强的成本。图 6.6 显示了作为需求侧管理部分和 DSM - HU 的部分每个住宅对于电网加强的成本。在 DSM - HU 低产量或 DSM - HU 低可控负载情况下，配电网没有因为电网加强而成本上升。如果配电网 DSM - HU 成本上升了，对于高压/中压输电和中压线缆就很有必要进行电网加强。如果在住宅子系统中产生了成本，大概每个高压需要 196 欧元的投资。

如果 DSM - HU 比例上升了，需要进一步的电网加固。只有少数的住宅从属于单独的低压电缆段低压电网，住宅成本上升。DSM 比例的进一步上升会更导致 DSM - HU 需要进一步加强电网，每一个住宅的成本就会上升。电网加强的需要也由配电的发电单元

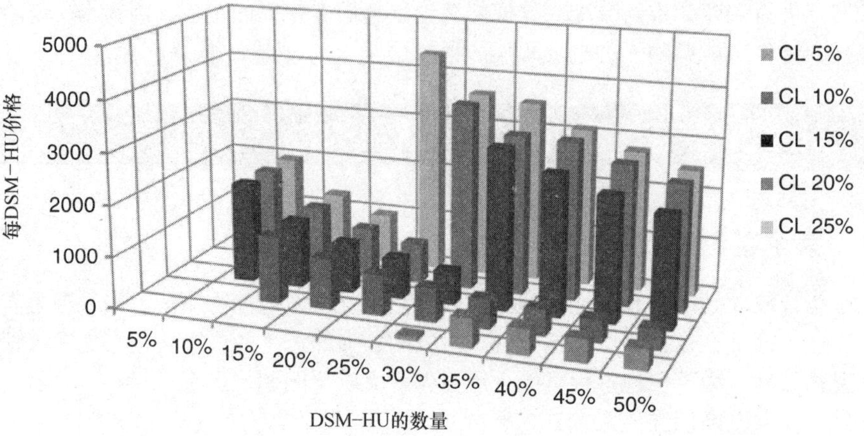

图 6.6 需求侧管理比例及 DSM - HU 系统中可控负载比例对住宅单元电网加强措施投资影响的预算

所决定，特别是光伏板。未来会增加对电网的需求。相比于需求侧管理需求，这个影响有多大并不能判断。

因为有时对于电网加强的高投资会引起需求侧管理经济效率成为问题，必须考虑创新的方法来避免传统的电网加强措施。

首先，因为存在高用电同步的需求侧管理和负载，必须尽可能地确定分散限制。因此在未来，对于用电受益和电网扩展需要进行补偿。

已经在 Wedde 等人（2008）和 Krause（2009）的研究中进行了纯分散协调的调查。对于完整的配电方式，可以同时使用复合代理系统、分区域协作和经济效益最大化。这种方法特别适合分散点、负载和储能设备，可按大数量能量注入。这样的方式可以确保设备的最大化灵活应用，储能系统和负载可以在一天和一年上进行确定，经济效益也会上升。但与此同时，在极端情况下，要保证遵守电网的限制。为了能够在新增电网扩展和灵活使用中进行经济平衡，需要进行长远协调。

总结来说，为了使需求侧管理发挥潜力，对于电网扩展的需求会涉及具体用户，是高投资，不可被忽略。新负载和分布式发电对于配电网的影响很大，因此电网加强在未来是不可避免的。现在正在调查协调模式，但是如果电网限制了需求侧管理的平衡，它的潜力也会急剧下降。

6.2.2 输电网的扩展方式影响

在本节，需要评算输电网扩展的成本。对于独立年份和发展路线（如 6.1.2 节）的总结如图 6.7 所示，故线路的长度是必需的。假设路线会占用两个电路系统。这就是典型的塔状配置。对于 2020 年的主导情景传统扩展，相比于同年政治的可再生能源情景需要小型的线路扩展。差异主要来源于政治的可再生能源案例约 10GW 更高的负载。

相对于配电情况，由于相对平均的分布，更高的沿海风能注入的能量（10GW 多）没有很重要的影响。对于 2030 年的两项发展路线，需要增加线路扩展。在政治的可再生能源案例开展中，只有德国的南部增加了一些系统，几乎所有的南北部连接都会受到影响。对于 2040 年 +，南北连接需要扩展主导的发展路线。

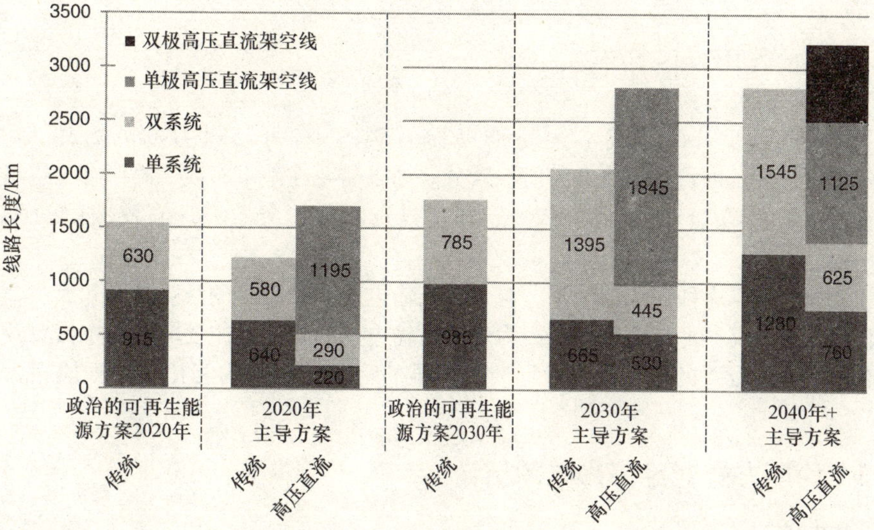

图 6.7　单独方案必要线路长度图

在线路扩展过程中，对比传统型扩展和高压直流扩展，在三相交流技术中新增加的线路长度多年以来相对短一些，然而，在直流技术中大于 1800km 线路长度的增加平衡存在优势。高压直流案例上总的增加（至 2040 年 +）更是扩宽，相对于大约 2800km 的传统扩建大约有 3200km 长度的增加。对于高压直流电网扩展的原因，德国北部的中央注入和南方负载中心相联系，是长距离直接的直流连接。对于高压直流的电网扩建，电网重建不可避免地使用传统的三相交流技术。

对于 2004 年 + 预期的线路长度需要 60 亿 ~ 80 亿欧元的总投资成本，具体情况还要依技术而定。投资成本的起点在于输电网，在 EnLAG（2009）中想象实施 DEN I – study（DENA 2005）扩展实施技术。拆卸架空线的成本，不考虑改变已有的线路或高于当地平均的线路成本。

实际上，如果有相应的输电功率，架空高压直流线路会比相应的双系统三线架空线导致低成本投资。基于相反基站之间的距离投资，这一优势不可避免地会被使用。另外，使用高压直流电网扩展的技术优势在于可控性，确保了平行于南北主要路线的平行传输能力，新增的 4 条高压直流通过 12GW 的输电释放三相电网。对于负载角分配有着积极的影响，因此有利于稳定的电网操作。另外，可以通过高压直流的扩展来避免电网的进一步融合和本地短路电源的进一步增加。相应的好处很难确定数量，然而接下来也不考虑这部分。进一步讲，长距离的有目的性的使用只有在高压直流技术中才能得以实现。这种情况下不会过多关注成本。

不考虑进口可再生能源时，每年的风能发电所需要的投资成本低，提供以下假设：

—架空线使用寿命：40 年。

—期限：20 年。

—20 年的居民价值：50%。

—要求的回报率：8%。

基于这些假设，每年成本大约是投资的 9%。与每年风力的电力注入相关，2040 年 +，每千瓦时要增加 0.2 ~ 0.35 欧分。如果需要在地下布线，高压直流线路或者气体绝缘导线（GIC）必须详细检查，即使投资成本比架空高压直流线路的两倍还要多。

总的来说，在这种假设情况下，对于传统输电线的扩展总的线路长度和成本，相比于新能源的发电成本都是典型的。因为对于新输电网的接受是主要问题，也需要开发其他技术来提供所需要的储能。与此同时，一维的地下输电能力相比于大型应用，能力太低。

6.2.3 均衡方式对经济影响的结论

总结来讲，有以下 2 点：

1）为了发掘需求侧管理的潜力，需要从 2020 年开始每股注入多于 1000 欧元的投资成本。在能源市场需求侧管理使用和感性配电网投资之间做出补偿。

2）对于德国 2040 年 + 来说，建立长于 3000km 的新电线的投资至少要 60 亿~ 80 亿欧元，这会符合风力系统对每千瓦时 0.2 ~ 0.35 欧分的注入的需求。欧洲所增加的供电平衡线路或是新能源的注入、国外相关的储能设备和方法也被考虑其中。

6.3 小结和结论

分析可再生能源在平衡供电与需求之间关系的经济影响和负荷，输电网的长期配电需要以此结果为依据。

技术限制的分析显示了当需求侧管理被引入平衡供电中时，配电网的容量会很快实现。在配电网中的负载和发电相配合需要在可操作范围内将可再生能源需求侧管理和分散馈入最大化。为了这一目的，可实施自动化程序。然后，为了开发需求侧管理的潜力，2020 年会需要增加多于每户 1000 欧元的投入，预计需求侧管理每户收益会达到每年 18 欧元（见 5.3.3.2 节）。

为了应对地区性持续性发展转变，输电线必须大大扩展。这项研究的计算结果显示大约会有 3000km 的扩展，长期看来会更多。然而，用于计算的一个特殊的典型日期，电网需要处理 70% 以上的风电系统。在一些特例中，风电将会被削减。进一步讲，与邻网进行变换对于平衡电力是有限的。额外的新能源和储能设备电力输出，除了德国，其他地方还没有考虑。这就需要类似于 4.2 节的进一步估计算，但是若高压直流线没有被使用，将会有更多的细节。其他的研究［这里主要指 DENA π－study（DENA 2011）］将允许交叉流向和近海风电馈入扩展等其他情况，例如 2020 年的长达 3500km。所使用的最正确的技术会是与传统架空高压直流线的结合。长期看来（2040 年＋）需要 60 亿～80 亿欧元的投资，这会符合风电系统对每千瓦时 0.2～0.35 欧分注入的需求。

第7章 经济分析和政策

在前面的内容中，已经讨论了均衡技术所需要的技术要求、潜力和成本，本章将探讨市场经济的一些问题，在市场经济中，电能的供给量随着气候条件和供需关系而变动（见7.1节）。接下来分析用政策控制经济结构条件的原因和潜力（见7.2节）。在7.3节中对结果进行小结。

7.1 缺乏经济政策的市场经济的问题：基于天气情况进行供给，文化引起需求波动

7.1.1 市场的保险功能

农作物供给缺乏，导致市场价格提高，这个例子很好地描述了市场机制的保险功能。当糟糕的天气提高了农产品的市场价格时，这个例子中的用户是农民，确保能得到这个提高的市场价格。同样的道理，如果因为风太小导致风力机产生较少的电能，那么现实市场的价格也许会提高以补偿供应商。当然，这仅仅发生在交易双方没有签订长期固定价格的合同时，因为这样才能避免短期高价格的风险。风力减小时消费者也许会遇到价格提高，与之相比，当风力增强时，价格也会下降。这个原理也适用于其他的波动情况。因此，拥有连续的不同的价格将很有用。新能源的例子和农业的例子相比，一个重要的区别是它有供给储备，像水电站和燃气发电站，它们能在供给短缺的情况下使用。在供给充足时，其他的供应商能减少它们的产量，尤其是燃气和煤炭，尽管这会需要调节一些成本。

日常波动部分是因为供给不确定。在较大的程度上，波动是可以预测的，因此，对于市场机制来说，只要价格随着时间和地点发生变化，需求的波动并不构成问题。然而，电能供应商的价格政策并不按照德国的这个理念。在德国，白天和晚上的消费者价格不同，但是对消费者来说，没有别的其他的价格上的变化。比如说，在需求高峰时段和低谷时段有两个不同的价格，这是一个有趣的观念。如果那确实存在，那么需求方会主动将需求转移到低价格的时段，避免了遭受无法预测的高现货价格的风险。一个较低的电能将足够在需求高峰期进行供给。然而这仍然存在一个未解决的问题，那就是到底需要减少多少电能。在短期内，这些影响会很小（参看5.3.1节~5.3.3节）。洗衣机和洗碗机很容易在低价格时段被使用，改变做饭时间将困难得多。只有当学校和工作有更

弹性的活动时间，才能取得更强有力的效果。

7.1.2 波动和电能需求的缓解：节约电能和减少储能设备的需求

如果需求被缓解了，高峰时段的需求因而就减少了，这种随着时间变化的价格将会使电能的减少变得有可能。这将会节约投资成本[⊖]。家庭中也许都有测量仪表可以帮助获得此结果。这些不仅能指示购买和消费的电量，也能显示不同时间段的价格，除非这个信息能够很容易从其他地方获得。这将提供一种激励机制，使得高价格时段节约电能，而在低价格时段使用更多电能。但是，如果消费者有负担，并且不相信这些增加的信息对他们有利，那么购买仪表的价格将会使这个方法无利可图。如果在高峰时段的需求减少，当风能和太阳能较小时，需求和供给之间的燃气也将会减少。因此，使用储能系统补充燃气所耗的电能也将会降低。正因为电能供应商能降低投资成本，获取消费信息（也许包括之前的非法使用，现在已经被排除），并能对电网进行更好的控制，因此对他们来说承担仪表的成本是极其有利的。因此，意大利的国家电力公司 Enel 公司已经在2006 年投资 30 亿美元，美国政府在美国补贴了 45 亿美元（Scott 2009）。然而，意大利和美国的消费者是否将得到随时间变化的价格，这个问题的答案仍然不得而知。如下面的实验所示，这个方法的效果是积极的：

美国太平洋西北国家实验室做了一个研究，他们提取俄勒冈州和华盛顿州的消费者电能消费信息，这些信息每隔 15min 从仪器中分析得到，并允许他们根据电费价格的变化操作他们的热水器和恒温器。参加者协助输电网的需求，操作他们的家庭用电负荷——比如说他们在电能需求高峰期时能减少电量使用，他们能获得金钱奖励。经过一年的研究，与前一年相比，输电网的高峰负荷量减少了近 15%，消费者也节省了近 10% 的电能使用费用。基于这些结果，作者认为如果国内的消费者都能减少高峰负荷，高峰电能价格将会逐渐减少，并可以节省用于发电、输电和配电系统的将近 700 亿美元，这些费用都是分摊到纳税人那里的。

消费者的电能节省 5% ~15% 的好处在节省消费和减少 CO_2 排放量方面迅速增加。因为美国居民消费者每年在电费上平均花费 1200 美元，一个实时的反馈监视器能为消费者每年节省 60 ~ 180 美元（Google 2009）。

值得注意的是，这些高回报是建立在设备的调整上面的。有了这个结果，仪表的投资大约需要 1 年之后才能得到回报，因为仪表能用 125 美元购买，这个价格是每年 60 ~ 180 美元的节省费用。一些附加的费用也许是由获得测量工具和填写详细账单时引起的。这些仅仅是一次性的花费。

下面是一个主要的问题：如上面所提到的，那些家庭因为他们的行为获得收入，为

⊖ 这些句子和大体上其他所有的部分应该被理解为通过其他条件不变的方程去解读。这个意思说，其他方面为了支持这个观点起见都保持不变。尤其是系统的结构也许会变化，那时也将会出现一些其他的影响。另一方面是需求的移动会导致平均价格曲线上下波动。然而这些影响在没有介绍具备独特特点的技术之前无法进行讨论。

了在现实生活中实现这个可能，随时间变化的价格是必需的。这些价格必须和消费者沟通，并且需要和供应商协商电量。这两方面可以通过互联网或者电视进行交流。这些供应商将需要开发一个信息主流渠道。因为这已经在意大利发生了，理论上德国的瓶颈似乎是提供随时间变化的价格。

相关的问题是家庭准备接受以及供应商愿意提供的价格类型。过分弹性的高峰－负荷价格给家庭强加了不确定性，并且不清楚家庭是否愿意接受这种有可能低价格回报的方法。这个问题是一个用回报交换风险的典型例子。如果价格是根据消费者的意愿改变的，那么合同才能被接受。用户也许想要拥有预测他们花费的能力。一个简单的想法是从白天和晚上价格不同拓展到白天有两个价格：一个用于高峰时段；另一个用于平常时段。

还有其他的方法，它们可以作为补充或者替换的方法。

其中一个方法是分开价格形成和改变机制。或许供应商和消费者之间有长期的供应合同（1年），拥有一个固定的日常价目结构，例如晚上和白天的价目表。并且，聚合器的角色是负责用数据库管理系统绑定和控制负荷情况。这个聚合器形成了总负荷控制产品，它最终由市场提供。如果消费者参与，那么消费者从那个聚合器中获得收入，总的来说，消费者只能通过提供给聚合器他们的柔性来获益[㊀]。一个未解决的问题是供应商是否愿意提供这些合同或者提供其他合同。

7.1.3 供应的波动和平缓

如果德国南部的风力大，那么荷兰的电网就会负担过重，甚至法国和比利时边界上的电容量都会受到影响（Rious 等人 2008）。当荷兰的电网负担过重时，荷兰的生产者就不得不停止他们的电能生产。在具备一些国际协调的国际电网的边界地区的投资能改善这种情况，因为它能缩小地区之间的差异。积极和消极的供应冲击的影响就能分布在一个较大的系统中，对现货价格产生较低的影响。另一方面，当供应很低时，如果越界交通运输能力很强，就很容易从别的国家提高供应。除了能优化越界能力，如果时差价格能使氢气生产和大电池装载有利，一些额外的供应也能从市场中被取出来（参看 Anderson 和 Leach 2004；Sauer 2009）。另外一个想法是装载小电池到电动汽车里，把它们当作储能媒介，在风力很弱时对它们进行放电。在有泵储能设备的国家里，大量的电能被用来填充储备（参看 Madlener 和 Wenk 2008；Försund 和 Hjalmarsson 2010）。在短期时间内，只要可再生能源的份额是低的，并且 CO_2 的价格允许燃气继续存在于市场中，协调性的工作是很有可能的。但是从长远看，当 CO_2 的价格使燃气很昂贵，并且抽水蓄能有限时，就需要其他的技术。

7.1.4 供需协调

Stodola 和 Modi（2009）声明，对于美国南部的州，太阳能对于日常需求是完美同

㊀ Stadler（2008）讨论了可以用于这种机制的技术。

步的，对于季节性的需求也是一样的，能够加入到供应中，作为晚上基础负荷服务需求的一种补充。这种功能如同描述的那样并不需要任何的协调。这种情况也许是一个例外。因为可再生电能是分散提供的，单纯价格机制之外的协调是有优势的，因为它避免了关闭生产过剩产品的需要，尤其是在优先原则的基础上（优先顺序）。附加的协调可以通过连接供应商和虚拟发电厂中的用户来获得。好的协调允许有较少（较多）的电量。另外，储能设备也许可以被整合到虚拟发电厂中。

虚拟发电厂挖掘大量的数据，为电网的管理提供服务。在家庭中的微型热电厂的环境中，协调的操作能够产生一些好处，其结果包括，与无供应和平衡电能联系在一起的潜在经济收益、补偿能耗使用避免、最大电网负载的降低、峰值负载的提供、现货市场的行为、技术实施的依赖以及以需求为导向的供应等（Droste－Franke 等人 2009，LIV 节、LXIV 节和 5.5 节）。

低固定价格的产品能产生更强烈的竞争，因为市场中产生零利润的公司的数量随着固定价格的降低而增加。虚拟发电厂是这种类型的技术。大的供应商更喜欢高固定价格的环境，这样才能获得更大的利润。那么关键的问题是哪个公司能提供比成本更低的价格，因为虚拟发电厂提供可再生能源，它们除了提供了协调服务之外，还提供了环境效益（Droste－Franke 等人 2009，LⅢ节、LⅤ节）。[⊖]

7.1.5 长远发展方面

一个部门长远发展依靠 3 个方面：①如果用户的收入增长 1%，那么需求的弹性收入是需求增长的百分比；②和生产的因素与调节有关的价格决定了长期平均销售价格的最低水平：高价格水平上，需求会变小；③部门的技术进展降低了单位成本和销售价格，或者全部方面或者偏重于价格的一些因素，比如说劳动力、电能或者排放。在电力部门，需求似乎是相当正常的。当收入增长时，减少能耗的努力被消费性电子产品和通信技术的增加使用过多补偿。成本也被资本费用和电力输入决定：对于核能来说，资本费用目前是占主要地位的，然而对于燃气，它们拥有低份额。在电力部门，研究和发展是居中的。Sterlacchini（2006）发现，在 2000～2005 年，意大利、德国、西班牙、法国和英国的一些电力供应商的平均研发费用从收入的 0.75% 降低到 0.27%。而且，对于环保科技的研究费用也是居中或者很低的（Aghion 等人 2009a）。未来可能出现的更多环保技术进展的研究，这将在使用同样研究资源时很可能减少劳动节约型的技术变化。这些可以从一个简单的最优增长模型中表现出来（参看附录）。

7.1.6 面向储能设备的位置理论

对于储能设备，有一些关键问题。哪些公司对于开发储能设备有兴趣呢？哪些公司允许拥有储能设备呢？哪些公司应该被允许拥有储能设备呢？储能设备将被放在哪

⊖ 有关整个电力系统中虚拟发电厂的规范、标准、法律和经济一体化的问题由 Droste－Franke 等人（2009）详细讨论。

里呢？

在理论上，如果所有买卖电力的公司期待价格提高到一个比率上，允许它们为利息提供资金、偿还购买设备的投资成本，应该会对拥有储能设备有兴趣。对于风能生产者，有时风吹得太强烈以至于生产的电能不能通过长期合同卖出，因此当过量提供时将有很低甚至是负的现货价格。㊀在这样的情况下，储能负价格就能买到的电能是有用的，例如，储能在电池中或者转化为氢能源（也可以参看5.2节和5.3节）。在这些时候，电网是拥挤的，因此以一种高效的节点价格系统㊁（参看Leuthold等人2008）运输能源的成本将非常高。这就说明了生产者的储能设备放置在靠近生产点的地方的好处。而且，储能设备放置在靠近消费者的地方将可能效率不高，因为不经常使用。

那经销商呢？在高风能时，太多的供应进入电网，也就是说，供应比需求能吸收的量要多。这就暗示了现货价格将会变低，但是输电价格将会变高。当电能供应很低时，现货价格将会变高但是输电价格将会变低。经销商们因此也有动力拥有一些储能系统，否则它们将被强制从电能生产者存储的供应中购买电能。这指出了两个可能的关系：要么经销商把储能设备放置在靠近生产电能的地方；要么就把它们放置在靠近消费者的地方。因为生产者必须放置在靠近它们的生产点，所以如果经销商放置在靠近消费者的地方，那是合理的。

电网服务的提供者也许也有动力在靠近电网不稳定点拥有储能设备，除非在瓶颈期加强电容量更具有成本效率。

谁被允许拥有储能设备呢？根据欧洲联盟的分类计价指示（Pieper和Rubel 2010），电网操作者目前不允许操纵储能设备。目前一个未解决的问题是风能为了稳定要求政策是否有效。生产者和经销商单独是否能有效地处理储能问题？

7.2 经济架构条件分析

7.2.1 简介：经济政策理论

许多经济学家考虑经济政策的出发点是历史上除了市场经济的观点所有系统都失败（Srinivasan 1988）。因此，考虑经济政策的主要的思想和出发点是首先把问题的解决方

㊀ 参看Försund和Hjalmarsson（2010）斯堪的纳维亚国家的模型和证据。

㊁ 不管任何时候局部瓶颈导致相对高的供应或者需求，有效的节点价格原则上允许区域价格不同。在德国系统中，法律现在强加了统一的价格，因为它们被认为是可取的。然而，它们依然有缺点，会抑制去除瓶颈的动力，因为平均价格不是有效的信号。这个进退两难的理想的解决方法是通过有效的投资获取统一的价格，而不是通过管理措施。Försund和Hjalmarsson（2010）建议增长输电容量作为在4种瑞典价格地区过多供应的一种有效的反应。因为变化会很强烈，例如，在丹麦西部消费者和其他购买者也许会想要有对价格波动的限制。允许在小范围内区域价格不同，加上在一定时间范围内的去除瓶颈的责任，会是一个很好的折中办法，使得保护消费者的同时又不抑制信号，为投资留下了一些动机。

法留给市场，除非一个人能找到一个好的理由来论证市场不能解决问题。对于足够长的时期，除了危机时期，市场经济有很好的表现。然而，它们并不是最佳的。市场经济可能不能有效地解决 3 类问题：㊀

1）市场和微经济不稳定、波动和失衡，伴随着令人失望的预期。

2）分配公平。

3）市场缺陷。

市场缺陷是它们细分成 3 类市场失败：

a. 拙劣地调解或者是缺乏产权，经常讨论的案例是知识产权和环境法规。

b. 垄断，被认为是垄断集团或者反托拉斯的权威。

c. 不完整的市场结构：不可能为所谓未来的状况取得安全保障，因为一些市场不存在。例如说，外国汇票的合同对于一些市场出现之前的时期是有限的——单独的调解产生多余的非常高的成本。言外之意，这一类中有所有的不确定的问题，不能通过保险、财政或者易货合同解决。

市场的不完美大多是定义在一些稳定的平衡下。因此，首先提及的方面不得不被分开考虑。如果市场不能足够快地创造它，稳定不得不由政府保证。危机越严重，经济学家们越同意干预的必要性。对于 2007～2009 年的经济危机，有关于 2009 年严重情况的协议，但是对于 2010 年却存在争议。从波动和低的 GDP 增长速率一起研究的意义上讲，波动的代价是很高的（参看 Chami 等人 2009）。如果抑制作用不比问题继续存在的代价更大，那它是受欢迎的。令人失望的预期的失调可以被最好地解释为风力很强和很弱以及对应价格波动的例子。对于这些情况，已经判定法律来加强供应的降低或者创造购买电力的职责，因为市场不能在没有干预的情况下产生平衡。㊁另外，现货价格是惊人的高或者低，保险不存在，只有长期的合同提供了一个不完美的选择。然而对于不确定性的保障措施，如果都能被得到，就它通过降低不确定的原因、波动和失调来更好地降低保险成本的效率是被限制的。

如果市场不足以解决这些问题，这并不自动意味着政府能做得更好。在这种情况下谈论了政府的失败之处。面对这些问题，一个人应该考虑到政府改善这种情况的潜力。这种逻辑过程暗指，第一个问题是，给定现在的背景，市场不能解决哪些问题？第二个问题是政府如何能在不剥夺其他问题的条件下提高经济效益。第三个问题，也是最重要的问题是“连续性”。正如政策经常不高效，决策而不是被作为历史妥协的结果，问题是书本上的政策如何被调整，应该按照什么顺序采取其他的措施从历史的到高效公平的政策中转换过来。

7.2.2　在环境和科技问题方面的经济政策理论

7.2.2.1　可贸易的 CO_2 许可证、税收和其他手段

处理气候变化外部效应会产生食物保护措施的附加成本、新的药物和类似的事物。

㊀ 一个拓展的讨论可以从 Ziesemer（2008）的研究中发现。

㊁ 观念上对应的经济衰退的失调信号在货物市场中是货物清单向下偏离，从平衡的失业状态中向上偏离。

这些成本怎么被主观化呢？主要的手段是已经被讨论过的排放物的税收征收，或者可贸易的许可证。税收将会固定所需付的价格、剩下排放的数量的波动。同样的，如果供应的可交易的许可证是固定的，但是每年在不同的水平上，可交易的许可证的价格将会上下浮动。讨论选择税收和许可证的基本思想是边际收益和降低排放的成本在预期上应该是相等的，但是它们两者都将波动。由于边际效益是长期的期望，因为效果只有在30年或者40年才能体现出来，它们被假定是相对固定的。因为它们在商业繁荣和萧条的交替循环中是不一样的，边际成本将会波动。随着边际成本的波动和平稳的边际效益，税收将会反映每年边际成本和效益的价值，提供一个投资决定的长期方向（Dinan 2009）。协调气候政策与市场其他的诸如垄断竞争和生产变化的缺点的可能性也会因为有一个税收系统变得更简单（Soete 和 Ziesemer 1997）。如果通过研发而不是目前被毫无疑问地假定的已知的随机过程，得到只有微弱的边际减排成本的信息，如果未来的市场是制度化的，允许的市场将会是优越的（Endres 和 Rundshagen 2010）。而且，可贸易的许可证在经济衰退时价格低廉，在繁荣期价格昂贵。因此，它们就像自动稳定器，缓和经济不景气、平滑经济繁荣。在英国，一个可交易的许可证系统已经在没有未来市场在EU ETS 阶段允许交易的情况下建立了（Kemfert 和 Schneider 2009）。因为气候变化是一个全球性问题，所有的国家应该被包括。发展中国家已经声明他们只有在获得资金用于采取措施来缓和早期富有国家的排放结果，才会参与其中。这个钱可以通过拍卖许可证或者/以及提高税收（可能两者都有）得到。两种方法现在正在被 EU ETS 考虑。[⊖]

对于 CO_2 税收和可交易的许可证，政策开始得越晚，这些政策的成本越高。对于给定目标晚实施的政策暗示着 CO_2 税收不得不较高来获得相同的效果或者可交易的许可证的供应的降低不得不更强烈（ICCG 2010）。这些暗示将会是相比低税收和长调整时期的早期开始，增长的效果要强烈得多。两种政策也许会因为供应的反作用而相互抵消：如果化石能源的供应商期望从需求降低政策中获得下降的价格，他们也许会加速提取和供应化石能源（Sinclair 1992；Sinn 2008）。同样地，能源税收也许会导致同样的结果，如果它仅仅很慢地一个国家又一个国家分阶段实施，那么利润也会下降，提取会加速。

7.2.2.2 研究和科技进展：相信市场仅仅对互补充技术的支持

技术支持应该遵循“技术中立”的原则。政策措施被定义为技术中立的，如果在考虑了所有的市场缺点之后发现没有技术是优先的或者被歧视的（Metcalf 2009）。如有市场的唯一缺点是环境方面的，环境税收或者价格对于所有的技术是中立的。有很多市场缺点的情况可能会困难得多。如果一些环境技术被认为产生不同的学习或者研究外部效应，补贴的不同也许是合理的。这也许似乎容易通过输出的单位成本回归的方法提供学习曲线 ex - pose facto 的存在性。提供外部效应 ex ante 的存在性会比较困难。从原理上讲，研究中溢出可以被广泛接受，但是数量上当然是很困难的。

各自法律中有关技术的详细说明会引进技术上的非中立性。Metcalf（2009）描述了

⊖ 目前，产生排放物的公司必须在每年的4月30号拥有和排放物一样多的证明。

丰田汽车普锐斯不给任何补贴的情况。福特和马自达汽车的竞争模式（相同的股份）获得了相同的补贴，而克莱斯勒汽车得到了更多。很难想象经济上合算的计算单位 km 或者 USgal[㊀]的补贴的假设会被发现证明了这种不对称。这里的问题是当补贴技术在法律中详细描述时，运动和直接的非生产性寻利（DUP）活动可能会导致无效的政策。经济知识在这些情况中被忽略，正如上面所指出的一样。

7.2.2.3　校正税之外

税收和补贴试图从价格和成本的影响中校正市场缺点。然而，外部效应可能也会在需要公共投资的公共影响因数中呈现出来。私人公司当然能作为传统电网的生产者，但是计划和财政需要一些政府的支持。

7.2.2.4　进口资源和政治风险的政策

与区域集中的如石油和天然气的原材料面临同样的风险，正如 Desertec（Knies 2006）的项目所预期，因为参与的国家全都在非洲北部，那个地区几乎被认定为是一个政治不稳定和战争的地区。

7.2.3　政府支持的现有惯例

在德国，可再生能源事实上通过《德国可再生能源法》（EEG）保障的价格来补贴，是由所有电能购买者的增高标价获得资金。价格是在生产、投资和其他组成部分的基础上计算的。储能设备也许是这些成本组成部分的一个方面，一旦它们相关也许会被考虑在内。然而能源公司也试图获得其他的补贴。

莱茵－威斯特伐伦电力公司和通用电气公司已经试图为与 CCS 合作的 20 亿欧元的燃煤发电站的投资成本获取一个 50% 的补贴。那些钱被认为来自于危机定律（Welt Online 2009）。那些公司同意现有的碳价格太低，通常情况下太不确定，以至于不能仅从避免 CO_2 来将资金建立在机会成本的基础上。

家庭可以获得太阳能投资贷款的利息补贴（Bundesvermögensamt Freiburg 2010）。根据可再生能源新版本的法律，不仅是传输到电网中的电能将会被补贴，已经被家庭生产者他们自己使用的电能也是一样的。这将加速向新能源的转变，或许对未来电网的稳定会做出贡献。

集中太阳能（CSP）现在正在被德国环境部门、自然部门和核安全部分考虑用来研发支持（Christmann 2008）。[㊁]这与上面提到的 Desertec 项目有着紧密的关系。世界银行通过环保技术资金支持集中太阳能。[㊂]可再生能源加起来从德国政府获得了大约 1 亿欧元的研究补贴（Korfhage 2009）。自 2006 以来，光伏的研究补贴份额已经被减少，但是风能的份额却被增大。电网集成是这当中的一部分。储能和虚拟发电厂在这里被包括，因

㊀ 1USgal = 3.78541dm^3。——译者注

㊁ 德国环境部门的未来投资规划（ZIP）在 2001～2003 年为 CSP 支持研发。

㊂ CIF（2010）没有提到 Desertec，但是它似乎完全适合。

为它们被明确地提到。[㊀]

生物质的使用研究也被补贴。一方面，在避免为食品使用的生物量而进行土地竞争方面有一些重视。另一方面，从乌克兰和俄罗斯的进口也很重要。在这些国家里避免为食品用土地的竞争目的不是很明显。这在原理上与印度尼西亚的忽视是一样的，当荷兰的生物质被补贴时，印度尼西亚的树木被砍伐。应该谨慎地考虑国际贸易方面。

就水力而言，不仅有价格保障，而且有为投资贷款的利率减少措施（参看 www. kfw. de、www. erneuerbare – energien. de）。[㊁]

7.2.4 经济政策的程式化观点：最好观点、较好观点、历史沿革和转折

在本节，解释上面给出的例子说明中的基本原理。

7.2.4.1 最好观点

校正市场缺陷的政策的基本思想是政府应该对每个缺陷有一个方法。忽略其他的缺陷，对于 CO_2 破坏，一个充分设计的可交易的许可证系统或者 CO_2 税收将足以使成本变得主观。一些货物将会变得更加昂贵，将会失去市场份额。如果市场份额变成零，生产者将会离开市场。其他一些货物将变得相对便宜，也将会获得市场份额。不在市场中的货物也许会变得富有竞争力而进入市场。一个方法就足够解决这个问题。没有必要对研发之外的像风能、太阳能和其他的清洁能源进行补贴。其含义是，这个观点建议不应该对使用或者生产煤炭、造船业、农业和其他方式进行补贴，以减缓结构变化。也不应该对太阳能和风能的竞争者进行支持，除非有人能发现市场中的缺点来证明政策的干预是合理的。这不是一个人能从中随意地挑选出一些部分，放弃其他一些的一个购物清单，如果有人这么做，一些技术将会比其他一些更令人喜欢。这也许会带来不好的技术，不足以通过补贴进入市场，留下其他的，因为它们不足以被补贴。因此，不仅对补贴有定性的思想，而且对证明税收和补贴合理的外部效应有定量的思想是很重要的。

7.2.4.2 较好观点

与最好的政策一致，环境政策文献对于补贴的非研发使用是非常否定的。原因是补贴是被期待用于减少成本和价格，因此鼓励能量需求，这也扩大了负面的外部效应。然而，这主要是因为环境缺点的有限观点。如果失业系统地被考虑进来，提高边缘成本和降低创造空白的期望值的环境税收可能会提高平衡的失业率。污染降低输入的补贴也许会降低这些效果（参看 Ziesemer 2000）。

这些环境的或者其他的政策的介绍也会引起理算费用，它在极端的情况下可能会挑战经济的稳定性或者增加失业率。税收把理算费用转移到污染者身上，这些收入对整个经济都有利，除非有对它的使用作出特殊的调整。这引起了很大的政治抵抗，因为污染者要对早期的调整负责并应该承担调整费用这件事非常不清楚。因此，如果那些需要大

㊀ 在美国，集中太阳能投资由税收信贷提供（Handelsblatt）。

㊁ 对于电网资金参看 Koenig 等人（2004）的研究。

幅度调整的人获得补贴而不是税收负担，并且给补贴提供资金的税收负担遍布经济的整个领域，那么理算可能会减缓，引发较少的失业（Diederen 等人 1995；Vermeend 和 van der Vaart 1997）。荷兰政治家把这项工作叫作“正面刺激”。荷兰政府已经按照这个想法安排了补贴方案（参看 Steger 等人 2005，第 164 ~ 167 页）。

赞同补贴的第三个论点是国际竞争。如果负面的外部效应被税收内部化，这降低了那些付税收的人的竞争力，然而与来自没有实施这项政策的国家的外国公司竞争不需要付税收，获得一个有竞争力的好处。在这种情况下，补贴是最好的解决方式，因为如果给他们提供资金的税收通过家庭来偿付因而影响会遍布在所有的公司里，国际间的竞争缺失是最小化的（参看 Diederen 等人 1995；Vermeend 和 van der Vaart 1997；Ziesemer 2000；FiFo 等人 2009）[㊀]。

简言之，考虑与其他市场缺点的相互作用，理算费用和国际竞争可能会证明补贴的使用和放弃污染者付费的原则是合理的。[㊁]

7.2.4.3 历史沿革和转折

许多类型的补贴和税收来自远古时期，那时良好的经济思想在政治上没有很强的地位。根据商业报道，欧盟最近已经计算出煤炭和其他形式的能源供应的补贴经常超过每千瓦时 4 欧分。如此高的补贴可能会使革新技术如风能和太阳能进入市场变得不可能。当它们被去除了之后，CO_2 税或者其他的可交易的许可证取代它们强加上去，能源技术的投资组合可能会发生强烈的变化。然而，政策上的折中引领到 CO_2 政策已经被建立但是煤炭补贴却还没有去除的情况。这个情况会阻碍革新技术的发展，除非它们也被补贴。因此政策折中的其他方面是为其他技术如风能、太阳能和热电联产（CHP）引进补贴。然而这会产生一个使用更多能源的刺激，因为很多形式的能源都是被补贴的。

7.2.4.4 转向基于科学的观点

一旦所有的技术都在投资组合里，在长远时期内，所有的没有很好地证明是合理的补贴应该被平行地去除，CO_2 成本也应该被包括在内。市场可以决定使用哪项技术、哪项技术离开投资组合。然而从政治的观点上看，这将需要一个巨大的事业，因为它要求政治学家方面的一个态度，那是以科学为导向的、不以消费者为代价和不被游说运动的

㊀ 国际贸易组织把补贴的津贴限制到了各自投资的 20%。如果能源部门的投资 I_e，比如说是所有投资 I 的 5%，投资占 GDP 的 20%，得到 $sI_e/GDP = sI_e(I/GDP)/I = 0.2 \times 0.05 \times 0.2 = 0.002$。这意味着补贴是 GDP 的 1/5 或者 1%。如果所有的部门都是同样地分摊，这看起来不是很多。然而，单独加在污染者的对应的税收负担可能会非常高，可能会导致高的理算费用和国际竞争的缺失。

㊁ 其他的有趣的放弃例子是国家主权的情况，在这种情况下强制污染者付费原则是不可能的。在海豚/金枪鱼的案例中，美国补贴为环境友好的捕捞技术付费，避免了捕捉海豚和金枪鱼。

组织的内部运动所左右。而且，对于如何减少补贴，很可能会陷入争论中，就如同世界贸易组织（WTO）对关税减低的处理一样[一]。然而，如果政府成功地做了这件事，效率的获取和政府花费的减少可以非常大。

总之，避免创新停滞不前的唯一方法是考虑市场缺陷间的相互作用、理算费用、国际竞争和历史税收与补贴。因为目前的革新政策的惯例可以被认为是这样做的[二]。

7.2.5 经济政策建议

Sterlaccini（2006）和 Aghion 等人（2009a，b）建议对绿色技术进行更多的公关研究，以及在这个部分有更多的竞争，因为这个可能也会刺激更多的私人研究。私人研究目前太有限，紧密相连的是为演示项目和新兴补贴的研发补贴的思想。[三]就电能储能而言，德国目前仅仅只有压缩空气的项目。然而这项技术可能太过于昂贵，以至于不能覆盖到可再生电能生产中的 12 天的间隔。对于在德国自己仅有的现实可能的长期和大尺度储能技术的演示项目——氮生产和存储——应该也开始和被支持。这些将会是重要的，因为它们的效果值得后来的项目学习。它们将会在未来当 CO_2 释放量强烈地限制时尤其需要，因此天然气不能在漫长的匮乏时期内比如说 12 天的间隔（Anderson 和 Leach 2004）再被用来提供电能。

原理上，一个人可以认为储能设备是能为他们提供资金和通过套汇和投机买卖而有利润的技术。然而，这可能不是最理想的，因为它们也会对证明政策干预是合理的环境的改善做出贡献。首先，通过在高供应时购买，在低供应时卖出，提高稳定性。这个的部分内容是 Heal（2009a）称为让需求不饱和的成本的降低。[四]

其他的非保险的能被降低的成本是强制关闭电能生产和进入电网的成本、强制购买以及电网稳定性被破坏时失调情况下的法规的成本。这些也是跟失调和失望的期望有关的系统成本，因为这些没有保障。预期短缺时期也没有好方法，因为人们仅仅不知道太阳能和风力电能的生产的主要的间隔将会是 10 天还是 20 天或者是两者之间的一个时间。这样的失调产生的非保险的成本可以通过储能来降低，因此值得补贴。

第二，储能技术促进了环境的外部效应，因为它们使系统的电能供应更加环保。第三，在电能供应缺乏时，它们能促进能源部门中的垄断能源的降低，当一些竞争者放弃时这是很强烈的，因为它们不能在没有太阳或者风的情况下传输电能。第四，他们也许会降低遭受无法保证不确定性的技术的份额（核能），但是它们也许会因为潜在的保险

[一] 这里的问题是如何减少：在同样的百分率，或者同等数量的钱百分率、多少步、预留关税或者补贴等的初值的百分率。

[二] 参看 FiFo 等人（2009）的研究。例如，在海洋运输中的税收贷款的特点是足够的，而农业和森林方面的特点是太高。

[三] 当然，目前的有关新兴补贴实施的批判应该被考虑进去。然而，它们应该基于良好的补贴与经验工作的融合（参看 Santarelli 和 Vivarelli 2002）。而且，因为证明大部分是和外部效应和主要的市场缺点相关，这些好的指示应该也被使用（参看 Kösters 2009）。

[四] 燃气发电站也许也会提供这种好处，但是证明天然气补贴合理在这个项目的范围之外。

的缺失制造新的问题（氮存储）。而且，因为现有的经济政策惯例也支持电网的扩张，供应商通过传输可再生能源的价格的投资，尤其是储能的建立也应该在这里被考虑进来，因为通过最大负载的使用风能和太阳能的提供变得更便宜。这是一个所有的消费者都能获益的金钱上的外部效应。它暗示了如果储能被补贴和应用，对其他成分的补贴可以稍微减少。这些补贴主要基于在电能生产的竞争技术的补贴的历史沿革和转折（参看7.2.4节）的存在性，因为没有后者，从风能中提供电力的公司可以足够地提供储能，它们的联合贡献将会因为 CO_2 许可证被市场的存在性充分地支持。本书留下了一个未解决的如何补贴储能的问题。一个可能的方法是融入计算中，这是可再生能源法规的背景，这个可再生能源法规奖励电力销售，这不是储能设备的目的。此外，储能通过如投资税收贷款的方法在投资水平上获得补贴。然而，在2030年或者甚至2050年的长期水平的研究中，没有必要现在进入这些细节。

在虚拟发电厂方面的研究因为一些原因应该被公共财政方法支持（参看 Röller 和 Stehmann 2006）。这个已经在德国经济事务和技术部的电子 - 能源 - 项目中完成（BMWi 2007；European Commission 2005c；Droste - Franke 等人 2009）。

7.3 小结和结论

对基于天气的供应和文化引起的需求的波动产生的问题的分析显示，一些利益可以通过平衡选择获得，包括需求方面的管理，生产、需求和能源储能能力的智能控制。对储能设备的位置的经济分析揭示了供应者它们和交易商应该会对这样的操作感兴趣。相对于供应者将会把储能设备放在靠近电源的地方，交易商宁可将储能单元放在靠近消费者的地方。第三方，电网操作者，将也有兴趣将储能设备放在靠近高稳定性的地方。然而，因为现有的法律，那是在欧洲联盟的分拆指令下形成的，被允许这样做。在这样的情形下，只有生产商和商人被允许操作储能设备。

储能设备可以在供应短缺的和不安全不确定的技术（核能）减少时提供稳定的供应、降低环境外部效应、降低垄断能源来提高整个电力系统（也可以参看5.7节）。因此，在市场中干预来对它们的发展进行补贴是公平的。政府资金目前在这个领域支持其他技术。这样，不仅仅是研究和发展的资金和示范项目应该被提高，并进一步分布到技术选择，而且之后的资金应该被投入储能技术中。在虚拟发电厂领域的研究也应该被实施。

第 8 章

均衡策略的合法分析

8.1 要点介绍

根据在前面的分析，把可再生能源适当融入现有的能源供应系统则需要综合考虑不同的策略和设备。关于这一综合过程的准确设计以及其各成分之间的比例关系还并未有科学家通过分析影响因数最终完全确定。对于不同的策略与设备的选择，很大程度上来说还将成为一个政治问题。鉴于策略的施行具有政治性与开放性的特点，而这些策略是为将不断增长的可再生能源融入综合电力及一般的能源供应部门，这将需要新的制度安排与治理结构。这些制度安排的设计是一个政治决议，必须通过立法的过程。本章不能处理在制度和管理变化上所遇到的所有复杂问题。

截至 2040 年甚至更远，不会尝试呈现一个理想的电力系统的综合概要略图，也不会去讨论关于管理由可再生能源产生的电力相关的一般合法体系，也就是《德国可再生能源法》（Erneuerbare Energien Gesetz，EEG）中的相关规定。另外，本章重点关注的是最有前景的均衡策略和近期的能源法律特殊关系，例如，集中与分布储能系统（见 8.2 节）、配电网（见 8.3 节）以及输电网的扩展（见 8.4 节）。

关于中央储能技术，其焦点在于民事法律问题，例如非歧视性使用、访问和拆分。就基于事实与技术成果而言，决定是否将中央储能技术使用到供能层次或是输电网层次非常重要。其他问题的刺激因素则类似于和地下储能设施的规划，它和许可证发放有关。至于分散储能系统，关键的法规方面涉及电动汽车，尽管焦点应当放在数据隐私法和合同议题上。特别的，个人合约关系与合约网络将被考虑在内。

从一个合法观点来说，通过现代配电网而进行的能源供应会由一个新的数据保护合法方面所取代，特别是关于被查清并处理的数据的数量和质量。这样，一个主要的焦点将放在对数据保护的《现行法》的合法体制的检测上，探究其是否准备好且准备到什么程度来处理这数据的数量与质量。可以预料，智能电网和需求方面的管理将会导致一个经典的变化，从明确的角色定位、利益相关者和着重过程的封闭市场转变为一个有小型供应商、有购买者与供应商之间合作的开放市场。在全球的能源信息网中，不仅是数据保护的问题，还有合约问题，它们都将出现。

本章的分析同样解决了引导输电网扩展的合法安排。将要展示一种由各种规则与法律责任组成的现状。这导致了协调的问题，还有利益相关者将重要决定施行为选择性参与的非正式程序趋势的问题。结果，许多扩展项目在它们正式许可证发放或是随后的执行阶段面临巨大的抵制。本章也同意关于在国家水平上进行改革的提议，并且分析了由欧洲委员会制定的关于在整个欧盟水平上的改革的提议。

8.2　储能

8.2.1　集中储能系统

8.2.1.1　规划与许可证发放

以运行计划程序而知的调节管理体制基本上符合减少风险，而这一程序涉及地下储能的许可资格。问题在于法律的管理条例中对储能运营商和储能地点的土地财产所有者的关系是有缺陷的。由争夺地下资源使用权的竞争形势所导致的利益的冲突还没有通过现有的法律得以充分解决（关于这些主题更多详细内容，请参看 Schneider 2011，第70～74页）。

管理矿业资源的法律（Bergrecht）基本上都提供合适的设备选择矿业特许权（Bergberechtigungen）（须知更多细节及资料，请参看 Schneider 2011a，第72～73页，第80页）。根据现行法律，这些并不适用于地下储能设施，但可以作为《拟议法》。在一方面，依法均衡地下储能与土地所有人的关系，另一方面可牵制地下其他活动的联系。这些设备更适合用于具有法律不确定性的与以前一个关于 CCS（碳捕获与存储）技术的提议协议相联系起来。这项失败的提议给土地所有人提供了一个不能容忍的地下 CO_2 存储的义务。但这一义务也将依赖于明确的规划批准指令（Bundesregierung 2009），从而引起在规划批准发行之前的投资危机。新的管理草案也是为了相似的想法（Bundesregierung 2011）。

更加重要的是为了避免或解决早期的利用与冲突而对一个综合的地下规划设施的官方介绍。地下规划应该在全国范围内进行协调，甚至最终涉及某些在欧洲水平上的战略项目。还有另外重要的一点就是要确保通过对潜在的合适的地下土壤的形成进行绘制和登记，从而有坚实的信息基础。

8.2.1.2　调整的范围

对比在电网扩展上的争论，关于为地下储能设备的安装所必要的投资激励的讨论在早期阶段展开（Schneider 2011a，第74～79页）。就调整法律而言，现有的能源与环境法仅包含一点与储能相关的明确规定。电力产业（发电、输电、供电）价值链的基础性划分保持着开放性。然而，可应用的法律不足以胜任管理在《德国可再生能源法》的基础上而产生的储能方面的赔偿问题，并且它限制了那些潜在的利益相关者是否愿意在私有土地上储能的自由。简言之，现有的调整体制不能起到合理、恰当的刺激作用来管理储能装备的安装。

由于当前的压缩空气与压缩氢气储能技术的不稳定性及经济的发展限制，目前有必要建议在《德国可再生能源法》下反对引入一个新的储能津贴或储能保险（Schneider 2011a，第80~81页）。为了避免法律层面的限制，通过对试点工程予以预算和研究调查，从而实施一种更简单、明确且可控的财政支持形式似乎更有希望。如果储能设备对输电系统运营商（TSO）来说，是实现它们尽可能通过电力储备交换，从而让可再生能源产生的电力进行商业化的一个清楚、合法且可接受的工具，这样可以分散关键的障碍。

8.2.1.3 接入

关于集中储能技术，关键的合法方面在于《现行法》《拟议法》的定义与特性。主要基于事实及技术成果上的发现，决定是否或者到什么程度上将各个中央储能技术归于电源层次或是输电网层次，这都是十分重要的。各个职位在很大程度上掌控民事法律事宜的合法评估，例如非歧视性使用、访问及拆分。特别的，对资源的一般或具体的访问义务，也有基于对集中储能技术的具体设计和它们各自的合法分类的规定电网。这些发现对于《能源法案》（一般或具体访问义务摘自《能源法案》第17条、第18条；有关访问的规定电网使用摘自《能源法案》第20条、第28条）和反垄断都是有根据的。这些发现对于反垄断的基本设施学说而言也是有效的〔参考《反垄断法》（GWB）第19条第4段第4行〕。

电网接入（就电网使用而言）和《能源法案》

在《能源法案》的内容中，有一个特殊的焦点在第20条及其对推动欧盟的自由化能源市场宏观目的做的非歧视性访问，也在考虑之中。这样，德国的立法人员不被规定去支持独家的调节电网输入，而是按照《能源法案》第20条的管理规定在规定与调整这两条道路中选择了中间的道路。这个折中办法的内在特点引起了接入输入电网而言的许多问题（即是否依据某些条件授予电网访问权或者通过什么办法形成买卖关系）（de Wyl 和 Thole 2011，第793页）。

有关能源供电网（燃气与电力）的《能源法案》第20条第1段内容，迫使电网系统运营商给予每个人（即能源供应商和顾客）非歧视性的电网接入，针对某一套标准，在互联网上发布标准的条件（包括合同范本）和输电网的用户费用。电网系统运营商必须满足它们所要经受的3个阶段的条件，即非歧视、合理、透明化（de Wyl 和 Thole 2011，第848页）。换句话说，电网系统运营商有责任同普遍认为高效的接通电网的途径合作。进一步具体化的这些一般性责任，尤其是在《能源法案》第20条第1段a和stromNZV（对于输电网），以及在《能源法案》第20条第1段b和GasNZV（对于燃气网）之中能被找到。

这些规定传递了一种可强迫性的权利给一些生产商，尤其是一些为了再度出售而购买能源的生产商及在它们自己的市场中分布有能源的生产商。如果末手买家通过努力获得输电网的访问与使用权，且通过签订个人合同的方式来优化能源获取的过程，那么它们的作用也应被考虑在内（de Wyl 和 Thole 2011，第848页）。根据现在仍在讨论中的中央储能设施的技术特点，似乎有可能在电源或是输电网层次分配各自的储能装置。作为研究成果的其中之一，根据《能源法案》第20条第1段关于访问输电网的权限，负责中央储能运营商能让自己处在原告方也可处于被告方。

根据《能源法案》第28条和有关燃气供应，储能设备的电网系统运营商必须保证，它们的储能设备及其他服务能接入其他公司，并在技术与经济上没有歧视。假设储能设备的接入是以技术和经济为高效访问到电网的前提，的确应该保证电网的设计可以满足顾客需要。由于操作的条件或其他原因，如果各运营商能证实其访问是不可能或是不合理的，那么可以拒绝授予其接入的权限〔见 Danner 和 Theobald（2011）：第28条第12段〕。

《现行法》在《能源法案》第3条第31行中合法定义了储能建筑，作为一栋存储燃气的建筑，它不仅存储大型天然气供应公司所属的或经营的天然气，还包括部分为保存液化天然气的液化天然气（LNG）建筑，除了部分被利用作为开采活动；未包括在内的都是需要另外安装的，且都被供应运营商保留下来，以待以后使用。

在《能源法案》的内容里，在电网设备（参考《能源法案》第20条）和储能设备（参考《能源法案》第20条）之间所产生的差异是普遍存在的，但也并非总是这样。储能系统在实际供能线路网络中使用的事实已经被立法人员在《能源法案》第3条第2段中进行了陈述：天然气供应网络被定义为全程远距离供应网、天然气分配网、液化天然气（LNG）设备和储能设备，而这些都需要接入远距离供能线路、分配网和液化天然气设备，以及一些由一个或几个能源供应公司所拥有的或是经营的额外服务、电网缓冲作用和各个设施。

这样，这些设备就不包括在要求必须要接入远距离能源供应线路和配电网的储能合法定义中（Damer 和 Theobald（2011）：第28条第14段）。正如标准中定义的“必要性”的特性，给顾客供能的同时考虑电网运行的维护是有必要的。在这种意义上，储能的用法很有必要，当它在不会引起电网访问干扰时不能够被移除。在这方面，将会考虑特殊的情况。在《能源法案》第28条中，关于储能接入的规定阐明了立法人员应该管理规划大多数从输电网分离出来的储能设备。考虑到这一点，如果地下储能设施处于一个远距离能源供应水平，这将是在整个生产力中建立起来了一个主导地位，而地下储能设备都将被排除于《能源法案》第28条的申请，那么每一个规定的意义与目的以及立法人员的意图都将受到相反的影响。这样，作为一个天然气供应网络，其对储能设备的分类将被限制在特殊的情况之下。

在《能源法案》中，关于无差别对待的问题，从地下储能技术的角度，依靠其特定的构造与分类，可按如下群集来区分：就能源和设备供应相匹配而言，根据《能源法案》第20条第1段，受影响的运营商可以要求接入输电网。另一方面，如果这些设备将被分配到输电网水平，受到影响的运营商将会成为其声明的被告。这样，需要做以下区分：在供电网的水平上，这一要求需符合《能源法案》第20条第1段。在天然气供应网络的《能源法案》第28条内容中，关于储能设备的入口，将会比《能源法案》第20条优先进行考虑。对《能源法案》第20条第1段的追索权也将只有在特殊的情况下才有必要。

输电网接入（就电网使用而言）和《反垄断法》

在给定的内容中，和《反垄断法》第19条第4段第4行的一般反垄断管理规定有巨大的相关性，在《反垄断法》第 19 条第 4 段第 4 行中对接入电网进行调整的主要目的，是在公平的基础上对必要设备的采集授予接入权限。至今为止，对下游与上游市场中的竞争者进行标准化很有必要，这源于对纵向整合的结合与一个巩固的市场结构。在市场中将不会给基础设施的互利作用提供一个垄断的地位。这样，《反垄断法》第 19 条第 4 段第 4 行作为特定行业的准入规定的进一步替代品，已经存在且增加了基础设施内容。根据反垄断的规定，接入地下核心储能设备并作为战略瓶颈的设备，能归于已经确定的需要进一步在事实和技术成果上进行考虑的需求。

电网接入（就电网连接而言）

按照欧盟潜在的指令，《能源法案》区分对电网接入的要求（例如将电网用于运输和能源部门）和对电网连接的要求（即为了接收能源而有可访问的客户端）。地下储能设备中的中央储能设备运营商和满足“储能设备”定义的中央储能设备的运营商可根据《能源法案》第 17 条第 1 段进行电网连接。这样就需要分析立法人员应将哪种工业技术定义为“储能设备”以及是否应将已确认的设备包含在哪个定义之中。然而，针对电网连接的要求，一般综合整治不应要求对反垄断法的强制性依赖。而且关于技术创新，反垄断法的本质功能（特别是《反垄断法》第 19 条第 4 段第 4 行中的规定）也不得不考虑在内。

《反垄断法》与《能源法案》的关系

根据《反垄断法》第 130 条，假设《能源法案》第 111 条的内容不与明确的规定相矛盾，《能源法案》的条例不会妨碍到 GWB 第 19 条、第 20 条的实际应用。然而，GWB 第 111 条第 1 段第 1 项命令禁止《反垄断法》第 19 条、第 20 条、第 29 条就《能源法案》或基于《能源法案》的相关规定拟定最终明确的规则。按照《能源法案》第 111 条第 2 段第 1 项，这些规则都包含在《能源法案》的第 3 部分的规定之中，而第 3 部分的规定是管理包括电网接入与电网连接的电网维护工作。如果到目前为止，那些法规自称为关于《反垄断法》的规定的最终规则，那么那些在《能源法案》的第 3 部分规定的基础之上制定的法规仅仅只是代替了《反垄断法》第 19 条、第 20 条。虽然对电网接入与电网在补偿方面的规定没有阐明一个明确的最终角色，对管理规定的控制程度的加深通常将排除反垄断法中判断的偶然性。

8.2.1.4 拆分

《能源法案》第 6 条第 1 段第 1 项规定对透明度的保证、电网维护的体现与对执行中无差别对待是整体立法的目标。为了确保竞争力，通过非歧视和透明化的电网维护方法，联系《能源法案》第 6 条第 1 段第 2 项可知，极重要的方法是电网系统运营商独立于那些与有关拆分规定（《能源法案》第 7 ~ 10 条）有联系其他领域的能源供应活动。将这些措施进行考虑并从关于拆分的现有能源法律管理体制的角度来说，解决中心地下储能设备整合或分散到电网系统运营商，或能源供应上的问题是十分重要的。在这部分内容中，需要检测是否有可能并到什么程度，就电网系统运营商运行它们自己的储能设备时涉及的拆分方面的合法规定，或者是否应该通过对对应的立法修改，使这些事成为可能。

除此之外，需要强调的是除了能源经济法的规则和在不同拆分方面的一般性反垄断法，以及一个法案对于《反垄断法》的一个最后的修正案。这一法案可以制定一个名为“Enflechtung”（拆分）的新《反垄断法》第 41 条。这将首先也主要是影响能源供应行业。这一草案的实现或许将产生一个普遍的，特别是在这一研究主题及可再生能源资源的整合上的深远影响。

8.2.2　分散储能系统，特别是在电动汽车领域

对于分散储能系统，关键的合法方面涉及电动汽车，尽管焦点将放在数据隐私法与合同议题上［关于在能源管理法案《现行法》上的电动汽车的整合以及在公共领域电力充电点的合法分类（Keil 和 Schmelzer 2010：461 ~ 563 段）］。合约网络和个人合约关系不得不为了一个合适的处理方法而被考虑在内，而这一处理方法关于维护的责任、风险范围、合作与传达的责任以及使用的条件。而且相关网络的作用将对《德国民法典》（BGB）第 307 条及其之后关于标准的条款与条件的合法管理体制产生突出的影响。另外，电动汽车的使用也带来了关于数据保护的重要问题。关于数据保护法的原则，一个主要的焦点将放在由广泛深远且极其详细的个人能源使用框架的产生所包含的内涵上。

8.2.2.1　合法关系

在初审中，为了充分处理主要且复杂的合约网络问题，区分在能源贸易过程中相关合法关系是很重要的。在这方面，欧洲法律在电网连接、电网接入（在这一内容中还特别用到了理论上的电网）和能源供应方面进行了严格区分，并且一个起始点也是由欧洲法律引导的能源市场自由化所建立的。现在，消费者不仅面对一个单一的能源供应公司，而且他们对能源供应商也有自由的选择权，但电网的垄断权仍是不可动摇的。而且，一方面将能源作为商品进行销售，而另一方面在电网中传输能源，在这之间存在分化（de Wyl 和 Essig 2011，第 498 页）。这是因为作为这一区分的影响，将会给顾客、电网系统运营商和电力供应商造成与合约关系和协商相关的一次广泛深远的变化。

能源供应合同

能源供应合同为个人消费者或更进一步的销售处理电力或燃气的（有偿）供应。这就包括一方面在生产商与销售员之间，另一方面是在生产商与中间人或生产商与供应商之间在整体销售上的合同。而且条款“能源供应合同”同样包括供应商与电力消费者或燃气消费者之间的合约关系（de Wyl 和 Essig 2011，第 498 页）。至于合法条件，能源供应合同根据《德国民法典》第 433 条之后可以作为销售的合同或是至少可以等效用作销售的合法概念。通常会有一个协议来定义合约关系，使其以用户协议或持续供应合同的形式作为一个长期的合同；供应商根据消费者的要求不得不准备供能（de Wyl 和 Essig 2011，第 524 页）。

另外，分散储能技术，特别是电动汽车，必须充分融入合约法的测量。将获得的能源分散与电网的运营考虑在内是极为重要的：关于电力交易与销售应该区分不同的形式。随着交易者与供应商的增多，合同的数量也随之线性增长。并且，有关电网接入的问题也要对其进行考虑（例如连接合同与接入使用合同）。在经过相关基础设施形成的

关于电网使用的自然垄断的输电内容中，以下关系需要进行合同化的调整，由供应商导致的电网的使用与配电网所运行的关系（或是很特殊的由被供能的顾客导致的），在一个配电网运营商和连接用户（所有者）之间的电网连接：在能源输入生产商与电网系统运营商之间的电网连接；在不同电网等级之间的电网连接（de Wyl 和 Thole 2011，第 848 页）。

多层次的复杂结构

受影响的合约关系就有关电网连接、连接使用和电网接入的相关关系而言是复杂、多层次的。关于输电的共同责任与义务是这些合法关系的核心。对电网接入的一般要求与那些在《能源法案》第 17～19 条中首先提到且最重要的管理电网连接的要求是连接在一起的（de Wyl 和 Thole 2011，第 848 页）。有关在电网系统运营商与连接用户之间的连接使用关系需要具体化。

至于电动汽车，电网连接和电网使用的合法体系被证明是多层次错综复杂的：电动汽车既会连接到能源供应网络作为供应能源的接受者，在分散储能系统中又将会反馈能源到网络本身。这些交互作用将会对电网连接及电网接入的（合同的）设计带来深远影响并得从网络内部的合约关系的角度进行理解。

8.2.2.2 网络中的合同关系

作为以上所讨论问题的结果，当将分散储能技术融入能源供应网络时，处理各种相关团体的大量合同都将被考虑。无论是横向水平的合同（例如电动汽车内部）还是纵向水平的合同（例如下游市场与上游市场的连接）都是相关的，它们相互交织。合约网络的相关现象需要解决；可以说合约网络的内涵最多经历了仅仅有限的法律学上的精心制作而对于能源部分甚至更少。

合约网络作为一种实际存在的现象

合约网络是基于（至少是）大量的双极的合法关系，而这种关系，事实上在它们整体性与复杂性所涉及之处远远超过有规律的双极关系。这些双极、多极的合约关系可以将自我利益与公共利益之间的冲突作为特征。而且相关利益的结构通过一方面由系统责任的均衡，另一方面由自治、对自我利益的追求和竞争而得到塑造。这些合约网络的明确特点必须得到考虑，特别是对于合同解译、隐含条款和标准条款的检测问题。

法律支撑点与可引出的责任

想到接下来在网络内部对可能的责任的调查研究，有必要去阐明合法影响是否并能达到什么程度来突破一个单一（双极）合约关系的教条边界。对于相互之间无直接合约上的联系的网络成员，他们之间的责任的臆断，从一个合法理论的观点来说两个可替代的模型似乎是有可能性的：首先，网络发起者和网络成员的合约关系可以归类作为给第三方的有保护作用的合同（例如，其他网络成员），此后相关的责任将在 BGB 第 241 条第 2 段的基础上被分类。第二，从《德国民法典》第 328 条的意义上说，合约关系可以被看作针对第三方利益的一个合同。这样，通过联系《德国民法典》第 242 条和 BGB 第 328 条，融合推论和对申明的分类将是很必要的。

在两个出色的方案中，本质的要求将是至少有一个足够的网络连接，足够互惠并与网络相关性保持一致。而且为了定义相关责任的内容必须在维护、合作的责任以及通知的责任之间做出区分。

根据这篇分析，即有关将可再生能源融入供电分析的主题，一个合约网络中的一个成员是否应对同一合约网络中的另一个成员负有责任及付有多大的责任，这两个成员之间的（直接）合约还未做出决定。这就涉及调查在第三方的可能影响，例如关心的责任和保护的责任（比较《德国民法典》第 241 条第 2 段），这些都不是与现存的直接合约关系相联系而是与普遍的网络有关。并且将必备要重新定义和排列的电网系统运营商、能源供应商、用户和分散储能设备运营商之间的信息关系。

除此之外，为了整个系统能充分运行并达到每个合约关系的目的，合约网络内部有必要存在一定程度的合作。考虑到普遍接受合作的必要性，可以确定出相应的合作义务。这将需要阐明这些义务（例如对整个网络忠诚的义务）是否可能达到单一的合约关系并能超越多远。相应的合作义务能够显示在某些信息的准备、记录和更新的过程中。并对于分散储能技术的可能的信息义务都很可能被发现，那些信息义务将必须与一个在合法数据保护问题上的特定焦点相调和。那些能从合约网络的内容中提取的信息义务可能会导致以赞许和警告形式的义务。这些义务可能在合约前的阶段就开始了（例如传达与公开的义务），并且这比对合约后执行与保护的义务的协定期限更长久。

修正/标准的条款与条件

总之，另一个重要的问题是在一个合约网络的合并的影响下，一个单一的合约关系的修正案能否及在多大程度上得到认证。这些修正案可以确定基于订单数量的增长而获得折扣，而这只有网络才有机会使其成为可能。并且由另外一个合约关系或普遍的网络所产生的异议可能会起到作用，因为如果不这样，网络自身的功能就会受到损害，特别受到这一过程影响的是为分散储能技术的使用相关的标准条款与条件的起草。此后，网络用途的最主要的原则在当涉及标准条款与条件的控制时在《德国民法典》第 307 条之后的基础上能有突出的重要性。

在这一内容中，顾客在能源经济中的地位需要分别进行调查。在《能源法案》第 1 条第 1 段中所陈述的能源经济法内在消费者友好型的总体目标受到一般民法与所谓的标准条款与条件法律的确保（Theobald 2011，第 27 页）。在这方面，标准条款和条件的法律适用性问题起决定性作用（Scholthe 2000，第 553 页）。如果标准条款与条件法律能适用，可能引发关于实际起草的问题，例如在疏忽或故意引起的电力干扰或燃气供应干扰和输送的不规则的情况下可能出现的合约责任的排斥或责任的限制作用问题（Theobald 2011，第 28 页）。从而当涉及对标准条款和条件进行控制时需要考虑到《德国民法典》第 309 条第 76 行导致的责任排除的无效性是适用的。因此，电力或燃气供应和输送将不得不被分类为“新生事物或工作绩效的传达者”，依据是《德国民法典》的第 309 条。然而，规定的精神与目的及立法者的目的，这些可在《德国民法典》第 308 条、第 309 条的表述中找到，能在《德国民法典》第 307 条的观点中得到考虑：关于电动交通及其特点，这些大体的条款在涉及标准条款与条件时承担着合适的消费者保护作用。

总之，需要指出的是，《德国民法典》第310条第1段、第2段抑制了基于《德国民法典》第307条之后对标准条款和条件的控制，特别是当合同被能源或燃气供应公司和所谓的特殊关税消费者共同决定时（对比《德国民法典》第310条第2段）。

8.2.2.3 有关数据保护的问题

除了鉴于基于数据管理与控制的（所谓需求侧管理的）一般性合约主题，电动汽车的使用还带来了关于数据保护的问题。现代信息技术运算法则允许综合与普遍的框架和运动形式的准备。数据保护问题与现代信息技术运算法则相联系将变得特别令人信服。在数据保护的相关主题方面，德国制度法庭最近做了一个重要的判决，这一判决标明了高标准的数据保护（例如有关分散储能与不对称加密，02/03/2010，Az. BvR 256/08，1 BvR 263/08.1，BvR 586/08）。

最近的对引导数据保护立法的原则的考虑突出了在电动汽车的整合中的特定问题：关于电动汽车，个人的深远、极度变化与广泛传播的外形及移动设备的准备都可以实现。这样就可以指出将电动汽车融入能源市场，就基本数据保护在基于个人的数据涉及的风险而言，将能远远超过对智能测量的融入所带来的相关风险（Raabe等人2011，第46页）。在不同的收费站有各自的收费过程，很有可能将会产生各种测试点运营商进行的数据测试（Raabe等人2011，第45页）。

并且，额外的市场参与者将涉及测量的传递和处理，例如收费站的运营商和最终的清理站（Raabe等人2011，第45页）。此外，在电动汽车部分收集的数据不仅将会显示出个人的参考，还将给出明确的或隐含的位置上的参考（Raabe等人2011，第45页）。高质量行为与运动形式的潜在形成需要一个综合、分型的相关过程的数据保护管理规定。在这一内容中，在对智能电网的技术与团体设计和在对数据保护法的基本原则的考虑下，电动汽车的整合必须通过调整测量的方法来遵循和处理（Raabe等人2011，第63页）。

依靠在个人案例的精确安排，根据在系统运营商、能源供应商和能源运营商之间将要做出的一般大规模的信息关系的安排，所产生和收集的信息多样性将导致更多的数据保护问题。整体能源供应的数据保护是由于复杂的信息和通信流程，将会在接下来的部分所检测，在这部分中为未来的智能电网规划了一个合法的体系，它允许控制负荷和满足高度复杂化的网络流程要求下使用双向数据通信（Raabe 2010，第379页）。

8.3 配电网中的均衡策略

8.3.1 智能电表

智能电表为家庭带来了一种消费数据的数字式测量、传输与处理的方法。通过移动电话、互联网或直接使用电网的数据传输机，将相关数据送到各自对应的供应商，尽管消费者能随时召回和查对他们的数据。不管是收集到的数据的质量还是数量，还是数据记录与所传递的信息，都导致了新的法律冲突与问题。这就需要近距离查看这些关于数据保护和信息拆分的问题，因为详细的消费数据有助于框架中各个细节的产生（见上述）。数据保护的问题因为未经授权而提取出数据将有可能暴露出来：这些重要问题不仅影响现实中可能出现的情形（例如入室盗窃），同时也将会通过安全缺口进行攻击。这将对无数电力用户的个人税的调制产生影响。

8.3.1.1 有关数据保护的主题

直到现在，数据保护方面在有关供电的辩论中仍扮演重要的角色。这与电力输入预计中基于标准化框架的事实极其相关，而这也仅仅是从数据调查中发展而来的（Roβnagel 和 Jandt 2010，第 374 页）。相关调查粗略地区分了在工作日、周六、周日、银行假日及不同季节的使用形式。这种消费调查的方法使得在通过适当努力去改变关税的考虑中提供了更多的时间单元（Fox 2010，第 408 页）。

即将面临的挑战

能源效率的提高需要消费者行为对能源供应的适应。能源生产与消费需要在电网方面进行更加精确的调整。通过集中和分布能源生产商、能源供应商、电网系统运营商、检测员及测量服务供应商与顾客之间的信息交流，来优化能源供应和能源使用（Roβnagel 和 Jandt 2010，第 374 页）。只有这样将这种大范围的电网信息与电网通信考虑在内，才能保证在对储能技术的需求增加的背景下，能源效率的提高和将可再生能源适当融入现有的能源供应体系。在通过《电力与燃气计量竞争法》对《能源法案》的修正及《能源法案》第 216 条第 3a 段的开始实施之后，将允许使用所谓的智能电表，从而迈向智能化电网的重要的一步就完成了（Karg 2010，第 365 页）

通过智能电表的使用，供电将得到一个新的有关数据保护的法律量度，因为数据的数量和质量可以用智能电表来查明和处理。在过去的，只能为每年的消费做一个整体的数据测量；在未来，除了其他事物外，每年将有超过 35000 个传输装置每一刻钟就进行一次消费的度量（Roβnagel 和 Jandt 2010，第 374 页）。在这一内容中，需要考虑到现代科技主导的社会将会带来高度机械化和自动化的生活方式，在这一方式中，几乎每个人的活动将直接或间接导致能源消费（Karg 2010，第 366 页）。人们的日常生活规律和行为规范将反映在能源的使用当中。今后，人们将会通过即将到来的详细而精确的能源消费记录得到正确的建议，使得在人们的生活习惯中产生更多具有深远意义的相关投资（Karg 2010，第 366 页）。

需要说明的是，应该测试关于数据保护的《现行法》在处理有关法律保护的利益的数据保护问题与安全防范是否适合以及适合的程度。

合法体系《现行法》

正如个人行为模型的详细框架能通过这些数据编制出来，核实的数据也可以分类作为在《联邦数据保护法》（BDSG）的第 1 条第 2 段和第 3 条第 1 段意义下的个人数据。《联邦数据保护法》作为成文法，个人有权决定和其自身相关的信息保护，即原则上，个人有权决定个人数据的公开和使用（BVerfGE 65，1（43））。智能电表的技术与组织机构需要与数据保护法所承认的原则和标准相协调。然而，形成一个合法的分类相当困难，因为必要的依据多种多样，并且智能测量也没有一个准确、标准的参考体系

（Raabe 等人 2011，第 12 页）。

在某些前提条件下可能授权批准将《联邦数据保护法》的第 4 条第 1 段设计为一个禁令。使用智能电表所发生的每一种信息的传输都要经过法律的授权——根据特别法减损优于一般法的原则，为了不被归类于违背法律，需要将特定范围的管理规定在考虑《联邦数据保护法》的裁判权之前先进行考虑或直接同意。在接下来的研究中，要做一个有关不同数据流、数据处理和信息成分的区分。

相关账户数据的收集

当收集相关账户数据时，如果它可以准确地给出数据处理的类型、数据处理的目的和范围，相关特定领域的法律将只适用于证明数据处理的正当性。相反，对于需要满足某些数据处理的任务的描述是不充分的（Karg 2010，第 367 页）。是《能源法案》还是《测光访问条例》能被归为权威性基础也是有疑问的。到目前为止，还没有关于智能电表的数据保护这一特定领域的管理规定（Karg 2010，第 368 页）。

根据《联邦数据保护法》第 28 条第 1 段第 1 行以及测量站的监测员与受影响的整体质检所实行的合约，在《联邦数据保护法》第 3 条第 3 段意义下的有关消费者账户的账户数据最后调查可能得到许可。在以下这些情形很可能产生两个特定的法律问题：首先是没有一个独立的关于测量的合同，因为测量是由供应商完成的。供应商和用户之间所有合法化的合同能通过配电网供应商和源于《电网连接调控条例》（NAV）第 3 条的连接用户之间的责任进行建立（Raabe 等人 2011，第 8 页）。其次，有远程的数据输出仪器调查所产生的法律问题，因为连接用户不能控制在何时、每间隔多长时间能从他们自己的装置中读出数据（Raabe 等人 2011，第 8 页）。这一发现与依据《能源法案》第 4 条第 1 段第 1 项从个人直接收集数据的原则产生了矛盾，同时也与最重要的数据流的透明化原则相冲突。

随后更进一步的问题需要从那一点上进行考虑：可能存在与《联邦数据保护法》第 4 条第 2 段中提出的直接采集数据的原则、对可变负载的使用或是由《能源法案》第 4 条第 3 段提出的依赖日照比率及《联邦数据保护法》第 4a 条提出的受影响的整体合法化，这些一般可能性有本质的偏离。至于这些肯定的因素，问题又将给能源部门带来是否对以电信为基础的优势的考虑及在多大程度上进行考虑的问题。在这部分内容中，有必要去明确一种书写形式（在《联邦数据保护法》第 4 条中已进行了陈述）可以就关于《德国民法典》第 126 条且不再需要媒体的中断，来传达一个具体化的意图的安排。实际上根据 TMG 第 13 条第 2 段的模型已经提出了为能源部门所简化后的许可（Raabe 2010，第 384 页；Raabe 等人 2011，第 10ff 页）。

相关账户的数据的传输

将账户相关数据从测量站检查员传输到电网系统运营商和能源供应商，从《联邦数据保护法》的观点来看也证实是有问题的。如果电网系统运营商作为收集到数据的收件人，那么依据《联邦数据保护法》第 28 条第 1 段第 2 行或第 2 段第 2 行 a 项，此事将被依法介入。在两种情况下，为了受影响整体的合法利益，这一权利受到抑制而不被人注意。如果有足够的理由来假定，受影响的整体合法利益会排斥数据调查的使用、

（数据）处理（传输）和使用，那么便可能不会执行，对比《联邦数据保护法》第28条第1段第2行第2项和第28条第2段第2项（Karg 2010，第369页）。尽管有测量站检测员与电网系统运营商的合法利益，智能电表固有的远程处理能力具有潜在的侵犯数据透明化的安全原则的威胁，而这一原则本身又是《联邦数据保护法》第4条第2段的基础。没有合法的意外情况，这样受影响的整体将会加入消费数据的传输过程。最后的远程处理如果没有受影响整体的加入和其掌握的知识，从数据保护的观点来看，将是不会被批准的（Karg 2010，第369页）。

作为测量点监测自由化的一部分，如果自由化也是能源供应合同的一部分，那么能源供应商很容易被当作智能电表的检测员。在这种情况下，对消费调查的合法基础将会是能源供应合同，见《联邦数据保护法》第28条第1段第1行（Karg 2010，第369页）。就从《联邦数据保护法》第28条第1段的一个申请所传输的数据而言，处理中所一般禁止的例外也可能属于以上提到的关于缺乏透明化的限制。除此之外，从测量点监测员和能源供应商之间的关系中所包含的《联邦数据保护法》第28条第1段的意义上，要证明数据传输的正当性几乎是不可能的。这不像检测员与电网系统运营商之间的关系，它缺乏一个明确的法律规定。这就暗示在这样的关系下的数据传输是不被或是还未被立法人员所认可的。

相关数据的收集、处理和控制使用

《资源保护方针》（Data Production Directive）第6条第1段第6行（RL 95/46/EG）声明必须确定数据处理所要达到的目的。至于数据收集的相关控制，其作为实现能源节约目标和提高能源效率的一种设备的合法目的，应该被考虑在内。参考《能源法案》第40条第3段及源自管理规定执行的义务，基于一刻钟时间间隔或是实时的个人选择，根据《联邦数据保护法》，仅仅只能通过相关人员的许可通告或是基于根据《联邦数据保护法》第28条第1段第1行所对应的合同才被许可（Karg 2010，第370页）。

关于数据收集的原则，上面已经讨论过了，即在《能源法案》第40条第3段的背景下，基于《联邦数据保护法》第40条第2段的一个例外情况是可能出现的。从而通过智能测量的方式，多种渠道每天都有的关税能够促进能源效率的提高。而且必须解决数据保护问题并考虑信息的自行决定与能源效率的提高之间的均衡，能源效率仍然保持着创新的开放性和合约的确定性（Raabe等人2011，第3页）。对于即将到来的挑战的评估，前提在于甚至是当运用《联邦数据保护法》第4条第2段执行了例外的情况时，也必须保护好相关个人的利益。这种保护可以通过提供相关人员已经准备好的关于持续信息以及对实时概况图的认识而实现（Karg 2010，第370页）。此外，通过网络入口，这种方式对应的服务人员可能位于其他国家，对于个人能源的消费选择，通过所传送的数据产生了另一个数据保护维度。在这种情况下，无论是国际法还是国际私法都将受到影响。

最后，需要考虑的是，如果有必要履行合约义务，私人数据只允许被收集、改变或是传输。在这部分内容中，对于《联邦数据保护法》第3a条的数据经济原则的遵循问题已经成为讨论的主题。“必要性”在这种意义上意味着，只有数据的收集才能得到许可，根据关税完全有必要给顾客均衡账户，这是被广泛认可的（Wedde 2010 第 28 条 Rn. 15）。这样电网系统运营商唯一被授权，可以得知适当的规范测量发生在某一特定消费者身上。为了能源管理与次要目的中能源数据的使用，任何消费者的信息都不需要也不必个人化。为了控制能源生产和分配，不需要个人的数据。为了这一特定目的，来自于一些家庭和公司建立的数据需要进行统计，并且在这些整体处理之后也只能被传输给电网系统运营商和电力生产商（Roβnagel 和 Jandt 2010，第 375 页）。并且除了限制数据采集，将所收集的数据进行去隐私化（个人化）也必须对其进行考虑（Karg 2010，第 367 页）

合法政策的考虑：《拟议法》

由于潜在的数据保护侵犯了由智能电表的使用可能引起的信息自行决定的权利，拥有法律管理规定可能在大众普遍的利益中是合适的，均衡个人对信息自行决定的权利只有通过法律决定才被证明是正当可行的。从一种理论的管理规定的观点来看，数据保护的合法管理体制中的一个正规体系，或是在数据保护方面的能源法的一个特定领域的修正案，对于这样一个法律举措都将面临问题（Raabe 2010，第 372 页）。在基本的目标导向调查的原则中，个人数据的处理和使用需要对目标进行适当的物质担保，这样可对其进行合法追踪（Karg 2010，第 372 页）。并且还需要决定哪些细节、哪些类型的数据可被收集和处理，同样必要的是数据处理在受到整体影响下的情况、对个人权利的潜在风险的附带评估（Karg 2010，第 372 页）。最后需要考虑的是对不同情况下的数据使用和数据保护的法典的编辑。

8.3.1.2 网络中的合约关系

对于相关合约关系的一个合适的设计问题，关于在合约网络中的可能的责任所做的陈述都是有关的。此外，智能电表的实际特征将会被考虑在内。

8.3.2 智能电网/需求侧管理

在一个智能电网中，智能电表对于一个更大整体或是更大整体中的一部分都是一个必要的先决条件。“智能电网”涉及当今电网的现代化，因此存在一个双向的信息和电力交流。信息技术的基础设施都是电网改善的核心内容，它们将整理由智能电表和许多其他设备提供的数据为消费者和公共工程提供信息（Cavoukian 等人 2010，第 278 页）。

在这一内容中，从一个合法的观点来看，存在一对典型的转换，其在能源市场的信息技术联网中与利益相关者有关：在能源经济法的意义上，存在一个从已封闭的且有清楚明确的角色、利益相关者和在行进过程中的市场向一个开放性的市场的转变，从提高能源效率的观点来看，开放性市场也将包括小型的供应商、购买者与供应商之间的合作以及一个分散生产与储能的整合体系内的快速角色变换。至于深入广泛运用的能源信息网络，有数据保护识别和智能电表带来的法律风险、合约问题和挑战都很有可能会增加。

8.3.2.1 数据保护

这样一个广泛包含和运用的能源信息网所带来的结果之一是给信息的自行决定及选

择与开发自由带来了风险。这将意味着《联邦数据保护法》的重要性将在很大程度上得到提高（Roβnagel 和 Jandt 2010，第374页）。正如在国际学术的数据保护问题上最近所指出的——设计一个美国智能电网：根据一个高级隐私影响评估（PIA），存在许多重要的隐私关注点和隐私问题都与美国电网有关。这一评估是由网络安全协调工作小组中的隐私问题小组负责的，网络安全协调工作小组处理在智能电网中的隐私问题，特别是在消费者与公共工程之间的信息交换领域。隐私影响评估陈述道：（U. S. Department of Commerce 2009a，US Department of Commerce 2009b，UK Department of Energy and Climate Change 2009）：

—智能电网的隐私含义还未完全理解。

—对于涉及智能电网信息收集的整体，缺乏正规的隐私政策、标准和步骤。

—对于个人可识别的信息，综合一致性的定义在公共工程产业中并不普遍存在。

—分布的能源资源和智能电表将揭露房子内所居住的消费者及其活动的信息。

—移动的智能电网设备，例如在朋友家里给电动汽车充电能产生额外的个人信息。

—智能电表和智能电网将能通过多种方法来使用个人信息（Cavoukian 等人 2010，第284页）

解决问题的策略在符合准则的条件下已得到提议，“智能隐私”凭借信息自行规定的权利在当开发智能电网的技术及组织设计时应被考虑在内（Cavoukian 等人 2010，第25ff页）。

8.3.2.2 网络中的合约关系

以上与智能电网有关的陈述也运用在与网络特征相关的合约关系上，虽然特定的偏差将必须对其进行适当的考虑。

8.4 输电网扩展

本节的焦点在于能源市场管理规定与基础规划法之间复杂的相互作用。投资管理规定的主要目标是为了确保有足够的投资并以此来保证供应安全，且同时推动支持气候保护政策的能源系统的改变。同时，低效率的以及过量的投资要予以阻止。电网扩展同样也必须考虑其他的利益，如自然保护或是与其他土地利用形式相匹配。

8.4.1 电网扩展的规划与许可证发放的现状

电网的规划和许可证发放涉及一套复杂的流程、不同部门（输电系统运营商、欧盟组织、国家与地区的当局）和不同的主观问题或焦点（企业规划、经济调控、具体部门规划及空间规划）。图8.1给出了一个综合性表述（Schneider 2011a，第16页）。

整体结构的起始点是输电网运营商（TSO），对整体电力系统的运行负责。因为将在下面展示出更多详细的细节，输电网运营商有责任为输电网运营商领域、欧洲部分地区和整个欧盟地区拟定不同种类的投资计划。

规划的第二个方面包含负责经济能源管理规定的不同权力机关，即联邦网络管理局

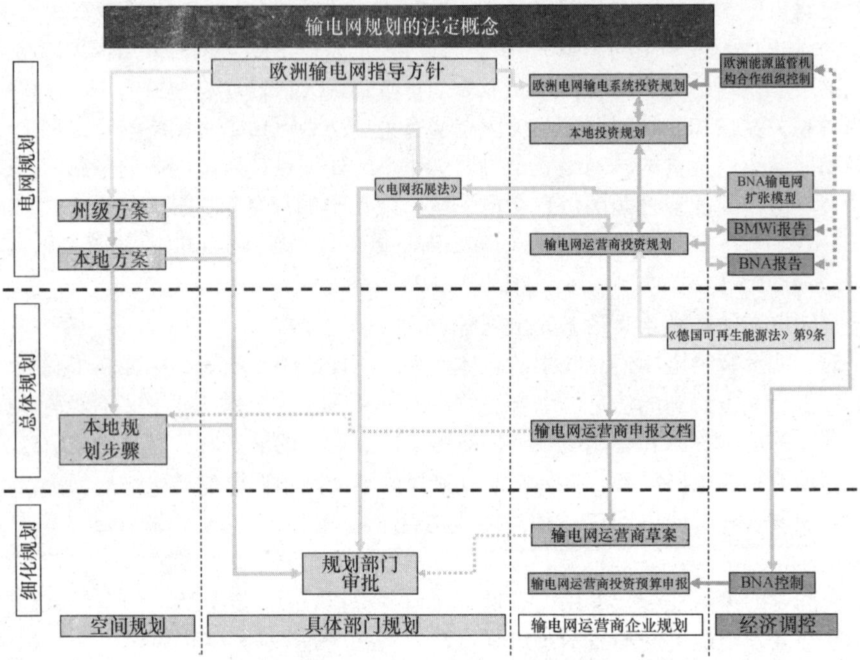

图 8.1 输电线规划的法定概念

(BNetzA) 与欧洲能源监管机构合作组织以及联邦经济部的管辖权限。这些权限的主要焦点在于经济的可行性及输电网运营商投资计划的效率。另外，它们控制电力系统并确保供电的稳定性。这些权力将在随后进行更加详细的探索（8.4.2.3 节和 8.4.2.4 节）。

为了调整经济效率，具体部门规划流程和一般的空间规划流程关注于电网的需求与土地使用及自然保护的其他需求之间的冲突。德国规划法的一个明显特点，不仅是在能源法的领域内，还在所有重要的基础设施工程，例如铁路或是公路与高速公路都现实存在的一般的空间规划（主要由 Länder 法律管理）和具体部门规划（主要由联邦法管理）的区分。在这个系统中，具体项目的许可证发放在于当局机关的具体部门规划权限，如果项目相当重要，在这样的情况下使用的合法工具是计划批准指令。它的明显特点是它代替了一个具体项目将会需要的所有特定的管理决定，例如施工许可证、用水许可证及其他这类证件。这个计划批准指令的流程中还包括环境影响评估以及符合自然保护法的决定。

然而计划批准指令只是相当复杂的整个规划结构中的最后一步而已。计划批准指令通常有相当集中的关注点，它们只为几千米的电网发放许可证（关于电网部分作为一个规划流程中的目标定义所存在的合法问题，见 Bundesverwaltungsgericht, Deutsches Verwaltungsblatt 2010，第 1300 - 1304 页）。这样，德国规划法包含的一个附加的工具，即所谓的区域规划过程（Raumordnungsverfahren，ROV），从一个更宽广的角度为计划批准指令保留了清晰的输电线的详细线路。区域规划过程的一个特殊之处在于它对个人的合法地位没有一个外在的影响，仅仅是对规划管理机关产生内在和拆分约束的影响（合作的责任需要考虑［Berücksichtigungspflichten］）。这样它的成果将不是司法审查的对象，而受到影响的个人团体将被迫采取行动来阻止最终的计划批准指令。

区域规划过程可分为当局对一般的空间规划和绝大多数 Länder 所批准的对输电线的大致路线规划的决定，即在广泛区域和全国的计划中对大致线路的决定。然而，现实中这些计划通常不需要这样的电网线路，也不用给区域规划过程保留大致线路的分配情况。在任何情况下，受空间条件限制的空间规划工具在各个州的区域内都会受到束缚。虽然 Bunderslander 被迫在这些问题上进行合作，但要协调全国的输电线路仍然是麻烦、复杂、低效率甚至是没有任何效果的。

与其他领域的设施规划相比，直到最近为了全国的电网规划，能源法才需要具体部门规划工具。这只是改变了部分《电网拓展法》（EnLAG）的制定。然而这一法律描述的仅仅是少量且极为重要的项目工程，并且这样的工程甚至还没有为其分配大致的线路。代替的仅仅是通过提及它的工程的起始点和结束点来粗略地进行描述，而这些甚至也没有以一种详细的方式展现出来。总之，《电网拓展法》并不需要为整体电网制定一个综合性的计划。

根据《欧盟运作条约》（TFEU/AEUV）第 170 ~ 172 条，这里应该提到的最后一项工具是有关欧洲输电网（TEN）的欧洲决定。这些规定不提供法律权限。同样，规划与许可证发放的权限也保持在成员国水平上。《欧盟运作条约》第 171 条仅授权欧盟：

—建立特别的但会带来普遍利益的项目工程的指导方针。

—执行任何可能证明确保电网协同能力必要性的举措，特别是在技术标准化领域。

—支持主要由成员国支撑的有关大众利益的金融项目。

这些措施中的一个特殊焦点是国家电网的联络线路的投资，这被证明是欧洲国家电网整合的一个主要障碍（European Commission 2007b）。此外，欧洲能源网络（TEN - E）指导方针确定了在那些需要贯穿整个欧洲的输电或边境地区的电力交换的成员国内的电网扩展。

欧洲能源网络指导方针中第 10 篇授权欧洲委员会，从与成员国所关心的问题相一致的角度，委派一名欧洲协调员给那些遭遇重大延期或是执行困难的有关公共利益的项目。协调员没有正式的法律权力，但可以通过推动项目工程在欧洲的规模及项目，推动人员与相关人员之间的双边对话的方式来帮助有实权的国家权力机关。他可以通过协调咨询人员所关心的国家决定来做出贡献。然而，他不仅仅是成员国之间普遍认为的一个帮手，他还是推进委员会与成员国关于电网扩展“监督”的工具。这样，他每年被委派为欧洲协调员的执行过程中，出现任何可能导致一个重大延误的困难和障碍时，都要给委员会递交一份报告。而且委员会可能会要求欧洲协调员在测试那些他监督的项目或项目组社会基金的实际应用时还要有他自己的观点。

总之，实际定义规划阶段和规划责任的合法规定，与关于铁轨的规划的合法概念很相似。这样，在这一法律领域内的实证研究中所定义的非正式的修正案，可以预料同样也将适用于电网规划领域，虽然到目前为止还没有有关此深入实证研究的存在。在铁路规划中的实际特点如下：

—在每个早期阶段都有一个强大实际的定位，为之后所有的正式规划流程中途径的定位做出了非正式的决定。

—（私人的）项目推销商在关于可替代途经中决定的主要影响。

—一个功能缺陷的修正案在区域规划过程中，对于地区规划流程有一个相当详细的具体部门规划的流程。

所有的这些问题，对流程透明化和从普通的和受影响的民众所产生的潜在的可接受性，都会产生消极的影响。图 8.2 给出了一个正式的合法概念所对应的预料中修正案的简略图。

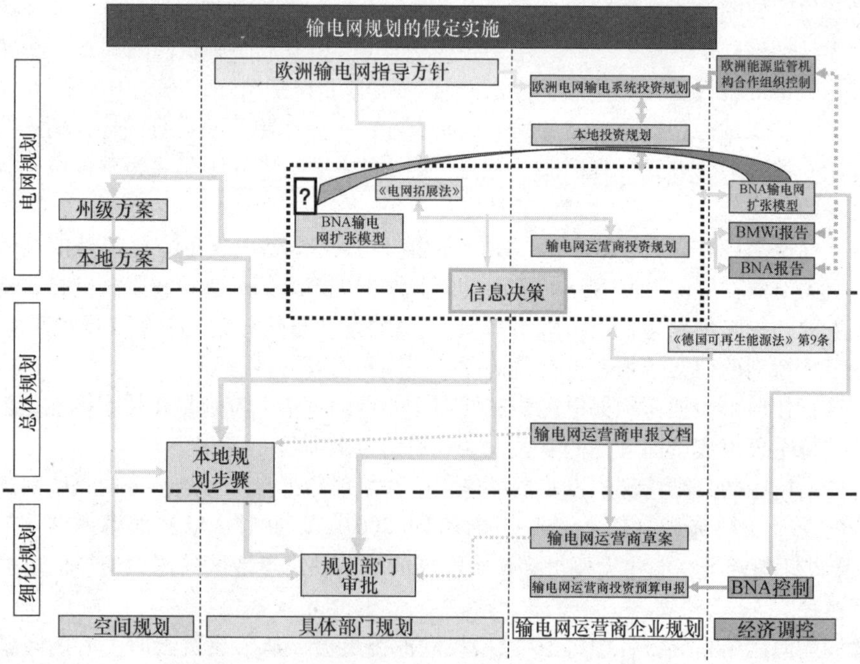

图 8.2 假定规划实施

8.4.2 作为经济能源管理规定的一部分，投资管理规定的现状

电网扩展对于规划与许可证发放而言不仅仅是一个议题。同样重要的是能源经济法所用到的工具，将由输电网运营商来刺激或者个人投资。分拆的义务是欧盟最新整套计划中的一个重要的组成部分，它带来了矛盾的投资动机（见 8.4.2.1 节）。不只是功能失调时的精准投资的责任，例如它是《德国可再生能源法》的一部分（见 8.4.2.2 节），更适合的是系统的投资义务（见 8.4.2.2 节）。它们的规划需要有一定的基础。在这方面，近来的法律及第三个欧盟能源整体计划包含一个缺乏协调的详细解决方案，以及一个合适的过程的安排（见 8.4.2.3 节）。正如前面所提到的，为了协调一般及具

体部门规划和电网接入关税的经济管理规定，特别需要一个清楚的标准作为基础（见 8.4.2.4 节）。虽然在今天德国联邦网络管理局同意它的策略操纵运行，但所谓的投资预算，即使其在这一点上代表了最重要的调整手段，也没有提供一个实时、稳定的投资基础。

8.4.2.1　分拆

通过第 3 个单一能源市场整套计划，输电服务分拆的调整标准得到了巨大的加强（Schneider 2011b：第 2 条第 45 段、第 46 段、第 48 段之后）。对所有者分拆的新规定以及对一个独立系统运营商（ISO）和一个独立输电运营商（ITO）的可替代模型，被证明具有正当性，特别是到目前为止的一些基础设施有缺陷的跨国扩展。纵向整合公司的拆分能消除投资带来的反竞争弃权引起的不利于经济发展的因素，也可以在考虑到电网运营经济下，确保高的投资预期回报率的动力，从而占取相对更高的地位。

然而大量充斥收入与风险就投资回报率来说，甚至对于分拆的电网运营商都会产生反作用。关于分拆操作员的投资政策中，一个主要问题在于为高级市场的新能源生产能力的战略性投资动力，对投资政策的不相关或是至少只是略微相关性。由于那些到目前为止，已经被纵向整合了的大公司，在海上风力发电中增加投资，这些为电网扩展的战略刺激至少不会不被考虑。输电网运营商为整个标准系统分配义务，但它们只能在自由时免除责任，在很复杂的情况下功能化地区分能源供应架构。通过先进的分拆的投资影响能被期待其将达到某一程度，这也暗示分拆必须与其他调整手段相配合。

8.4.2.2　输电网运营商的电网投资义务

立法人员有足够的理由不单独依赖分拆要求（这在德国已经被完全执行），而是宁愿去考虑明确的投资义务。在精准的职责与系统职责之间的区分是必要的，在私法条件下，生产厂商中的运营商个人所授权的职责涉及精准的责任。这些授权被《德国可再生能源法》第 9 条进行了详细的调整，这些会在下面作为模范进行清楚的阐述。然而，这些精准的职责在人民法庭上对于特定冲突诉讼的场合必须由双方执行：来自于《能源法案》第 11 条、第 12 条的系统投资在诉讼的特定冲突中的职责，和整体的以需求为基础的电网容量的扩展。正如下面分析的一个系统投资职责是由反射性管理与监察机构权力的相互作用所执行的。

精准投资义务，例如《德国可再生能源法》第 9 条

如果电网瓶颈给供电商从可再生能源上限制电网接入，电网运营商则被迫立刻根据《德国可再生能源法》第 9 条去进行优化，推动和扩大它们的电网。它们被排斥这一义务以防止经济的无理性。在电网系统运营商违背这些义务的事件中，那些与电力输入利益相关的人可能要求为他们所遭受的损失给予赔偿。

电网运营商根据关于接入费用的一般规则可能分摊到电网扩展的成本。值得注意的是根据《德国可再生能源法》第 36 条，输电网运营商内部之间的平等机制并未覆盖源自《德国可再生能源法》第 9 条中义务的投资成本。仅仅只有为地下电缆所附加的成本将会在输电网运营商之间进行平等，而根据《电网拓展法》，地下电缆计划只是试用项目。

就像其他规定一样，《德国可再生能源法》第9条规定如果经济上不合理，电网系统运营商将不必对其优化、推动或是扩展。大多数人认为，这一测试具有宏观层面，并且这不只是从一个简单的电网系统运营商的角度来进行的测试（Schäfermeier 2009：第9条《德国可再生能源法》Rn. 16ff 页）。这个宏观经济的解决方案当然是正确的，但它产生了严重的预兆性问题和其他复杂的问题。从而所涉及的那些超出电网系统运营商的和电力输入利益相关的人的利益问题，是不能通过现在人民法庭上用执行者精准投资义务的过程而得到最好的解决方案。这就是为什么法庭（BGH 2008，2009）在立法过程中符合评论，通过陈述扩展，只要扩展的成本不超过各个生产设备的投资成本的25%在经济上就是合理的，用了一个相当粗糙的简化。当然这不是一个真正的宏观经济的测试，但批评家们到目前为止都无法找到可以成功运用于人民法庭诉讼的替代方案（Schäfermeier 2009：第9条《德国可再生能源法》Rn. 18ff 页，Ehricke 2010：第9条 Rn. 47ff 页，Salje 2009：第5条 Rn. 56页、60页）。

根据《能源法案》第11条、第12条的系统投资义务

根据《德国可再生能源法》第11条，只要在经济上合理，那么电网系统运营商就被迫优化、加速、扩大它们的电网系统（Sächer 2009）。为了达到输电系统运营商委员会在《能源法案》第12条中所陈述的，它们必须永远确保输电网能满足并保证供应的安全。这个一般性义务得到了加强。此外，输电网运营商必须给连接电网系统运营商提供所有的用来协调扩展的信息。对比上面提到的在《德国可再生能源法》下的精准投资义务，在《能源法案》下的投资义务有一个系统的性质。它们不仅在当一个实际具体的需求出现时才存在，而且输电网运营商必须产生且执行预期的投资计划。为了使输电网运营商能够预测未来的需要，所有在能源市场中的其他扮演者都被迫提供所有相关信息（《能源法案》第12条第Ⅳ部分）。

存在争议的一个问题在于给投资进行责任的合法分配。一些评论员强调输电网运营商的特权限制了德国联邦网络管理局的权利（Schumacher 2009，第252页）。更令人信服的是如果一个输电系统运营商在《能源法案》第11条第Ⅰ1部分和第12条第Ⅲ部分的条件下不完成它的投资义务，那么德国联邦网络管理局至少有可以进行调节的地位。这就是为什么，甚至作为一个失败的直接的委员会提议就电力供应的安全性问题没有提供原型，而只是为了投资决议衍生权利。这些有偏差的投资指令都是基于输电网运营商本身建立的投资计划及执行这些计划时的错误许可（European Commission 2003，第13f页）。

相对的，最近的《电网拓展法》提供的仅对需求和一个带有《能源法案》第1条的项目一致性的分拆的宣告，例如确保一个安全、划算、消费者友好型、高效且环境友好的能源供应，以及高效不受抑制的竞争和一个有效、可靠的能源网络运行的安全措施。

总之，在《能源法案》第11条、第12条下的系统投资义务必然比上面描述的精准义务更加适合。然而，如果没有互补的规划安排，操控的能力是很低的（Schumacher 2009，第252页）。实际法律关注的是输电网运营商的投资计划，在其他市场参与者与当局的不同形式的监视之下，作为反射性操控的一种手段。

8.4.2.3　输电网运营商的投资规划义务作为一种反射性操控手段

根据德国能源法，公司的投资规划义务

根据《能源法案》第 12 条第Ⅲ部分 a1 项，每隔两年输电网运营商就得产生一份关于它们电网系统状态与投资计划的报告。按要求，它们得把这份报告呈献给德国联邦网络管理局。这强调了反射性操控的途径。然而其他规定迫使德国联邦网络管理局要求将输电网运营商提供的报告作为德国联邦网络管理局自己的报告义务或是联邦经济部的报告义务的基础（《能源法案》第 63 条第Ⅰ部分，第 51 条）。根据《能源法案》第 12 条第Ⅲ部分 a3 项，如果德国联邦网络管理局有关于具体能力缺陷的消息，这可能来自于一位输电网运营商依据《能源法案》第 13 条第Ⅶ部分所做出的存在瑕疵的分析结论，那么德国联邦网络管理局有权要求输电网运营商就某些电网成分迅速做出报告。

在 2009 年，《能源法案》第 12 条第Ⅲ部分 a2 项中的一项新的规定加强了输电网运营商定期报告潜在的操控。报告中的投资计划，现在必须指明特定的项目，而且必须为这些项目的实施定义时间表。从而，输电网运营商被迫做一个更加先进的规则形式。同时德国联邦网络管理局至少获得了更集中的电网投资控制的新起点。

在第 3 个能源整体计划中的改革的步伐

就像德国能源法一样，欧盟能源法建立或至少假定了输电网运营商的一个系统义务（Art. 12 Dir. 2009/72/EC）。在第 3 个能源整套计划中，这个义务将通过区域范围甚至是整个欧盟范围的新的规划文书而进行具体化（Art. 12 和 8（10）Reg. 714/2007）。新的规划文书将通过输电网运营商组织来执行，并且将会补充上面提到的国家水平的公司投资计划（详情见：Hirsbrunner 2010；Schneider 2011a，第 30 - 32 页）。根据 Art. 4 Elec. Reg，所有的输电网运营商将通过欧洲电网输电系统的电力部门进行欧盟水平的合作，尤其是为了推动一个合理的欧洲输电网的技术革新。欧洲电网输电系统的电力部门特别采用一个分拆的社区范围的 10 年电网开发计划，包含欧洲每 2 年就产生一个供电裕度的展望（Art. 8 Elec. Reg）。欧洲产生供电裕度的展望将覆盖整个电力系统的供电裕度，以此来供应当前以及在下一个 5 年周期，还有按展望中的速率在往后的 5 ~ 15 年所预期的对电力的需求。欧洲生产供电裕度的展望，应当建立在一个有输电系统运营商所准备的国家可生产供能裕度的基础上。社区范围的电网开发计划将特别如下：

—建立在国家投资计划之上，考虑区域投资计划，如果适合，电网规划的社区方面包括贯穿整个欧洲的能源网络的指导方针。

—关于边界处的相互连接，同样也是建立在不同系统用户的合理需求，及从投资整合的长期合同保证的基础之上的。

—鉴别投资的差异，尤其是关于边界交界处的容量差异。

来自于不同批准程序或实践的对边界交界处电网容量增长形成的障碍的检查，可能被附加到全社区型的电网发展计划中。

当准备电网密码、全社区型的电网发展计划的草案时，欧洲电网输电系统的电力部门将在早期阶段以一种公开、透明的方式引导一场广泛的磋商过程，这将涉及所有相关的市场参与者并特别包括能代表所有利益相关者的组织机构（Art. 10 Elec Reg）。这次磋商的目标在于肯定在做出决定的过程中所有的相关团体的观点和提议。

Art. 9 Elec. Reg 通过建立欧洲能源监管机构合作组织建立了一个监控流程。这样欧洲电网输电系统因为其自身的主张，将给欧洲能源监管机构合作组织递交一份全社区型电网发展计划的草案，它包括关于磋商过程中的信息。两个月内，欧洲能源监管机构合作组织将要给欧洲电网输电系统的电力部门及欧盟委员会提供一份充分详细的论述观点及建议，欧洲能源监管机构合作组织考虑到全社区型的电网发展计划的草案并没有促进非歧视、有效的竞争及市场的高效运转，或是向第三方开放渠道的一个充分的边界之间的相互连接。

与一个通过地区合作推动普遍自由化的解决方案一致，Art. 12 ELec. Reg 规定一位输电网运营商将在欧洲电网输电系统的范围内建立地区的合作关系，特别的，它们将每隔两年发表一份地区的投资计划，并可能在此基础上做出投资决定。最后一条规定展示了欧盟投资计划的普遍特点，并突出了各组织间多级磋商与联合的自我管理，以及合作与复杂协定的连接。从而，欧盟能源法承认：①电网扩展几乎不能接受那些不了解市场参与者的人民当局的指令；②欧盟本身也只有有限的权限和资源来调整电网扩展。

第 3 个能源整套计划的另一个方面是在国家层面上，建立了至少部分集中的投资控制。在第 3 个拆分模型中应用相当严格的规定，所谓的独立输电运营商（ITO），被包含在一个由德国发起的电力指令中。对于其他的模型（所有权分拆和独立系统运营商），仅有非常模糊的规划责任出现在指令中。似乎还不清楚独立输电运营商的抉择是否将与实际相关。这样，各个规定将只会通过简短的讨论。指令的 Art. 22 迫使成员国为独立输电运营商制定一项义务，即每年都呈现一个 10 年的电网发展计划。这将被国家调整权力机关依靠独立输电运营商，去执行其面临的电网投资作为详细指令的一个基础。这些规定使用了一个在上面所讨论的，在供应安全上的错误指令中也提出的技术。这一技术在某种程度上来说已经在《能源法案》第 12 条第Ⅲ部分 a3 项中用到了。

8.4.2.4 投资动力及作为价格管理规定方面的可靠投资

输电网运营商都是私人企业。就这点而言，它们只有在可以预料到有足够的利益可以赚取的前提下才会投资电网扩展。另一方面，输电网运营商都是拥有专利者（垄断者），而价格管理规定必须阻止垄断出租。为了给这种复杂的情况实行一个均衡的解决办法，德国的立法人员结合一个效率导向的价格层次管理规定和所谓的不会对成本有所影响的特殊情况（《能源法案》第 21 条第Ⅳ部分 a1 项）。根据《激励性规例条例》（ARegV）第 23 条，用来从一般效率刺激的计划中免除某些投资成本的特定调整工具都属于所谓的投资预算（详情见 Schneider 2011a，第 33－37 页）。

调整机构的投资预算和电网扩展计划

一位输电网运营商从联邦网络管理局为所有的电网扩展申请了一个投资预算。这些电网扩展用来稳定整个系统或推动国家、国际电网的整合，并满足《能源法案》第 11 条的要求（见上述）。某些满足这些要求的投资项目种类都罗列在《激励性规例条例》第 23 条第Ⅰ部分。与整合可再生能源产生的电力内容相关的都属于以下项目类型：对使用可再生能源的发电设备的整合投资；某些地下电缆；电缆温度监控的使用，高温导电电缆的使用或高压直流输电线的使用；与离岸风电场的连接。

联邦网络管理局必须决定所提出的项目是否属于《激励性规例条例》第 23 条的其中一种投资种类，并需要证明所提议投资的成本效率。《激励性规例条例》第 23 条第Ⅳ部分、第 22 条第Ⅱ部分第 3 项规定联邦网络管理局将用一个基准分析法去证明所提出项目的成本效率。法令将这基准分析定义为电网扩展模型基础上的一个优化练习，这将结合效率标准、创新动力和对电网投资路径依赖的回应。不幸的是，联邦网络管理局还没有能力提交这样一个电网扩展模型（BNetzA 2009，第 4f 页）。取而代之，联邦网络管理局在一份非正式的指导方针中定义了某些标准，这就给组织的评定留出了许多余地。至少联邦网络管理局假定了，如果一个计划批准指令得到发表或是在 EU TEN－E guidelines. EnLAG 或是在所谓的 DENA I－analysis 中列出了一个项目，那么项目就能定期给出一份投资预算（DENA 2005，BNetzA 2009，第 4f 页）。有趣的是，联邦网络管理局在它 2010 年的指导方针中的投资预算里并没有提到电网扩展模型，即便在 2009 年的指导方针中，还强调了这个模型的重要性。

虽然电网扩展模型对于电网的进化及所有市场参与者都必然是极为重要的，但建立这一模型的过程并不是依法而建的。《激励性规例条例》第 23 条第Ⅳ部分、第 22 条第Ⅱ部分通过陈述模型反映科学知识的状态只提供了有限的指导。这一方面显然过于技术化了，这个模型不能避免反映在某些问题上的政治地位。电网扩展模型与那些引入控制的合法体系中，使用技术指导方针有相同的特点。模型建立的过程应该与规划的工具相协调，这些工具通过考虑非经济利益和除能源产业的土地利用需求，采用了更广大的视野。最近的避免有野心的步骤，并且用一种胡乱应付的政策代替它的练习不再被接受。因为输电系统正主要面临在自由化和可再生能源的整合的推动下的革新。

一个次要的讨论点是用来判定投资预计的关于管理流程额的时间的选择。无需深入相当技术性的细节，人们不得不承认联邦网络管理局喜欢尽量晚地做出决定。这是为了以那些尽可能准确和综合的信息的决定为基础。然而这与输电网运营商通过尽早投资以减少调整的风险的利益相冲突。

通过调整假期来刺激投资

为了给新的双边联络新路提供投资动力，Art. 17 Elec. Reg. 应要求同意免除了这些关于大量管理的责任或是价格的管理规定（Dauper 2009，第 220 页）。有能力授予这些豁免的都是受到影响的成员国的国家调整权力机关。为了强调欧盟的利益，欧洲能源监管机构合作组织可能递交给了各个调整权力机关一个建设性的观点。

相反，这些调整的假期并不是为在国家电网扩展的情况下才提供的。正如上面展示的，德国法律通过建立投资预选提供了一个特殊的调整工具。然而，投资预算只有在一项投资因其划算而被联邦网络管理局接受时才会给予。而且预算也限制了输电网运营商提高接入关税的选择。虽然电力部门的指令因为这些投资而明令禁止调整假期，但最近的欧洲法院（European Court of Justice（C－424/07））在电信网络领域的禁止调整假期的审判似乎将会推广到能源部门。

8.4.3 一个关于电网扩展中的规划、许可证发放及调节的改革观念

8.4.3.1 国家概念

为了在架空线与地下电缆之间的选择而用的两个阶段的规划过程和一个标准化的评估计划，瑞士法律为了扩展选择来改革德国的能源法律，提供了一个指令性的模型（详情见 Schneider 2011a，第 38 – 49 页）。

下面讨论的改革的选择符合制度体系并且基于以下原则：

—规划进行阶段伴随着透明化的任务分配不会有再度调查。

—规划进行阶段伴随着为公众和受影响团体的参与性涉及应有适宜的安排。

—关于电线线路的决定，加强欧洲国家利益与地区利益的联系。

—改善空间规划、具体规划部门和网络管理规定之间的相互协调。

—为了得到一个合适的过程设计，灵活改善过程。

作为一个基础的改革模型，为了战略性的输电投资项目，已经提出了两阶段的部门规划（详情见 Schneider 2011a，第 57 – 62 页）。第一个阶段将是新引进的联邦输电网计划（Bundesfachplan Übertragungsnetz）。这一计划将有以下作用：根据特殊要求决定国家利益项目、路径图绘制并讨论可能的替代方案。联邦特定规划将需要被设计，用于担任一个由联邦当局领导的管理规划过程，和一个由联邦政府引导的管理最终决议。根据现有的法律，第二部将在与具体部门规划的批准时决定。在这个改革模型中，区域规划过程被限制在一个为有次要相关传导力的建设项目或是复杂规划的候补角色中，并且那两个规划都不包括在联邦具体部门规划内。协调一般空间规划将会成为起草联邦输电网计划的部分过程。

根据瑞士的经验，在早期阶段，涉及核心层次的持有人并将其作为一个输电网运营商，包括电力消费者、生产商或交易者的重要的电网用户及国家操作环境协会和生态保护协会为代表形成的先进、积极、协调和明智的小组是有好处的。这将与输电网运营商的特定重要的预算相互作用，也会相互影响到调整电网扩展的模型。这一模型是作为联邦网络管理局支持投资预算的一个基础。

根据所呈现的想法，联邦输电网计划成为一个法律需要的有执行力和影响力的空间发展计划。因此，联邦具体部门规划将包括根据指令 2001/42/EC 的一个策略的环境影响评估，以及根据指令 92/43/EEC 的一个对于野生动植物栖息地保护的内涵的评估。这与程序的功能相一致：在可替代的大规模接入与促进其容量之间进行评估并选择让更多受影响团体所接受。

关于随后的批准计划的过程，就没有占据合法地位优势的基本修正案了。一个给高压线拟定规定的义务似乎是值得考虑的。不管它们是像架空线还是地下电缆一样进行修建。这样一个批准计划的责任的扩大，将促进广泛的规划部分的定义以及联邦国家中调整当局的建立。

由联邦具体部门规划提供的大规模线路选择，可能在规划批准水平与随后的实验中不会产生竞争，除了在极少的个别案例中。这甚至就合法保护而言都是可以接受的，因

为联邦具体部门规划进行的分类的成功，相比于目前非正式的线路调查过程，其与程序上大量改善的位置相联系，例如在联邦部门规划过程中对环境的关注。这将与在过程中频繁要求提供基本的合法保护相一致。

最终，产生了下面的规划结构（见图 8.3）：

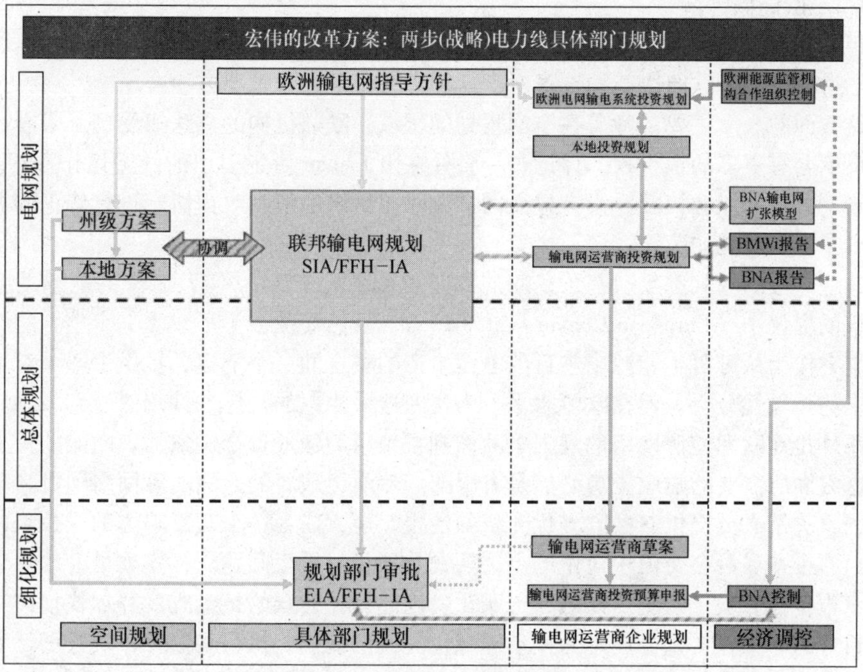

图 8.3　两步规划过程的方案

架空线与地下电缆的修建选择是一个充满政治与局部冲突的问题。为了至少缓解与评估决定有部分关系的局部地区司法部门的压力，向瑞士一样测试一个标准化评估计划工具并在成功的情况下对其进行永久的使用，这显然很有用（Merker 2010）。

这样一个计划，或者至少是一个更好的全国使用的统一清单的开发，可能减轻在保护法所要求的管理实施，特别是关于高压线修建项目的评估。

各种不同的起始点为了计划批准决定过程的加快执行已经讨论了很长的时间（Lecheler 2007；Schneller 2007；Schröder 2007；Schumacher 2009，第 256 页）。立法人员已经对这个讨论做出了回应，这些讨论关于一些修订本，特别是在交通基础设施规划法中的修订本，但同时也有包括《能源法案》（Energy Law Art）第 43 条在内的关于保留基础设施规划法的修正案。这样，这里就只有有限的潜在可能来获得进一步的改革，除非有人想减少可以确保质量和可接受度的因素，从而由于政治上抗议的原因可能得到推迟（Schneider 2011a，第 64 页）。

然而，管理人员们敏感地意识到社会对加速实施的需求已经被确证为十分重要（Ziekow 等人 2005，等 342 – 243 页）。在这方面，主要意义必须经过公众关于对电网扩展的需求的讨论才能得出。此外，像决定的截止日期、行政或是私人项目经理及关于公民听证过程的最好的调整练习的指导方针，这些工具可能有促进作用。相反，一些政客和利益团体经常提议的对公众听证过程的一般的分配似乎没有那么好（详情见 Schneider 2011b，第 65 – 68 页）。

8.4.3.2 欧洲概念

正如上面展现的，整合由可再生能源生产的电力需要一个贯穿全国的电网扩展解决方案。这样一来，欧盟改革的选择对于这片研究将是一个重要方面。

这方面的一个主要的障碍在空间规划的领域。欧盟机构的立法权受到了限制，相比而言反倒会有更多的执行权。评论员一直处在由 Lisbon 协定引出的欧盟运作条约第 194 条背景下，新的能源权限并没有显著的扩大欧盟组织的权利。为协定进行修正的提议已经超出了本书研究的范围。

这些有限的权利都反映在了最新的欧盟委员会关于 2020 年及未来的能源基础设施优先权的提议中（European Commission 2010a）。虽然委员会为了建立一个整合的欧洲能源网络，作为从可再生能源中进行的电力生产的整合的一个前提，提供了一个对未来投资需求的指导性分析，但在欧盟水平上为实施这一构想的具体条件仍然受到限制。首先一个条件是在欧洲能源网络的规划下欧洲利益项目的额外资金。然而，欧盟的资金相比于在这方面所需要的财政资源必然是有限的。然而，最新的欧洲能源网络项目名单，通过给国家决策人员提供有关欧洲优先权的情报，至少成为一个有影响力的操控条件。

第二个在委员会交流中讨论的主要问题是项目的授权问题。根据委员会的要求，准许和双边合作必须变得更加高效和透明化，以此提高公众的接受程度并加快推广。实现这些目标的一个首要条件在于为推动缩减优先权的规划、执行和监控，及投资计划与具体项目的起草而建立的国家与参与者个人的平台。相关例子包括 NSCOGI（北海国家离岸电网计划）中的 BEMIP（波罗的海能源市场互连计划）。委员会声明，改善的决策制定将会通过下列工具而解决，并可能成为欧盟法律中一个正式立法条例的一部分内容：

—有关欧洲利益的每个项目都有一个联络机构的建立，它将作为项目与涉及国家、地区和/或当地水平的权力机关之间一个单一的交换处，不需要倾向于它们的权利的使用。这一机构将负责为一个给定项目协调许可过程，并给利益相关者发布关于管理过程与决策制定过程的必要信息。在这一体系下，成员国将有充足的权利给各个部分的行政机关以及各级政府分配决策权。对于双边项目，为了改善项目设计和执行它们的最终授权，应该发掘协调或连接过程的可能性。

—为了一个最终积极或是消极的决定，当局将会在有限时间内做出介绍。

—时刻表能在决策过程中为公众提供一个早期的、有效的参与，也赋予其公民权去上诉权力机关的决定，当在整个时间体系中被清楚地整合时，可以对其阐明和加强。

—指导方针可能为所有相关团体提高过程的透明性与可预见性（政府部门、当地、地区权力机关，项目开发人员及影响人群）。

—关于对受影响人群的赔偿的最低要求应被包括在内。

—对于离岸双边能源设备，海洋空间规划应该适用于确保直接、条理清晰，同时也更加广泛的规划过程（运行状态中的问题，见 Schneider 2010）。

—为了给必要的基础设施的及时建设增加条件，对于促进欧洲利益项目及时授权的地区和成员国而言，提供奖金和动力的可能性应该得到探索。其他机构在可再生能源领域进行了最佳练习获得启示，而利益分享也可以得到考虑。

这些提议当然是有帮助的，然而都受到了限制。因为委员会必须承认，例如“联络机构”的想法，与甚至是被欧盟环境法部分所需要的复杂过程及组织结构规划法相冲突。这样，这个明智的方法被限制于少数几个成员之间的协调，但将不会代替国家权力机关的决策权。他将主要充当一名项目管理者的角色，正如上面关于国家水平时所提到的。

8.4.4　小结与结论

关于集中储能技术，关键的合法方面在于对《现行法》与《拟议法》的条款与属性的定义。主要基于实际与技术的成果而决定各个集中储能技术是否并在何种程度将被归于供应层是有决定性的。各个位置负责一个大范围的公民法律事务的合法评估，例如非歧视的使用、存储及拆分。特别的，对一般特定的接入责任的依赖及关于接入的规定电网的使用，取决于集中储能技术的具体设计和它们各自的合法分类。这些发现对《能源法案》和《反垄断法》而言都是有根据的（《反垄断法》和《欧盟运作条约第 101 条》）。此外，在对近来的法律中所需要的储能能力的投资中所有不利的因素都应该抛弃。一个特殊的对地下资源利用的规划管理规定将有助于缓和潜在的利益冲突，首先是地下资源的使用者之间的利益冲突，其次是地下资源使用者与土地财产所有者之间的利益冲突。除了财政支出，通过研究预算的特殊积极的动机似乎也是有争议的。

对于分散储能系统，关键的方面涉及电动汽车。然而有一个焦点在于合约问题以及数据隐私法。合约网络及个人合约关系相对于维护的责任和风险范围、合作义务、传递信息及使用条件而言必须被考虑在内。并且根据《德国民法典》第 307 条之后关于标准条款和情况，相关网络的作用将产生巨大的影响。此外，电动汽车的使用导致了重要的数据保护问题，例如产生了深入和极为详细的个人情况的可能性。

经过现代配电网的供电，让位于全新的关于被查清和处理的，数据的数量和质量的数据保护合法层次。这样，一个主要的关注点将放在了关于数据保护《现行法》的测试是否准备好且准备到了何种程度来处理数据的数量与质量新的查明、处理、使用数据的方法及对受合法保护的相关利益的安全防护的适应性上。而且对于在合法数据保护体系范围内或是范围外（视情况而定）的新的解决办法需要进行评估。

从一个合法角度的观点，智能电网和需求方面的管理很有可能创造一个经典的变化，是从一个有明确定义的角色、利益相关者和行进中的封闭的市场，正变为一个有小型供应商及购买者与供应商之间的合作的开放性市场。至于一个包含全部且应用于全球的能源信息网络，有关网络与个人方面的数据保护、合约问题及挑战的多个议题必须得到处理。

表现状况多元化而且需要某些有功能障碍的调整工具。绝大多数有问题的工具出现在精准投资义务中，就像那些在《德国可再生能源法》第9条中所发现的，这就需要一个更加综合以及系统化的方法。在国家水平上已经提出了一个针对战略性输电投资项目带有两个阶段的具体部门规划过程的基础改革模型。正如瑞士所执行的决策过程，关于在架空线与地下电缆的选择的一个标准化评价方案可能是一个有趣的选择。此外，在最终许可证发放的过程中可以实施一些次要的改善，虽然为了避免人民的抵制造成拖延，而限制了潜能的发展。同样，根据最近的协定，在欧盟水平上的改革的潜力也受到了限制，尽管在这水平上必然更好地协调并将会有一定作用。

第9章 结论和建议

9.1 总体目标和结果

重组德国和欧洲电力系统的总体目标是减少环境负担，使之在未来可以长期可持续应用。这就要求电力系统基于现有技术基础，在后续发展中可以同时应对经济效率、环境友好和供电安全的基本要求。本研究根据现有的条件勾勒出一个电力系统的蓝图，聚焦在诸如储能方法和电网扩展这样的辅助系统上。

本研究讨论的总体目标是可以在能源系统中平衡可再生能源发电的技术以及在供电系统中可以集成大量可再生能源的技术。这方面的分析包括电力平衡技术和应用技术的需求分析，以及在经济、法律、社会和环境等市场引入方面的分析。

显然从以上分析可以看出，为改变当前的电力系统必须做出各种努力。利用可再生能源的电网扩展必须依靠电网辅助设施技术的进一步发展和广泛实施。根据现有方案的假设，可再生能源将在德国的电力生产中占很大比重，那么2040年+在电力生产中用于平衡供求的功率约占峰值功率的1/4。根据不同的研究显示，为均衡电力的供需暂时需要约1700GWh的电能，这些短缺的电能必须由无CO_2排放或少CO_2排放的方案如储能系统来弥补。

高峰发电站、各种储能系统、负荷管理以及区域性和跨国的电力交换都是弥补均衡电力和能源需求很有竞争力的方案。所有这些方案都有其优缺点，没有一个解决方案能够同时满足所有要求。这些技术有各种各样的缺点：高峰发电站运行时间短、造价高并且一般都会产生CO_2。因为其储存能力有限并且价格相当昂贵，很难预测储能技术未来的使用情况。负载管理主要局限于电网日常运行的过程，在一定程度上会对用户个人用电的舒适性造成限制，并且控制技术复杂、经济效益相对较低。为均衡整个欧洲的电力供需必须大幅扩展输电网，而扩展输电网的基础设施建设需要欧洲整个社会的认可。

这些方案也有许多优点：所有的人都能在一定程度上受益。负载管理有助于降低白天剩余功率的峰值，意味着负载管理降低了所需的高峰容量，并能支持其他生产设备连续平稳的运行。高峰发电站建造简单而且选址灵活。储能设施可以或多或少地免费存储由可再生能源产生的高峰电能，这意味着将会减少可再生能源的浪费。明显地通过输电线实现区域性和跨国的电力平衡是一个成本适中的方案，此外规定可再生能源发电的厂址应该设在产能最多的地方。

技术改进需要在以下方面进行：第一，在未来 10 年内可以通过像智能测量的技术实现负荷管理，同时负荷管理有潜力平衡 1/3 左右需要平衡的电力。第二，可以在欧洲范围内补偿区域间可再生能源供应的短缺。但是这个方案强烈依赖不同国家可再生能源技术和相关符合要求基础设施的发展情况。若德国输电网扩展到整个欧洲，可以弥补德国峰值功率的 10% 左右，即平衡 1/3 需要平衡的电力。第三，需要扩大储能容量，尽可能应用抽水蓄能容量。甲烷化氢气制备或非甲烷化氢气制备等其他储能技术有可能有助于整合不同应用（比如车辆）的能量供给和能量使用。剩余容量可以靠高峰电站弥补，高峰电站主要靠现有的化石燃料发电厂供电，这也是延长化石燃料发电厂寿命的一种方式。

9.2 挑战和建议

电力系统中平衡电能的需求会随着可再生能源发电所占份额的增加而增加。挑战将伴随试图利用低 CO_2 排放技术而出现，就像储能系统在欧洲根据不同地点以不同时间尺度（从秒到天到星期）提供稳定供电所面对的挑战一样。

下面的内容中将列出本研究面临的主要挑战和相应的解决办法。本节分为技术基础设施的发展（见 9.2.1 节）和框架条件和组织引导（见 9.2.2 节），包括市场条件（见 9.2.2.1 节）和对均衡技术应用的具体支持（见 9.2.2.2 节）。

9.2.1 技术基础设施的发展

挑战 1：为德国提供充足的储能容量

在德国通过当前使用的技术特别是抽水蓄能技术来扩大电力系统中储能容量的潜力是非常有限的。可再生能源发电占电力生产很大份额，这一形式将是未来能源系统发展的趋势，这些现有的技术很可能不能满足需求（见 5.2 节 ~ 5.5 节、5.8 节和 8.2.1.2 节）。

建议

混合储能：通过需求侧管理（DSM）、分散储能结构和经济条件允许区域的电动汽车电网互动系统来支持中央储能技术。电网并网的限制可能需要协调不同的技术方案。

连网：应该在欧洲范围内进一步发展、扩大和利用其他国家的潜力，例如充分利用斯堪的纳维亚半岛的抽水蓄能潜力。

过装机：分析其他替代办法合理发展的程度：例如在电力生产中应用可再生能源实现电厂的过装机容量、地区间大规模的电力交换或者暂时关闭风电场和太阳能发电厂作为储能的替代方案。

进一步分析替代方案：应进一步分析寻找储能的其他替代方案。例如调查天然气管网的储能潜力，包括氢和甲烷化氢生产和利用的潜能。

避免不利于发展的因素：对于利用可再生能源发电的生产商和输电系统的运营商，必须在遵守德国 EEG 的前提下购买和出售“可再生能源电力”、投资储能设施，现有的管理框架都存在一些不利于发展的因素甚至是来自法律方面的壁垒。为了将储能的方式转换成根据市场信号优化电力馈入的一种方案或者市场化“可再生能源电力”，必须废除这样的法律壁垒。

为消减成本的研发和示范（RD&D）：在德国和欧洲范围内应进一步发展前景大好的储能技术，同时应降低成本以增加其竞争力。

挑战2：发掘分散供电方案的技术潜力

由于缺乏用户的认可和低价的刺激，负载管理或需求侧管理的潜力有限（见5.3.3节、5.5节、7.1.1节和8.3节）。

建议

自动化：在用户舒适度不受影响的条件下应开发自动化技术解决方案控制负载。重点是加热和制冷系统以及私人使用的电动汽车。

柔性的电价：引入柔性的电价来增强公众对可再生能源发电价格短期波动的认可。

最小化数据需求：研究个人用电消费习惯所需的数据信息量极大的依赖于对可再生能源发电理念理解的程度。为了保护数据隐私防止与相关怀疑态度的冲突，应最小化数据收集的需求。另外，应该建立完备的数据保护制度。

标准化研发和示范：考虑到包括电动汽车充电控制的自动负载管理机制，需要建立标准化的智能测量技术。

挑战3：环境管理和资源利用

矿产资源的供应和环境方面的关联会随时间而改变，并可能妨碍所需均衡技术的发展和长期应用。尤其是模块化电池技术很大程度上受制于对特定矿产资源的需求。这些特定矿产资源不能持续产生，同时这些特定矿产资源的某些生产过程会对环境产生比较大的影响（见5.7节）。

建议

绿色设计：在技术发展阶段应该预测到涉及大规模资源应用的壁垒以及对环境影响的因素，并在整个技术实现的环节牢牢记住这一点。

监控资源的应用和市场：应持续监控特定技术所需求的特定资源和市场。

矿物回收和替代产品的研发和示范：必要时应制定和实施有效回收废弃矿物的监管程序，同时研究可能的替代产品。

挑战4：为输电提供足够的电网容量

整合可再生能源的一个限制因素就是缺乏充分的输电网和配电网。现有配电网的容量限制了以中心平衡为目的的负载/供应管理。目前没有足够通信和控制的基础设施使分散的平衡能力（例如需求侧管理，包括电动汽车）得到充分的利用。目前电网的布局不能充分地将可再生能源发电大有潜力的地区和需求强烈的中心地区连接起来。此外，现有的输电网限制了可再生能源发电所需的跨国电力平衡和储能地区的连接（见第6章和8.4节）。

建议

加快规划程序建设：通过应用更加结构化的机制加快规划程序建设，其中结构化机制需考虑到如何平衡各种相互较量的利益之争，避免在随后的程序中重复审查相同的问题，防止适用管理条例下协作中出现问题，多层面地关注管理系统，并允许灵活的改进。

加强德国和欧洲的利益：应改革管理系统以加强国家和欧洲的利益。

通过调整管理来促进研发：在电网领域必须促进新型输电技术的发展。在经费层面，监管机构应认可输电和配电企业研发的费用成本。监管机构应规定某一比例的经费作为研发费用，从而促进新技术的开发和实现。在配电层面，监管机构必须认可新的规划过程指南以支持实现更为强大的配电网，并逐渐为未来可预见的需求做好准备。

9.2.2 框架条件和组织引导

9.2.2.1 平衡技术的市场条件

挑战5：在监管中充分实施均衡技术

法律条例中对相关定义和属性的说明不够清晰明确，特别对电网管理和电力生产层面相关中央储能技术的规定不明确（见8.2.1节）。

建议

明确定义和属性：法律条例中应明确各自的定义和属性，同时在相关法规中应充分明确储能技术的相关规定。

根据属性将储能设施划归电网管理或电力生产环节管理：立法机关应该明确储能设施归属于电网管理还是归属于电力生产环节管理。

挑战6：设计欧洲能源市场

欧洲能源市场目前仍是每个国家各自为政，没有统一的能源战略，也没有设置促进可再生能源发电系统快速发展的必要机构和法律框架（见2.3.2节、6.1.2节、6.2.2节、6.2.3节、7.1节和8.4.3.2节）。

建议

国际电力交换：应加强输电网建设，特别是和国际电力交换相关的输电网建设。

低碳政策框架：2020年以后，在欧洲建立全面、长期、意义深远/具有挑战性的低碳能源政策框架。

整合市场：进一步整合欧洲发电市场。

挑战7：取消历史遗留的补贴和税收

过去实施的补贴和税收往往针对的是特定技术。这些针对特定技术的补贴和税收往往扰乱经济系统并导致效率低下（见7.2.4.3节）。

建议

理想的框架条件：理想的情况下应逐步取消旧的、过时的补贴和税收制度，同时采取经济上合理且连贯的措施，如建立示范项目和有限时间阶段内的补贴启动。

适中的框架条件：作为一种适中并切实可行的解决方案，对储能系统等电力平衡技术可以考虑临时补贴和税收优惠的措施。这种措施借鉴过去出现过的各种补贴等框架条件的弊端也是非常重要的。

挑战 8：转化市场外部效应为成本和收益

均衡技术可以提供一些系统服务和外部效应，但是市场不会将全部的利益都为储能系统运营商转化成为收益（见 7.1 节和 7.2 节）。

建议

内化社会经济效益：为相关电力均衡技术和宏观经济/社会经济战略建立相应的市场和补偿机制。

内化系统服务成本：电力生产商应支付电力系统维护费用，包括需要支付使电网正常运行的额外费用。

协调：通过供电系统优化自动的内化收益，供电系统中可再生能源发电、电网管理和应用储能技术这些元素之间以什么样的一种新形式协调到什么程度可能是一种非常有意义的解决方案。

运行电力均衡技术的商业案例：详细分析有商业潜力的案例。

系统分析—电力均衡技术潜在优势分析：作为政策决策的基础，应详细地分析应用电力均衡技术的优势。

挑战 9：掌控新型复杂的市场结构

由于智能电网的应用和需求侧管理会出现一种示范性的变化，就是从封闭市场（具有明确定义的角色、利益相关者和流程）转变到开放市场（用户和供应商之间协作的大量小型供应商）。因此就电网和其他各个方面会出现非常复杂并且权益含糊的新型合同关系。由此导致的监管壁垒将与每种已经建立的特定商业模式紧密相关（见 8.2.2.2 节、8.3.1.2 节和 8.3.2.2 节）。

建议

分析新型市场中合同纠纷相关的挑战：考虑到新原因或者已改变因素以及相同因素中已改变角色所对应的职责和条件，应该详细分析合同纠纷相关的问题和挑战。

制定新型市场的一般法律措施：制定法律措施使数据信息能够得到充分的保护。就电网和单独的合同方面，明确定义合同中相关的职责和包含的风险应该是一种有益的解决方案。

9.2.2.2 电力均衡技术应用的具体支持

挑战 10：加强均衡化发展方案的科学指导

目前利用储能技术可行性能源系统框架条件设计相关的政策性建议的研究比较薄弱，例如关于电力均衡技术预期市场容量相关的政策性建议研究很少（见 3.1.3 节、3.2 节和 3.3 节）。

建议

扩展能源系统分析：合作机构之间往往应用不同尺度但却互为补充的模型进行电力系统分析，面对这种情况应该利用全尺度模型深入研究其间协调配合的问题。假设不同尺度之间各相关研究都具有相同的数值：相关参数相同，一系列相同假定条件的灵敏度分析数值相同，模型耦合性和扩展到覆盖全部相关维度方面的模型相同。

大型项目和制度程序化：应资助大型项目电力能源系统模型化的研究，并且应分析欧洲允许定期更新和监测系统发展的制度化能源系统模型的潜能。政府间气候变化专门委员会（IPCC）的工作可作为一个制度程序化的范例。

强化欧洲视角：考虑到在不同国家、不同政策的基础上，为扩展欧洲能源系统的目标，应该强制要求从欧洲整体的视角对电力系统建模。

评估所需的装机容量和储能容量：为均衡电力供需，主要的焦点是评估未来要采取的技术，应该详细分析所需装机容量和储能容量的相关细节。

挑战11：充分支持新技术的应用

比起现有相关技术，新型储能技术由于目前自身的低规模经济性在价格上会更贵（见5.6节和7.2节）。

建议

实行启动补贴：应实施启动补贴以促进技术的应用。从长远来看，促进技术应用可以降低总成本，符合减轻对环境影响的战略目标，降低对能源进口的依赖。这些措施都应基于市场机制并自动逐步结束外部的补偿。

增加研发和示范方面的投资：应该增加储能系统在研发和示范项目的投资。

挑战12：充分支持长期投资

目前像需求侧管理、分散的储能系统和电动汽车电网互动等国家推广的技术都是未来极具竞争力并且生命力旺盛的类型。就像抽水蓄能或压缩空气等技术因为其竞争力和生命力都需要长期持续可靠的投资（见2.4节、5.3节、5.6节、5.8节、7.1节和7.2节）。

建议

长期可靠的条件：对于边界条件的政策决议应该着眼国家和国际层面，保证边界条件的长期可靠性。

决策的可靠基础：对扩展的能源系统分析得到的可靠结果应该作为边界条件的决策基础（见挑战10）。

挑战13：处理好对大型项目的反对意见

这种大型项目经常缺少公众的认同。公众的认可度与电网的发展、集中储能系统的发展息息相关。就像抽水蓄能和地下氢制备这样的技术应该向公众进行说明（见2.3.2.8节、8.2.1.1节、8.4.1节和8.4.3节）。

建议

适当的参与机制：在规划项目和审批许可的过程中，应该制定适度参与机制让受影响的党派和广大公众能够适度参与其中。

地下资源特殊的规划制度：为减轻相关利益群体之间的冲突，特别是针对地下资源的开发利用，应该制定专项规划制度。

解决冲突的办法：应该进一步分析特定冲突的原因，寻找解决冲突的方案并论证其应用效果，例如针对提供充足补偿金的措施分析研究其效果。

附　录

附录 A　术语

配置

经济学术语，对现存的供选择的应用（例如生产物品 A 或 B）方式（货物、产品因素）的归因。

剩余负载平衡

如下定义的剩余负载平衡不等同于指定的平衡能量（在之后定义）的概念：

剩余负载通常被每小时的时间帧的市场产品所覆盖。

短期出现和经常甚至不可预言的发电和需求的波动可以被辅助服务平衡（控制储能）输电系统操作者对平衡响应。控制储能的需求可以通过概率卷积的程序被度量。对于未来情况的需求可以被预测评估。

剩余负载的平衡是本书研究的主要部分。市场上的产品以每小时帧和控制储能的产品的短期帧一样被大的电力平台提供，分布式的可控供应商（例如微小的热电联产）、集中储能和分散储能、能量的引入和负载的控制。剩余负载平衡需要时间行为并与季节性的范围相关。不是所有技术上的可能的情况都可以被利用在整个时间段。这项研究分析的问题包括了任何技术上存在的或潜在的任何时间段。哪一种有价值的创造可以实现，规章和法律条件必须制定，还有环境因素必须考虑进来。

能量平衡

根据以上定义，控制能量表示所提供的能量，用于实时的频率支持方法的情况下，在总的系统实现功率平衡。相比之下，能量平衡的定义是能量通常用来平衡投入和分配每个单独的市场参与者的项目之间的偏差。

对比于储能容量的成本，确定性成本和收益取决于 15min 内对二次控制储能的运用和分钟储能在各自的平衡组的完成情况。对于开发票而言，各自平衡组的误差将会被小组管理者在一个确定时间段内以有计量的方式收集起来。对于平衡能源的定价是基于二次控制储能和分钟储能在 15min 内的确定性成本和收益。中间加权费用可以通过每 15min 运用的总能量除以计量的数值算出。能量平衡的费用是对称的，这意味着在平衡团体的正负误差间价格无法延伸。

控制区域

在互连系统中控制区域是最小的集合，它也是与电源频率控制一起运行和装备的。控制区域是一个独立的电源供给区域，其中欧洲电网输电系统大环境下的传动系统要对一次、二次操作储能以及分钟储能响应。每一个控制区域都是被物理规定。

控制区域的平衡

控制区域的平衡是指本地计划和实际用户消耗以及供电计划三者之间误差之和。

控制模块

一个控制模块包括一个或者一个以上同时工作的控制区域，它们可能出现在系统中从电源频率控制到其他涉及的控制模块之中。控制模块的引导必须确保本模块反对其他所有不同模块的计划综合的实现。另外，它必须有降低或者升高频率的能力，以便于在频率波动时使它达到设定值。

控制能源

控制能源是一种在独立的控制区域中因补偿电源不平衡而部署的能源。控制能源与被激活的控制储能对于时间的积分相关联。

控制储能

控制储能是为了保证电力平衡，把电力储能在电网中，典型的是传统发电厂。

控制储能及其需求被划分为不同的市场产品：一次控制储能、二次控制储能和分钟储能。

不同类型的控制储能是按照各自的输电系统在75min内被唤醒的周期数而区分的。

在此之后，市场参与者必须在多个市场活动中补偿丢失的电源和能源。输电系统的操作员用概率论技巧来计算控制储能，这样不仅考虑到预报的错误，还有失败风险以及负载噪声（包括短期的可再生能源供电的噪声）。

为控制储能而定义的市场产品已经按照固定的可靠性和确定性需求。激活必须保证在较短的时间间隔内。由于这些严格的要求，很难对这些产品从需求侧管理、需求响应或虚拟发电厂提供帮助。

周期

对于储能系统，一个周期定义在这项研究作为一个等效额定的能源吞吐量。一定数量的部分周期可以合成一个周期，如果排放的总能量等于额定储能系统的容量。对于大多数储能系统的典型的操作是局部循环，然而对于经济评估，由最终的储能系统次数出售其可用能源给相关市场，并且由周期的数量表示。

需求响应（DR）

原则上，需求响应是和需求侧管理基于相同的机制，除了聚合器和负载之间没有确定性控制选项。相反，该聚合器通过激励措施（例如，灵活的关税）和负荷同特定的随机变化的行为的反应获得一个特定的负载行为。

信息技术的努力就小得多，而响应远离质量所需的辅助服务。

需求侧管理（DSM）

需求侧管理表明电力需求或负载为行业、贸易或私人家庭的用户实现最优控制。需求的不同响应是有针对性的控制信号通过通信技术手段发送给用户，并尽可能地（除了技术失败）反映确定性信号。

需求侧管理是用来在有限的发电周期（例如在无风期间）或在高需求期（午餐高

峰负荷）调整负载。在这种情况下，这种调整是市场发展的一部分。这种柔性的经济效应已被传递给用户提供特殊的利率的帮助。在未来，所有这些行动应在使用特殊的电力市场的地方处理（见 BMWi：E－Energy）。聚合作用应该在这样一种方式下，约束负载控制并且开发电力市场新产品做准备。

目前人们怀疑在这些机制辅助产品的帮助下，例如控制储备，是否应该聚合和提供。这是因为，通信技术控制上的努力花费甚高，而潜在的收入由于产品的设计低于正常交易的收入，例如在现货市场。在这种情况下，电动汽车可以被视为特殊负荷。

在私人家庭可控的微型发电机，例如微型热电联产，都可以参与这个概念，这个概念将和虚拟发电厂的应用合并。

然而使用需求侧管理是不可能实现持续几天的负荷。只有机会达到 1h 时间位移加载框架。在一天的过程中，需求侧管理可以帮助平滑剩余负载，因此减少高峰负荷发电厂的应用。

分布

分布是经济术语，指经济体中的个人或个人团体（例如家庭）的现存方式的归因。

效率

1）一个数值，反映了一个过程的输出与输入的应用比例。

2）为了实现聚焦过程的效率最高的价值。

高效率

一个显示高效率特性的过程。

能量功率比

对于储能系统，能量功率比描述的是装机容量和装机功率充电或放电的储能系统之间的比率。能量功率比的单位是小时并且显示直接储能系统多久可以匹配功率要求和全功率。在基本定义下，假定一个对称安装电源充电和放电的储能系统。事实上，这并非总是如此。如果这是相关的，它将被明确讨论。

外部成本

一个经济主体对第二个经济主体所具有的正面或负面影响的活动所造成的费用，但决策者在经济决策中并不考虑，其发生的主要原因是缺少对公共物品的产权，如环境介质。

水电储能

术语“水电储能”用于水电站，大坝从自然供料器中存储水。这些发电厂可以发电以供所需，但是它们没有泵通过增加存储湖泊的水位从电网吸收电力。

氢储能

“氢储能”系统是一个电入/电出储能系统，使用氢作为储能介质。氢气由电解水生成。发电发生在大型系统从氢燃气轮机和在较小的系统由燃料电池发电。氢保留在这个发电站，不用于任何其他目的。

分钟储能/三次控制

分钟储能取代二次控制储能，并为二次控制储能的重新储能服务。供应商的分钟储能是由各自的输电系统操作员手动激活的。

帕累托最优

这是一种社会情况，不可能通过再分配资源只增加其中一个的福利而不降低另一个的福利。

插电式混合动力汽车

插电式混合动力电动汽车（PHEV）使用一个电气传动系统和一个额外的内燃机（ICE）。它使得车辆行驶里程与传统汽车达到相同效果。有并联式混合动力汽车，内燃机可以在电池非充电状态下为车辆提供机械能。相比之下，串联式混合电动汽车内燃机在所有时间只是充当发电机。这个概念通常也称为“车辆里程扩增器”。在这个研究中不会区分关于并联式或串联式混合动力汽车，因为从电网的角度来看，它们的概念是类似的。

电源频率控制

电源频率控制描述控制过程，输电系统运营商可以保持双方商定的电气值在其控制区的边界在正常运行和在特定的故障条件下。

在这个过程中，通过每一个输电系统运营商的努力，通过在其自己的控制范围内的一个适当的贡献，同时保持与其他控制地区的交换在约定边界和系统频率接近的设置点值。

主控制储备

干扰引起主频率偏移，例如一个发电厂故障，要能在几秒内激活每一个主要的调节机。监管机构调整功率直至电力生产和消费之间的平衡实现。在准稳态值频率稳定，它不同于设定值，由于主要监管机构工作在静态（比例因数）工作点。主控制储备使用频率偏差的自动控制。它依赖于发电机组的功率控制，可以在任何时间使用。

这意味着发电厂提供的主控制储备必须始终保持这样的功率。

主控制储备的所有同步连接由控制区域内的 ENTSO – E（欧洲电网输电系统）去提供，它是根据规定的欧洲电网输电系统欧洲控制区即根据它们的净发电比例分布。分裂欧洲一体化电网为更小的子网（控制区）期间或之后的失败应该确保必要的主要控制反向可在每个子网有合适的输电能力。

一次能源

能源包括自然资源和环境中可用的能源供应。

一次储能/原电池

储能系统只能放电一次，再蓄电是不可能的。例如化石燃料发电或一次性电池如锌碱性电池。

抽水蓄能

“抽水蓄能”用于储能系统，允许来自上游的水调蓄湖泊存储电能或是使用电能从河流或低处湖泊吸收泵水至高处蓄湖储能。高处蓄湖可以是天然的，但它也可以是一个人工湖。

剩余负载

剩余负载通常被定义为所需的电功率（额定负荷）与来自可再生能源（包括热控热电联产）馈入的电力之间的差异。因此剩余负载的功率仍然被传统的发电厂、储能、从邻近地区电力进口控制、电流控制热电联产和减载所覆盖。

储备

部分自然资源可被经济地开发。

资源

商品和服务的生产手段，例如生产资本、自然资本、工作时间、土壤、石油、燃气、煤和矿物质。

二次控制储能

二次控制储能遵循一次控制储能。它必须是可以完全在5min内永久激活。要实现这些目标，每一个参与发电的单位必须连接，直接或间接通过主控制室连接到电源频率控制器各自的控制区域。因此，集中控制系统设定目前的频率漂移为设置点值并且检测每一时段在每一个变电站，在每一个入口和出口点的荷载流。

根据这些测量值，可以计算对二次控制储能的设定点值，之后被输送到在线发电单位上，根据当前默认的中央工频控制器，减少或增加进料的功率。

社会经济成本

由于没有内化外部成本将导致社会成本增加，例如由于空气质量下降而增加哮喘病例。

持续性

确保只是代际分配环境下，维护社会资产的具体的概念。

储能

研究中的储能设备相当于一个可以提供积极的和/或负电源控制电网技术的系统。因此，所有超越可以替代电能和供电经典的储能系统的技术，也被认为在经典储能研究中。

技术中立

监督方法技术中立的，经考虑后，如果没有技术是更好的或能被辨别的，所有市场都是不完善的。

三级控制

见分钟储能。

典型天数

用来转换年度能源品质到每小时的时变曲线的扩展配置表示（负载和馈入）。因此每个具有代表性的年份包含每个季节（冬季、春季、夏季和秋季）的3天（星期六、星期日和一个工作日），从中确定一年内12个典型的平均值结果。

汽车到电网

汽车到电网（V2G）的意思是，与考虑电动汽车作为负载时形成对照，它也可以是，这些车辆反馈能量供应网或提供辅助服务。因此，汽车作为暂时连接到电网的能源来支持电网运营。反馈的能源需要在车上安装大量的技术分析设备，因此，电动汽车最初可以看作对于需求侧管理和需求响应的可控负载。

虚拟发电厂

虚拟发电厂是一个互连中小型分散电力的工厂，例如光伏系统、小型水电站、沼气池，但也可以是提供可用的电厂在电力市场的能力的小型风电场和热电联产机组。

目前实现的虚拟发电厂通常包含中型的供电建立的集中指导和优化系统的热电联产机组。只要坚持边际条件的热要求和热缓冲，可以控制在白天发电。因此，只有当热量可以使用或存储时，发电机才会有机会。因此，在这一年里只有部分设备容量可作为担保能力。

一些公共设施在平衡组内使用虚拟发电厂以减少平衡能源需求。

附录 B　基于减排约束的最优增长模型中排放与劳动力节约技术变革之间的关系

这里所要处理的问题是当两种类型的技术变革（劳动力扩张与节能）均是内源性时，技术变革是如何从劳动力扩张转向节能的。这个问题关系到，当强调减排时能源的使用相对于劳动力变得成本更高。而后，能源使用和排放成本的提高导致了对节能和减排的技术变革，这意味着对节省劳动力技术变革兴趣的下降。在没有正式模型时，这两种技术变革的发展所带来的差距是不可预知的。

最优增长

为了解决这个问题，假设一个最优增长模型，在这个模型中，节能与劳动力扩张的技术变革都是源于内因，而排放量的使用 E 及劳动力的增长则是由外因造成。对于劳动力，其增长 N 乘以一个外因，恒速的就业率为 $(1-u)$，得到$(1-u)N=L$。

模型

这里明确不考虑市场经济而是建立一个增长模型，中心规划师最大无限化平行工具，给予一个外因的排放率，并受限于气候模型。设定这个模型的其余部分尽可能简单，以使得该问题可以被追踪到。

技术

输出 Y 是劳动力 L 和排放 E 的函数，其中，劳动力 L 由外因增长并保持一个非负的恒定增长率，排放 E 则是保持负增长率。对于两者来说都存在一个技术水平 A_i，其中 $i=E$，L：

$$Y = [\alpha(A_L L)^{\rho} + (1-\alpha)(A_E E)^{\rho}]^{1/\rho} \tag{1}$$

其中技术水平可以被使用该软件的研究人员根据经济生产要素总量 H 进行修改。而生产要素总量 H 则是 F 和 G 的函数，F 和 G 都有二阶导数存在：

$$\dot{A}_E = A_E F(H_E),\ F' > 0,\ F'' < 0 \tag{2}$$

$$\dot{A}_L = A_L G(H_L),\ G' > 0,\ F'' < 0 \tag{3}$$

参数选择

假定用户在时间 $u(c)-v(E)$ 内的任意时刻都有参数选择权，折扣率 δ 对于从当时时刻 t 到未来时段 τ 的无限平行：

$$U = \int_t^{\infty} e^{-\delta(\tau-t)}[u(c) - v(E)]d\tau,\ u = \frac{1}{1-\sigma}c^{1-\sigma} \tag{4}$$

$$u' = c^{-\sigma},\ u'' = -\sigma c^{-\sigma-1},\ v' < 0$$

生产要素总量

生产要素总量包括劳动力 L，人员能力 H 和生产率 A_i 的初始值：

$$A_E = (0),\ A_L(0),\ L(0),\ H(0)$$

约束

资源约束可以由下式表示：

$$H = H_L + H_E \tag{5}$$

$$\widetilde{E} < 0,\ \widetilde{L} \geqslant 0 \tag{6}$$

H 被设定为常数。另外，为了避免规模效应问题，需要对公式进行轻微改动（见 von Weizsäcker 1969；Jones 1999）。

汉密尔顿算子

应用庞德里亚金（Pontryagin）的极大值理论，重构汉密尔顿算子如下：

$$U = \frac{1}{1-\sigma}c^{1-\sigma}L + \lambda\{[\alpha(A_L L)^{\rho} + (1-\alpha)(A_E L)^{\rho}]^{1/\rho} - cL\} +$$
$$\mu A_E F(H_E) + vA_L G \times (H - H_E)$$

一阶初始条件为

$$c: c^{-\sigma} - \lambda = 0 \tag{7}$$

$$H_E: \mu A_E F'(H_E) + vA_L G'(H - H_E)(-1) = 0 \tag{8}$$

$$A_E: -\frac{\partial U}{\partial A_E} = \dot{\mu} - \delta\mu = -\lambda\frac{1}{\rho}[\alpha(A_L L)^{\rho} + (1-\alpha)(A_E E)^{\rho}]^{\frac{1}{\rho}-1}$$
$$\rho(1-\alpha)(A_E E)^{\rho-1}E - \mu F(H_E) \tag{9}$$

$$A_L: -\frac{\partial U}{\partial A_L} = \dot{v} - \delta v = -\lambda\frac{1}{\rho}[\alpha(A_L L)^{\rho} + (1-\alpha)(A_E E)^{\rho}]^{\frac{1}{\rho}-1}\rho\alpha(A_L L)^{\rho-1}L - vG(H - H_E) \tag{10}$$

根据输出函数及 cL 等于输出的条件，可以把式（9）和式（10）改写成

$$\dot{\mu} - \delta\mu = -\lambda\frac{1}{\rho}[cL]^{1-\rho}(1-\alpha)(A_E E)^{\rho-1}E - \mu F(H_E) \tag{9'}$$

$$\dot{v} - \delta v = -\lambda[cL]^{1-\rho}\alpha(A_L L)^{\rho-1}L - vG(H - H_E) \tag{10'}$$

稳态的定义为，人力资源变量的恒定分配和每个变量的恒定增长率。将上面两个式子分别除以 μ 和 v，则得到

$$\dot{\mu}/\mu - \delta = -\left(\frac{\lambda}{\mu}\right)[cL]^{1-\rho}(1-\alpha)(A_E E)^{\rho-1}E - F(H_E) \tag{9''}$$

$$\dot{v}/v-\delta=-\left(\frac{\lambda}{v}\right)[cL]^{1-\rho}\alpha(A_LL)^{\rho-1}L-G(H-H_E) \quad (10'')$$

在稳态下，希望有μ、v、A_L和A_E一个稳定增长率。对于汉密尔顿式（8）的一阶初始条件，可以改写成

$$\hat{\mu}+\hat{A}_E=\hat{v}+\hat{A}_L \quad (8')$$

为了可以应用这个，对于μ和v的微分方程可以改写为

$$\frac{\dot{\mu}}{\mu}+F(H_E)=\delta-\left(\frac{\lambda}{\mu}\right)[cL]^{1-\rho}(1-\alpha)(A_EE)^{\rho-1}E \quad (9''')$$

$$\frac{\dot{v}}{v}+G(H-H_E)=\delta-\left(\frac{\lambda}{v}\right)[cL]^{1-\rho}\alpha(A_LL)^{\rho-1}L \quad (10''')$$

令议程的左边相等，则意味着方程的右边也是相等的，可得

$$\left(\frac{\lambda}{\mu}\right)[cL]^{1-\rho}(1-\alpha)(A_EE)^{\rho-1}E=\left(\frac{\lambda}{v}\right)[cL]^{1-\rho}\alpha(A_LL)^{\rho-1}L \quad (11)$$

消除同项后，可得

$$\left(\frac{1}{\mu}\right)(1-\alpha)(A_EE)^{\rho-1}E=\left(\frac{1}{v}\right)\alpha(A_LL)^{\rho-1}L \quad (11')$$

以增长率为变量重写式（11′）可得

$$-\mu+(\rho-1)\hat{A}_E+\rho\hat{E}=-\hat{v}+(\rho-1)\hat{A}_L+\rho\hat{L} \quad (11'')$$

利用式（8′）相消，可得

$$\hat{A}_E+\hat{E}=\hat{A}_L+\hat{L}=\hat{Y} \quad (11''')$$

结合E和L的外因增长，可得

$$\hat{A}_E-\hat{A}_L=\hat{L}-\hat{E} \quad (11^{iv})$$

效率单位的增长率等于式（11‴）中的E和L，或者E和L增长率之差等于它们技术变革的变化率（见式（11^{iv}））。如果E有着同过去几年国内生产总值（GDP）一样的正增长率，考虑L，则式（11^{iv}）左边将会变得更小。根据经济学家熟悉的增长理论，一种特定的情况是第一项为0，第二项为-2%，所以式（11^{iv}）的右边是人均劳动生产率与国内生产总值的增长率为2%。然而，如果劳动力的增长率以人口的0.6%计算，同时E的增长率参加气候模型为-2%，则式（11^{iv}）右边为2.6%，因此技术所产生的节能减排效率为2.6%，大于劳动力增加所产的幅度。

参考文献

AGEB (2008) Energieverbrauch in Deutschland im Jahr 2008. AG Energiebilanzen e.V, Berlin

Aghion P, Hemous D, Veugelers R (2009a) No green growth without innovation. Bruegel Policy Brief 2009/07

Aghion P, Veugelers R, Serre C (2009b) Cold start for the green innovation machine. Bruegel Policy Brief 2009/12

Anderson D, Leach M (2004) Harvesting and redistributing renewable energy: on the role of gas and electricity grids to overcome intermittency through the generation and storage of hydrogen. Energy Policy 32:1603–1614

Angerer G, Marscheider-Weidemann F, Wendl M, Wietschel M (2009) Lithium für Zukunftstechnologien, Nachfrage und Angebot unter besonderer Berücksichtigung der Elektromobilität. Fraunhofer ISI, Karlsruhe

Aul R, Rittmeyer P (2011) Lithium availability – meeting tomorrow's demand. Chemetall, Presentation at Batterietag NRW 2011, Aachen, 28 Feb 2011

Aundrup T, Benz T, Dörnemann C, Fischer W, Gehlen C, Glaunsinger W, Hellmuth H, Kreusel J, Menke P, Neumaier R, Rehtanz C, Schomberg A, Schwippe J (2010) Übertragung elektrischer Energie, Positionspapier der Energietechnischen Gesellschaft im VDE (ETG). VDE, Frankfurt am Main

Behrendt S, Scharp M, Kahlenborn W, Feil M, Dereje C, Bleischwitz R, Delzeit R (2007) Seltene Metalle, Maßnahmen und Konzepte zur Lösung des Problems konfliktverschärfter Rohstoffausbeutung am Beispiel Coltan. Umweltbundesamt, Dessau, Texte 08/07

BGH (2008) Judgement of 18.07.2007 (file no. VIII ZR 288/05). Bundesgerichtshof (BGH), Recht der Energiewirtschaft 2008:19–21

BGH (2009) Judgement of 01.10.2008 (file no. VIII ZR 21/07). Bundesgerichtshof (BGH), Recht der Energiewirtschaft 2009:146–147

BGR (2007) Rohstoffwirtschaftliche Steckbriefe für Metall- und Nichtmetallrohstoffe. Stand 01/07. Bundesanstalt für Geowissenschaften und Rohstoffe (BGR), Hannove

BMU (2007) The integrated energy and climate programme of the German government. Bundesministerium für Umwelt, Naturschutz und Reaktorsicherheit (BMU). www.bmu.de/files/pdfs/allgemein/application/pdf/hintergrund_meseberg_en.pdf. Accessed 30 Nov 2010

BMU (2010) The German government's energy concept. Long-term strategy for future energy supply. Bundesministerium für Umwelt, Naturschutz und Reaktorsicherheit (BMU). www.bmu.de/english/energy_efficiency/doc/46516.php. Accessed 30 Nov 2010

BMWi (2007) E-Energy – Informations- und kommunikationstechnologiebasiertes Energiesystem der Zukunft. Förderwettbewerb des Bundesministeriums für Wirtschaft und Technologie. Berlin, Bundesministerium für Wirtschaft und Technologie

BNetzA (2009) Leitfaden zu Inhalt und Struktur von Anträgen auf Genehmigung von Investitionsbudgets nach § 23 Abs. 3 ARegV im Bereich Elektrizität 2009. Bundesnetzagentur (BNetzA), Bonn

Bourwieg, K (2010) §11. In: Britz G, Hellermann J, Hermes G (eds) Energiewirtschaftsgesetz – EnWG, Kommentar, 2. Auflage. C.H. Beck, München

Brennan TJ (2009) Network effects in infrastructure regulation. Rev Netw Econ 8(4):279–301
Brodersen N (2008) Modelling future wind power in power systems surrounding the North Sea. Diplomarbeit, Universität Flensburg, 279–301
Bundesregierung (2009) Entwurf eines Gesetzes zur Regelung von Abscheidung, Transport und dauerhafter Speicherung von Kohlendioxid. Bundestags-Drucksache 16/12782
Bundesregierung (2010) Energiekonzept kann starten. www.bundesregierung.de /Content/DE/Artikel/2010/11/2010-11-26-energiekonzept-rahmen.html. Accessed 30 Nov 2010
Bundesregierung (2011) nicht offiziell veröffentlichter Entwurf eines Gesetzes zur Demonstration und Anwendung von Technologien zur Abscheidung, zum Transport und zur dauerhaften Speicherung von Kohlendioxid (Bearbeitungsstand: 14.02.2011). www.greenpeace.de/fileadmin/gpd/user_upload/themen/klima/Gesetzentwurf_-_CCS.PDF. Accessed 31 March 2011
Bundesvermögensamt Freiburg (2010) Solaranlagen Förderung – Die Sonne als natürliches Kraftwerk. www.bundesvermoegensamt-freiburg.de/solaranlagen-foerderung-sonne-kraftwerk. Accessed 07 March 2010
Bünger U, Crotogino F, Donadei S, Gatzen C, Glaunsinger W, Kleinmaier M, Könemund M, Landinger H, Lebioda TJ, Leonhard W, Sauer D, Weber H, Wenzel A, Wolf E, Woyke W, Zunft S (2009) Energiespeicher in Stromversorgungssystemen mit hohem Anteil erneuerbarer Energieträger, ETG Task Force Energiespeicher, Energietechnische Gesellschaft im VDE (ETG). VDE, Frankfurt
Cavoukian A, Polonetsky J, Wolf C (2010) Smart privacy for the smart grid. Identity Inf Soc 3:275–294
Chami R, Hakura D, Motiel P (2009) Remittances: an automatic output stabilizer? IMF Working Paper, WP/09/91, International Monetary Fund, Washington, April
Christmann R (2008) Forschungsförderung im Bereich Solarthermische Kraftwerke. CSP-Workshop, Berlin, 20/11/2008
CIF (2010) Concentrated solar power in the Middle East and North Africa. Climate Investment Funds (CIF). www.climateinvestmentfunds.org. Accessed 14 May 2010
Committee on Climate Change (2009) Meeting carbon budgets – the need for a step change. Progress report to Parliament. http://downloads.theccc.org.uk/docs/21667%20CCC%20Executive%20Summary%20AW%20v4.pdf. Accessed 30 Nov 2010
Connolly K (2009) German blue chip firms throw weight behind north African solar project. Guardian. www.guardian.co.uk/environment/2009/jun/16/solar-power-europe-africa. Accessed 16 June 2009
Consentec GmbH, IAEW RWTH Aachen, Rechenzentrum für Versorgungsnetze, Frontier Economics Limited (2006) Untersuchung der Voraussetzungen und möglicher Anwendungen analytischer Kostenmodelle in der deutschen Energiewirtschaft. Untersuchung im Auftrag der Bundesnetzagentur für Elektrizität, Gas, Telekommunikation, Post und Eisenbahnen, final report 20 Nov 2006, Bonn
Danner W, Theobald C (2011) Energierecht. Loseblattsammlung, Stand 2011. C.H. Beck, München
Däuper O (2009) Aller guten Dinge sind drei? Die Weiterentwicklung des energiewirtschaftlichen Regulierungsrahmens durch das dritte EG-Energiepaket. Netzwirtschaften & Recht 6:214–221
de Haan G, Kamp G, Lerch A, Martignon L, Müller-Christ G, Nutzinger HG (2008) Bildung für eine nachhaltige und gerechte Entwicklung, vol 33, Ethics of science and technology assessment. Springer, Berlin
de Wyl C, Essig J (2011) §11. Recht der Energielieferverträge. In: Schneider JP, Theobald C (eds) Recht der Energiewirtschaft. C.H. Beck, München, pp 491–636
de Wyl C, Thole C (2011) §16. Gesetzliche Anschlusspflicht und vertragliche Ausgestaltung der Netznutzung bei Strom und Gas. In: Schneider JP, Theobald C (eds) Recht der Energiewirtschaft. C.H. Beck, München, pp 786–939
DENA (2005) (ed.) Energiewirtschaftliche Planung für die Netzintegration von Windenergie in Deutschland an Land und Offshore bis zum Jahr 2020. Konzept für eine stufenweise

Entwicklung des Stromnetzes in Deutschland zur Anbindung und Integration von Windkraftanlagen Onshore und Offshore unter Berücksichtigung der Erzeugungs- und Kraftwerksentwicklungen sowie der erforderlichen Regelleistung. Deutsche Energie-Agentur GmbH (dena), Köln

DENA (2011) (ed.) dena-Netzstudie II. Integration erneuerbarer Energien in die deutsche Stromversorgung im Zeitraum 2015–2020 mit Ausblick 2025. Ergebniszusammenfassung der Projektsteuerungsgruppe, Endbericht des Gutachter-Konsortiums, Deutsche Energie-Agentur GmbH (dena), Köln

Desaigues B, Rabl A, Chilton S, Metcalf H, Hunt A, Ortiz R, Navrud S, Kaderjak P, Szántó R, Nielsen JS, Jeanrenaud C, Pellegrini S, Braun Kohlova M, Stoeckel ME, Bartczak A, Markiewicz O, Riera P, Farreras V (2006) Final Report on the monetary valuation of mortality and morbidity risks from air pollution. Delivery no. 6.7, RS1b, Integrated project NEEDS – new energy externalities developments for sustainability, Paris

Diederen P, Kemp R, Verberne P, Ziesemer T, van Zon A (1995) Energy technologies, environmental policy and competitiveness. Final report for the JOULE II program of the European Commission

Dinan TM (2009) Reducing greenhouse gas emissions with a tax or cap: implications for efficiency and cost effectiveness. Natl Tax J LXII:535–553

Downing T, Anthoff D, Butterfield R, Ceronsky M, Grubb M, Guo J, Hepburn C, Hope C, Hunt A, Li A, Markandya A, Moss S, Nyong A, Tol R, Watkiss P (2005) Social cost of carbon: a closer look at uncertainty. Final project report. Stockholm Environment Institute, Oxford

Droste-Franke B (2005) Quantifizierung von Umweltschäden als Beitrag zu Umweltökonomischen Gesamtrechnungen. Dissertation, Universität Stuttgart, Stuttgart

Droste-Franke B, Berg H, Kötter A, Krüger J, Mause K, Pielow JC, Romey I, Ziesemer T (2009) Brennstoffzellen und Virtuelle Kraftwerke. Energie-, umwelt- und technologiepolitische Aspekte einer effizienten Hausenergieversorgung, vol 36, Ethics of science and technology assessment. Springer, Berlin

Ecoinvent (2010) ecoinvent data v2.2 – updated reports and tools online. Ecoinvent Centre – Swiss Centre for Life Cycle Inventories, Empa/Technology & Society Lab (TSL), Switzerland. www.ecoinvent.org/news/newsdtails/ansicht/ecoinvent-data-v22-updated-reports-and-tools-online/137/. Accessed 15 Jul 2010

EEA (2010) EU27 net imports of natural Gas, Oil, Solid Fuels. European Environment Agency (EEA). www.eea.europa.eu/data-and-maps/figures/eu27-net-imports-of-natural

Ehricke U (2010) §9 Rn. 47 ff. In: Frenz W, Müggenborg HJ (eds) EEG – Erneuerbare-Energien-Gesetz, Kommentar. Schmidt, Berlin

Endres A, Rundshagen B (2010) Standard oriented environmental policy: cost-effectiveness and incentives for ‘green technology’. Ger Econ Rev 11:86–107

ENTSO-E (2009) Agreed base case exchange values (BCEs). European network of transmission system operators for electricity (ENTSO-E). www.entsoe.eu. Accessed 20 Feb 2010

EPIA (2008) Mediterranean solar plan. European Photovoltaic Industry Association (EPIA). www.epia.org/index.php?id=293

ESU, IFEU (2008) LCA of background processes. ESU-Services Ltd., Institut für Energie- und Umweltforschung Heidelberg GmbH (IFEU), Deliverable D15.1, IP NEEDS, project no. 502687, Sixth Framework Programme, Brussels

Ethik-Kommission (2011) Deutschlands Energiewende – ein Gemeinschaftswerk für die Zukunft. Ethik-Kommission Sichere Energieversorgung, Berlin

EurActiv (2011a) EU renewable energy policy. http://www.euractiv.com/en/energy/eu-renewable-energy-policy-linksdossier-188269. Accessed 2 Aug 2007, last updated 11 March 2011

EurActiv (2011b) EU's ‘low-carbon roadmap’ aims for 25% cuts by 2020. Euraktiv. www.euractiv.com/en/climate-environment/eu-low-carbon-roadmap-aims-25-cuts-2020-news-502197. Accessed 16 Feb 2011, updated 18 Feb 2011

European Council (2011) European Council, Conclusions. Brussels 4 Feb 2011, EUCO 2/1/11, CO EUR 2, CONCL 1

European Commission (1995) ExternE, externalities of energy, ExternE Report Vol. 2, Methodology. European Commission, DGXII, Science, Research, and Development, EUR 16521, Brussels

European Commission (1997) Energy for the future: renewable sources of energy. White Paper for a Community Strategy and Action Plan, COM(97) 599 final 26 Nov 1997, Brussels

European Commission (1999) Externalities of energy, Vol. 7 Methodology 1998 update. European Commission, DG XII, EUR 19083, Brussels

European Commission (2003) Proposal for a Directive of the European Parliament and of the Council concerning measures to safeguard security of electricity supply and infrastructure investment, COM(2003) 740 final 10 Dec 2003, Brussels

European Commission (2004) Directive 2004/101/EC of the European parliament and of the council of 27 October 2004 amending Directive 2003/87/EC establishing a scheme for greenhouse gas emission allowance trading within the Community, in respect of the Kyoto Protocol's project mechanisms. Off J Eur Union 47:L338/18

European Commission (2005a) ExternE, externalities of energy – methodology 2005 Update. Directorate-General for Research, EUR 21951, Brussels

European Commission (2005b) The support of electricity from renewable energy sources, COM (2005) 627 final 07 Dec 2005, Brussels

European Commission (2005c) The virtual fuel cell power plant, system development, build, field installation and European demonstration of a VIRTUAL FUEL CELL POWER PLANT consisting of residential Micro-CHP's. Final Technical Report, European Fuel Cell Project, NNE5-2000-00208, Brussels

European Commission (2006) Directive 2006/32/EC of the European Parliament and of the Council of 5 April 2006 on energy end-use efficiency and energy services and repealing Council Directive 93/76/EEC. Off J Eur Union 49:L114/64–85

European Commission (2007a) An energy policy for Europe. Communication from the Commission to the European Council and the European Parliament, COM(2007) 1 final 10 Jan 2007, http://eur-lex.europa.eu/LexUriServ/site/en/com/2007/com2007_0001en01.pdf. Accessed 30 Nov 2010

European Commission (2007b) Priority Interconnection Plan. Communication from the Commission to the Council and the European Parliament, COM(2006) 846 final 10 Jan 2007, Brussels

European Commission (2008a) Energy cooperation in the Mediterranean – what is the commission doing? – focus on Egypt, MEMO/08/755, Brussels. http://europa.eu/rapid/pressReleasesAction.do?reference=MEMO/08/755&format=HTML&aged=0&language=EN&guiLanguage=en. Accessed 2 Dec 2008

European Commission (2008b) New energy externalities development for sustainability (NEEDS), Final reports. Integrated Project NEEDS, project no. 502687, Sixth Framework Programme, Brussels, www.needs-project.org, 19.1.2010

European Commission (2008c) The support of electricity from renewable energy sources. Commission Staff Working Document, SEC(2008) 57 (23/01/2008), Brussels

European Commission (2009a) Decision No. 406/2009/EC of the European Parliament and of the Council of 23 April 2009 on the effort of Member States to reduce their greenhouse gas emissions to meet the community's greenhouse gas emission reduction commitments up to 2020. Off J Eur Union 52:L 140/136–148

European Commission (2009b) Directive 2009/28/EC of the European Parliament and of the Council of 23 April 2009 on the promotion of the use of energy from renewable sources and amending and subsequently repealing Directives 2001/77/EC and 2003/30/EC. Off J Eur Union 52:L 140/16–62

European Commission (2009c) The renewable energy progress report. Commission Staff Working Document, SEC(2009) 503 final (24/04/2009), Brussels

European Commission (2010a) Infrastructure priorities for 2020 and beyond – a blueprint for an integrated European energy network, COM(2010) 677 final (17/11/2010), Luxembourg

European Commission (2010b) The EU climate and energy package, updated 18 Oct 2010, http://ec.europa.eu/clima/policies/brief/eu/package_en.htm. Accessed 30 Nov 2010

Eurostat (2011a) Consumption of energy. http://epp.eurostat.ec.europa.eu/statistics_explained/index.php/Consumption_of_energy. Accessed 25 Jul 2011

Eurostat (2011b) Electricity generated from renewable sources. http://epp.eurostat.ec.europa.eu/tgm/table.do?tab=table&init=1&language=en&pcode=tsien050&plugin=1, 25.7.2011

Eurostat (2011c) Electricity production statistics. http://epp.eurostat.ec.europa.eu/statistics_explained/index.php/Electricity_production_statistics. Accessed 25 Jul 2011

Eurostat (2011d) Energie – Daten – Haupttabellen. http://epp.eurostat.ec.europa.eu/portal/page/portal/energy/data/main_tables. Accessed 25 Jul 2011

Eurostat (2011e) Energy dependence. http://epp.eurostat.ec.europa.eu/tgm/table.do?tab=table&init=1&language=en&pcode=tsdcc310&plugin=1. Accessed 25 Jul 2011

Eurostat (2011f) Renewable energy primary production: biomass, hydro, geothermal, wind and solar energy. http://epp.eurostat.ec.europa.eu/tgm/table.do?tab=table&init=1&language=en&pcode=ten00082&plugin=1. Accessed 25 Jul 2011

Eurostat (2011g) Supply, transformation, consumption – electricity – annual data. http://appsso.eurostat.ec.europa.eu/nui/show.do?dataset=nrg_105a&lang=en. Accessed 25 Jul 2011

EWEA, Garrad Hassan, Riso DTU, GWEC, CIEMAT, NTUA, EEG, Swedish Wind Investors & Association, France Energie Eolienne (2011) The EU Energy Mix. Wind Energy – The Facts (WindFacts), project funded by the European Commission, Brussels. www.wind-energy-the-facts.org/en/part-4-industry-markets/chapter-1-wind-in-the-european-power-market/the-eu-energy-mix.html. Accessed 25 Feb 2011

FiFo, CE, ZEW (2009) Evaluierung von Steuervergünstigungen, Band 1, Methoden und Ergebnisüberblick, Endfassung (Herbst 2009), Forschungsauftrag Projektnummer 15/07 des Bundesministeriums der Finanzen. Finanzwissenschaftliches Forschungsinstitut an der Universität zu Köln (FiFo), Copenhagen Economics S/A (CE), Zentrum für Europäische Wirtschaftsforschung GmbH (ZEW), Köln, Copenhagen, Mannheim

Försund F, Hjalmarsson L (2010) Renewable energy expansion and the value of balance regulation power, University of Gothenburg, School of Economics, Business and law, Working papers in economics 441, University of Gothenburg School of Business, Economics and Law, Gothenburg

Fox D (2010) Smart meter. DuD 34:408

Gaul J (2009) Abschätzung der Potentiale der CO_2-Einsparung durch lastseitige Effizienzsteigerung. Diplomarbeit, Technische Universität Dortmund

Golombek R, Greaker M, Kittelsen SAC, Røgeberg O, Aune FR (2009) Carbon capture and storage technologies in the European power market. Statistics Norway Research Department Discussion Papers No. 603, December

Google (2009) Google powermeter: comments to California public utilities commission. www.google.org/powermeter/cpuc.html#_edn5. Accessed 12 Dec 2009)

Grimm V (2007) Einbindung von Speichern für erneuerbare Energien in die Kraftwerkseinsatzplanung – Einfluss auf die Strompreise der Spitzenlast. Dissertation, Ruhr-Universität Bochum. Selbstverlag des Lehrstuhls für Energiesysteme und Energiewirtschaft, Bochum

Grunwald A (1999) Transdisziplinäre Umweltforschung: Methodische Probleme der Qualitätssicherung. TA-Datenbank-Nachrichten 8(3/4):32–39

Heal G (2009a) The economics of renewable energy. NBER Working Paper 15081, Cambridge, MA

Heal G (2009b) Can renewable energy save the world? VOX – research-based policy analysis and commentary from leading economists, 29 October 2009

Hirsbrunner S (2010) Die EU-Regeln zur Förderung von Investitionen in die Netze – eine kritische Bestandsaufnahme. Energiewirtschaftliche Tagesfragen 60(6):64

Hoffmann C (2010) Design of transport- and storage capacities in energy supply systems with high shares of renewable energies. Proceeding of the 5th international renewable energy storage conference (IRES 2010), Berlin, 22–24 Nov 2010

Hunt A, Markandya A (2001) Economic valuation, sustainability indicators and alternative assessment techniques. In: Friedrich R, Bickel P (eds) Environmental external costs of transport. Springer, Berlin

IAEA (2005) Energy indicators for sustainable development, Guidelines and methodologies. International Atomic Energy Agency, United Nations Department of Economic and Social Affairs, International Energy Agency, Eurostat, European Environment Agency, Vienna

ICCG (2010) Pricing carbon: Economics models for the long-term carbon price evaluations. Policy monitor. International Center for Climate Governance (ICCG), 12 Feb 2010

IEA (2007) Energy security and climate policy – assessing interactions. International Energy Agency (IEA), Paris

IPCC (2007) "Climate Change 2007", the IPCC Fourth Assessment Report, Intergovernmental Panel on Climate Change. Cambridge University Press, Cambridge

Janich P (2001) Logisch-pragmatische Propädeutik, Ein Grundkurs im philosophischen Reflektieren. Velbrück, Weilerswist

Kahl W (2009) Die Kompetenzen der EU in der Energiepolitik nach Lissabon. Europarecht 44:601–621

Karg M (2010) Datenschutzrechtliche Rahmenbedingungen beim Einsatz intelligenter Zähler. DuD 34:365–272

Keil E, Schmelzer K (2010) Systemintegration von Elektromobilität, Herausforderung an das Energiewirtschaftsrecht, eine Standortbestimmung. ZNER 14:461–467, 563–567

Kemfert C, Schneider F (2009) Der Emissionshandel in Deutschland und Österreich – ein wirksames Instrument des Klimaschutzes? Perspektiven der Wirtschaftspolitik 10:92–122

Klobasa M (2007) Dynamische Simulation eines Lastmanagements und Integration von Windenergie in ein Elektrizitätsnetz auf Landesebene unter regelungstechnischen und Kostengesichtspunkten. Dissertation, ETH Zürich, Berlin

Knies G (2006) Global energy and climate security through solar power from deserts. Trans-Mediterranean Renewable Energy Cooperation, TREC In co-operation with The Club of Rome. www.desertec.org/downloads/deserts_en.pdf. 25 Aug 2011)

Koenig C, Kühling J, Theobald C (eds) (2004) Recht der Infrastrukturförderung. Sellier, München

Kopfmüller J, Coenen R, Jörissen J, Langniß O, Nitsch J (2000) Konkretisierung und Operationalisierung des Leitbilds einer nachhaltigen Entwicklung für den Energiebereich. Forschungszentrum Karlsruhe, Kalrsruhe

Korfhage K (2009) Kernbereiche und Entwicklung der Forschungsförderung zur Windenergie, Oldenburg

Kösters S (2009) Subsidizing start-ups: policy targeting and policy effectiveness. Jena Economic Research Papers 083

Krause O (2009) Bestimmung des Nutzungspotentials von Verteilnetzen. Dissertation, Technische Universität Dortmund, Dortmund

Kreutz S, Belitz HJ, Rehtanz C (2010) IEEE PES conference on innovative smart grid technologies Europe – the impact of demand side management on the residual load. Gothenburg, Schweden

Krewitt W, Schlomann B (2006) Externe Kosten der Stromerzeugung aus erneuerbaren Energien im Vergleich zur Stromerzeugung aus fossilen Energieträgern. Gutachten im Auftrag des BMU, Stuttgart

Krewitt W, Simon S, Graus W, Teske S, Zervos A, Schäfer O (2007) The 2°C scenario – a sustainable world energy perspective. Energy Policy 35:4969–4980

Kruck C (2007) Integration einer Stromerzeugung aus Windenergie und Speichersystemen unter besonderer Berücksichtigung von Druckluft-Speicherkraftwerken. Dissertation, Institut für Energiewirtschaft und Rationelle Energieanwendung, Universität Stuttgart

Küster R, Zürn M, Rath-Nagel S, Ellersdorfer I, Fahl U (2007) Energy system development in Germany, Europe and worldwide – a comprehensive study analysis, Institut für Energiewirtschaft und Rationelle Energieanwendung. Expertise im Auftrag der BASF AG, Stuttgart

Lecheler H (2007) Planungsbeschleunigung bei verstärkter Öffentlichkeitsbeteiligung und Ausweitung des Rechtsschutzes? DVBl:713–719

Leuthold F, Weigt H, von Hirschhausen C (2008) Efficient pricing for European electricity networks – the theory of nodal pricing applied to feeding-in wind in Germany. Utilities Pol 16:284–291

Lindenberger D, Bartels M, Borggrefe F, Bothe D, Wissen R, Hillebrand B, Buttermann HG, Bleul M (2008) Energiewirtschaftliches Gesamtkonzept 2030. Energiewirtschaftliches Institut an der Universität Köln (EWI), Energy Environment Forecast Analysis GmbH (EEFA), herausgegeben vom Bundesverband der Energie- und Wasserwirtschaft (BDEW), Berlin

Maack M (2008) Generation, of the energy carrier HYDROGEN. In context with electricity buffering generation through fuel cells. Deliverable 8.5 RS1a, IP NEEDS, project no. 502687, Sixth Framework Programme, Brussels

Madlener R, Wenk C (2008) Efficient investment portfolios for the Swiss electricity supply Sector. FCN Working Papers 2/2008

Malinvaud E (1972). Lectures on Microeconomic Theory. 1. Aufl. North-Holland Publishing Company, Amsterdam, London. American Elsevier Publishing Co. Inc., New York

Martinot E, Dienst C, Weiliang L, Qimin C (2007) Renewable energy futures: targets, scenarios, and pathways. Annu Rev Environ Resour 32:205–239

McDowall W, Eames M (2006) Forecasts, scenarios, visions, backcasts and roadmaps to the hydrogen economy: a review of the hydrogen futures literature. Energy Policy 34:1236–1250

Meadows DH, Meadows DL, Randers J, Behrens W (1972) The limits to growth, A report for the club of Rome's projects on the predicament of mankind. Universe Books, New York

Merker M (2010) Kabel oder Freileitung auf Höchstspannungsebene – rechtliche Kriterien für die Entscheidungsfindung. Energiewirtschaftliche Tagesfragen 60(3):60–65

Metcalf GE (2009) Technology Neutrality in Energy Tax: Issues and Options. Testimony before the Committee on Finance, US Senate, 23 April

Mulder M, Willems B (2009) Borging van Publieke Belangen in de Energievoorziening. In: van Damme E, Schinkel MP (eds) Marktwerking en Publieke Belangen, Preadviezen van de Koninklijke Vereniging voor de Staatshuishoudskunde. KVS, Amsterdam

Nabe C (2006) Effiziente Integration erneuerbarer Energien in den deutschen Elektrizitätsmarkt. Dissertation, Technische Universität Berlin

NEEDS (2010) The NEEDS life cycle inventory database, The European reference life cycle inventory database of future electricity supply systems. NEEDS project. http://www.isistest.com/needswebdb/search.php. Accessed 26 May 2010

Nelder JA, Mead R (1965) A simplex method for function minimization. Comput J 7:308–313

Neumayer E (1999) Weak versus strong sustainability, Exploring the limits of two opposing paradigms. Edward Elgar, Cheltenham

Nitsch J (2008) "Leitstudie 2008" – Weiterentwicklung der "Ausbaustrategie Erneuerbare Energien" vor dem Hintergrund der aktuellen Klimaschutzziele Deutschlands und Europas. Untersuchung in Zusammenarbeit mit der Abteilung "Systemanalyse und Technikbewertung" des DLR- Instituts für Technische Thermodynamik im Auftrag des Bundesministeriums für Umwelt, Naturschutz und Reaktorsicherheit (BMU), Berlin

Nitsch J, Wenzel B (2009) Langfristszenarien und Strategien für den Ausbau erneuerbarer Energien in Deutschland unter Berücksichtigung der europäischen und globalen Entwicklung, Leitszenario 2009. Untersuchung im Auftrag des Bundesministeriums für Umwelt, Naturschutz und Reaktorsicherheit (BMU), Berlin

Nutzinger HG, Radke V (1995) Das Konzept der nachhaltigen Wirtschaftsweise. In: Nutzinger HG (ed) Nachhaltige Wirtschaftsweise und Energieversorgung, Konzepte, Bedingungen, Ansatzpunkte. Metropolis-Verlag, Marburg

Pieper C, Rubel H (2010) Electricity storage. The Boston Consulting Group (BCG), www.bcg.com/documents/file41973.pdf. Accessed 26 Apr 2010

Praetorius B, Schumacher K (2009) Greenhouse gas mitigation in a carbon constrained world: the role of carbon capture and storage. Energy Policy 37:5081–5093

Preiss P, Friedrich R, Klotz V (2008) Report on the procedure and data to generate averaged/aggregated data and respective data sheets. Deliverable 1.1 RS3a, IP NEEDS, project no. 502687, Sixth Framework Programme, Brussels

PwC, PIK, IIASA, ECF (2010) 100% renewable electricity. A roadmap to 2050 for Europe and North Africa. PricewaterhouseCoopers LLP (PwC), Potsdam Institute for Climate Impact

Research (PIK), International Institute for Applied Systems Analysis (IIASA), European Climate Forum (ECF). www.pwc.co.uk/pdf/100_percent_renewable_electricity.pdf. Accessed 26 Aug 2011

Raabe O (2010) Datenschutz im smart grid. DuD 30:379–386

Raabe O, Lorenz M, Pallas F, Weis E (2011) Datenschutz im Smart Grid und in der Elektromobilität. Karlsruhe

Rehtanz C, Rolink J (2009) Rahmenbedingungen zum Lastmanagement von Plug-In Hybrid- und Elektrofahrzeugen. ETG Kongress, Düsseldorf

Rious V, Usaola J, Saguan M, Glachant JM, Dessante P (2008) Assessing available transfer capacity on a realistic European network: impact of assumptions on wind power generation. In: 1st international scientific conference "Building Networks for a Brighter Future", Rotterdam, December

RNE (2007) Ziele zur Nachhaltigen Entwicklung in Deutschland – Schwerpunktthemen, Dialogpapier des Nachhaltigkeitsrates, Nachhaltige Entwicklung in Deutschland – nächste Schritte. Der Rat für Nachhaltige Entwicklung (RNE), Berlin

Röller LH, Stehmann O (2006) Grenzen der Wettbewerbspolitik bei der Öffnung von Netzwerkindustrien. Perspektiven der Wirtschaftspolitik 7:355–372

Roskill (2009) The economics of lithium. Roskill Information Services Ltd., London

Roßnagel A, Jandt S (2010) Datenschutzkonformes Energieinformationsnetz. DuD 34:373–378

Rydh CJ (1999) Environmental assessment of vanadium redox and lead-acid batteries for stationary energy storage. J Power Sources 80:21–29

Rydh CJ, Svärd B (2003) Impact on global metal flows arising from the use of portable rechargeable batteries. Sci Total Environ 302:167–184

Säcker FJ (2009) Netzausbau- und Kooperationsverpflichtungen der Übertragungsnetzbetreiber nach Inkrafttreten des EnLAG und der Dritten StromRL 2009/72 EG vom 13/7/2009. Recht der Energiewirtschaft 9:305

Salgi G, Donslund O, Østergaard PA (2008) Energy system analysis of utilizing hydrogen as an energy carrier for wind power in the transportation sector in western Denmark. Utilities Pol 16:99–106

Salje P (2009) Erneuerbare-Energien-Gesetz, Gesetz für den Vorrang Erneuerbarer Energien (EEG). Köln

Samuelson PA (1958) An exact consumption-loan model of interest with or without the social contrivance of money. J Polit Econ 66:467–482

Santarelli E, Vivarelli M (2002) Is subsidizing entry an optimal policy. Ind Corp Change 11:39–52

Sauer DU (2009) Elektrische Energiespeicher – Technologien, Kosten, Alternativen. Diskussionspapier für das Projekt "Energiespeicher und virtuelle Kraftwerke" der Europäischen Akademie Bad Neuenahr-Ahrweiler GmbH, October

Schäfermeier A (2009) §9. In: Reshöft J (ed) Erneuerbare-Energien-GesetzHandkommentar, 3rd Aufl. Baden-Baden

Schlesinger M, Hofer P, Rits V, Lindenberger D, Wissen R, Bartels M (2007) Endbericht – Energieszenarien für den Energiegipfel 2007. Prognos AG, Energiewirtschaftliches Institut an der Universität zu Köln (EWI), im Auftrag für das Bundesministerium für Wirtschaft und Technologie (BMWi), Basel/Köln

Schlesinger M, Hofer P, Kemmler A, Kirchner A, Strassburg S, Lindenberger D, Fürsch M, Nagl S, Paulus M, Richter J, Trüby J, Lutz C, Khorusshum O, Lehr U, Thobe I (2010) Energieszenarien für ein Energiekonzept der Bundesregierung. Prognos AG, Energiewirtschaftliches Institut an der Universität zu Köln (EWI), Gesellschaft für wirtschaftliche Strukturforschung (GWS), Projekt Nr. 12/10 des Bundesministeriums für Wirtschaft und Technologie, Berlin

Schneider JP (2010) Aktuelle Rechtsprobleme von Offshore-Windenergieanlagen und ihrer Netzanbindung. In: Löwer W (ed) Neuere europäische Vorgaben für den Energiebinnenmarkt – Tagungsband des 5. Bonner Gesprächs zum Energierecht, Bonn, pp 59–79

Schneider JP (2011a) Planungs-, genehmigungs- und naturschutzrechtliche Fragen des Netzausbaus und der untertägigen Speichererrichtung zur Integration erneuerbarer Energien in die deutsche Stromversorgung, Materialien des Sachverständigenrats für Umweltfragen zur Umweltforschung, Band 43, Sachverständigenrat für Umweltfragen, Berlin

Schneider JP (2011b) Vorgaben des europäischen Energierechts. In: Schneider JP, Theobald C (eds) Recht der Energiewirtschaft, Praxishandbuch, 3. Aufl. München (i.E.), § 2

Schneller C (2007) Beschleunigter Ausbau des Stromtransportnetzes – Chancen und Defizite des "Infrastrukturplanungsbeschleunigungsgesetzes". Deutsches Verwaltungsblatt 122:529–537

Scholtka B (2000) Die Entwicklung des Energierechts in den Jahren 1998 und 1999. NJW 53:548–553

Schröder M (2007) Das neue Infrastrukturbeschleunigungsgesetz – auf dem Weg zu zügigerer Realisierung von Vorhaben. Netzwirtschaften & Recht 4:380ff

Schröder M, Claussen M, Grunwald A, Hense A, Klepper G, Lingner S, Ott K, Schmitt D, Sprinz D (2002) Klimavorhersage und Klimavorsorge, Wissenschaftsethik und Technikfolgenbeurteilung, Band 16. Springer, Berlin

Schumacher P (2009) Innovationsregulierung im Recht der netzgebundenen Elektrizitätswirtschaft. Nomos, Baden-Baden

Schumann J (1992) Grundzüge der mikroökonomischen Theorie, 6th edn. Springer Verlag, Berlin

Scott M (2009) How Italy Beat the World to a Smarter Grid. Spiegel Online 17 Nov 2009

Sinclair P (1992) High does nothing and rising is worse. Carbon taxes should keep declining to cut harmful emissions. Manch Sch LX:41–52

Sinn HW (2008) Das grüne Paradox: Warum man das Angebot bei der Klimapolitik nicht vergessen darf. Perspektiven der Wirtschaftspolitik 9:109–142

Soete LLG, Ziesemer T (1997) Gains from trade and environmental policy under imperfect competition and pollution from transport. In: Feser HD, von Hauff M (eds) Neuere Entwicklungen in der Umweltökonomie und -politik. Volkswirtschaftliche Schriften Universität Kaiserslautern, Regensburg, pp 249–268

Srinivasan TN (1988) Introduction to part 1. In: Chenery H, Srinivasan TN (eds) Handbook of development economics, vol 1. Elsevier, North-Holland

SRU (2011) Wege zur 100% erneuerbaren Stromversorgung, Sondergutachten. Sachverständigenrat für Umweltfragen (SRU), Berlin

Stadler I (2008) Power grid balancing of energy systems with high renewable energy penetration by demand response. Utilities Pol 16:90–98

Steger U, Achterberg W, Blok K, Bode H, Frenz W, Gather C, Hanekamp G, Imboden D, Jahnke M, Kost M, Kurz R, Nutzinger HG, Ziesemer T (2002) Nachhaltige Entwicklung und Innovation im Energiebereich, Wissenschaftsethik und Technikfolgenbeurteilung, Band 18. Springer, Berlin

Steger U, Achterberg W, Blok K, Bode H, Frenz W, Gather C, Hanekamp G, Imboden D, Jahnke M, Kost M, Kurz R, Nutzinger HG, Ziesemer T (2005) Sustainable development and innovation in the energy sector. Springer, Berlin

Steger U, Büdenbender U, Feess E, Nelles D (2008) Die Regulierung elektrischer Netze. Offene Fragen und Lösungsansätze, vol 32, Ethics of science and technology assessment. Springer, Berlin

Sterlacchini A (2006) The R&D drop in European utilities. Should we care about it? MPRA Paper Nr. 556, October

Stodola N, Modi V (2009) Penetration of solar power without storage. Energy Policy 37:4730–4736

Tahil (2007) The trouble with lithium. Implications of Future PHEV Production for Lithium Demand. Meridian International Research, White Paper, 2nd edn. http://www.meridian-int-res.com/Projects/Lithium_Problem_2.pdf. Accessed 7 Apr 2011

Tarrasón L (2009) Report on deliveries of source-receptor matrices with the regional EMEP Unified model. Deliverable 1.2 RS1b, IP NEEDS, project no. 502687, Sixth framework programme, Brussels

Theobald C (2011) §1. Grundlagen des deutschen Rechts der Energiewirtschaf. In: Schneider J-P, Theobald C (eds) Recht der Energiewirtschaft. C.H. Beck, Münche, pp 1–37

Tiedemann A, Srikandam C, Kreutzkamp P, Wagner U, Roth H, Gohla-Neudecker B, Kuhn P (2008) Untersuchung der elektrizitätswirtschaftlichen und energiepolitischen Auswirkungen der Erhebung von Netznutzungsentgelten für den Speicherstrombezug von Pumpspeicherwerken (kurz: NNE-Pumpspeicher). Abschlussbericht, Deutsche Energie-Agentur GmbH (dena), Berlin

Turner A (2008) Chair Committee on Climate Change, Letter to Secretary of State, Department for Energy and Climate Change, www.theccc.org.uk/pdfs/Interim%20report%20letter%20to%20DECC%20SofS.pdf. 30 Nov 2010

Umweltbundesamt (2007) Ökonomische Bewertung von Umweltschäden, Methodenkonvention zur Schätzung externer Umweltkosten. Umweltbundesamt der Bundesrepublik Deutschland, Berlin

Umweltbundesamt (2010) 2050: 100%. Energieziel 2050: 100% Strom aus erneuerbaren Quellen. Umweltbundesamt, Dessau-Roßlau, www.umweltdaten.de/publikationen/fpdf-l/3997.pdf. 26 Aug 2011

USGS (2010) Mineral commodity summaries. US Geological Survey (USGS), Reston

van Alphen K, van Ruijven J, Kasa S, Hekkert M, Turkenburg W (2009) The performance of the Norwegian carbon dioxide, capture and storage innovation system. Energy Policy 37:43–55

Vermeend W, van der Vaart J (1997) Greening taxes: the Dutch model. Paper for the European Association of Environmental and Resource Economics (EAERE), Eighth annual conference, Tilburg, 26–28 June 1997

Waniek D, Handschin E, Häger U, Rehtanz C (2008) Influences of wind energy on the operation of transmission systems. In: Proceedings of the IEE power & energy society general meeting, Pittsburgh, pp 1–8

WCED (1987) Our common future, United Nations World Commission on Environment and Development (WCED). Oxford University Press, Oxford

Wedde P (2010) §28 In: Däubler W, Klebe T, Wedde P, Weichert T (eds) Bundesdatenschutzgesetz. Bund-Verlag, Frankfurt am Main

Wedde HF, Krause O, Lehnhoff S, Rehtanz C (2008) Bottom-up self-organization of unpredictable demand and supply under decentralized power management. In: SASO (ed) Proceeding of the 2nd IEEE international conference on self-adaptation and self-organization, Venice, Italy

Welt Online (2009) RWE und GW verlangen eine Milliarde Steuergeld. www.welt.de/wirtschaft/article3426693/RWE-und-GE-verlangen-eine-Milliarde-Steuergeld.html. Accessed 07 March 2010

Wikipedia (2011) Automobile. Wikipedia: http://en.wikipedia.org/wiki/Automobile

Wolfhart D, Büsgen U, Bundesministerium für Umwelt, Naturschutz und Reaktorsicherheit (ed) (2007) Erfahrungsbericht 2007 zum Erneuerbare-Energien-Gesetz (EEG-Erfahrungsbericht), Berlin

World Bank (2009) World Development Indicators. Washington, http://data.worldbank.org/indicator. Accessed 26 Aug 2011)

Ziekow J, Oertel MP, Windoffer A (2005) Dauer von Zulassungsverfahren. Eine empirische Untersuchung zu Implementation und Wirkungsgrad von Regelungen zur Verfahrensbeschleunigung. Heymanns, Köln

Ziesemer T (2000) Reconciling environmental policy with employment, international competitiveness and participation requirements. Konjunkturpolitik 46:241–273

Ziesemer T (2008) Macht oder ökonomisches Gesetz: Die falsche Alternative. Einige Beispiele zur Verdeutlichung des Zusammenhangs zwischen Marktunvollkommenheiten, Verteilung und Macht. In: Berger J, Nutzinger HG (eds) Ökonomie und Gesellschaft, Jahrbuch 21: Macht oder Ökonomisches Gesetz. Metropolis Verlag, Marburg, pp 353–378

Translation from English language edition:
Balancing Renewable Electricity: Energy Storage, Demand Side Management, and Network Extension from an Interdisciplinary Perspective
by Bert Droste - Franke, Boris P. Paal, Christian Rehtanz, Dirk Uwe Sauer, Jens - Peter Schneider,
Miranda Schreurs and Thomas Ziesemer

图书在版编目（CIP）数据

可再生电力均衡化：多学科视野的储能、需求侧管理和网络扩展/（德）伯特·德罗斯特 - 弗兰克（Bert Droste - Franke）等著；陈锋军等译. —北京：机械工业出版社，2018.11
（新能源开发与利用丛书）
书名原文：Balancing Renewable Electricity: Energy Storage, Demand Side Management, and Network Extension from an Interdisciplinary Perspective
ISBN 978-7-111-60989-6

Ⅰ. ①可… Ⅱ. ①伯… ②陈… Ⅲ. ①电能 - 再生能源 - 能源管理 - 研究 Ⅳ. ①TM60

中国版本图书馆 CIP 数据核字（2018）第 219185 号

机械工业出版社（北京市百万庄大街 22 号 邮政编码 100037）
策划编辑：顾 谦 责任编辑：顾 谦
责任校对：郑 婕 封面设计：马精明
责任印制：张 博
三河市国英印务有限公司印刷
2019 年 1 月第 1 版第 1 次印刷
169mm×239mm · 13.5 印张 · 288 千字
0 001—2 500 册
标准书号：ISBN 978-7-111-60989-6
定价：79.00 元